Fermentation

II. Rotenburger Symposium 1980
Bad Karlshafen, September 1980
Veranstaltet von der Firma
B. Braun Melsungen AG, Melsungen

Herausgegeben von R. M. Lafferty

Springer-Verlag Wien New York

o. Prof. Dr. rer. nat. Robert MacIntyre Lafferty
Institut für Biotechnologie, Mikrobiologie und Abfalltechnologie
Technische Universität Graz, Österreich

Mit 165 Abbildungen

CIP-Kurztitelaufnahme der Deutschen Bibliothek

Fermentation / II. Rotenburger Symposium 1980, Bad
Karlshafen, September 1980. Veranstaltet von der Firma
B.-Braun-Melsungen-AG, Melsungen. Herausgegeben von
R. M. Lafferty. – Wien, New York: Springer, 1981.
ISBN-13:978-3-7091-8635-0

NE: Lafferty, Robert M. [Hrsg.]; Rotenburger Symposium (02, 1980, Karlshafen); B.-Braun-AG (Melsungen).

ISBN-13:978-3-7091-8635-0   e-ISBN-13:978-3-7091-8634-3
DOI: 10.1007/978-3-7091-8634-3

Vorwort

Die Förderung der Biotechnologie – gegenwärtig und in der Zukunft – wird in mancher Hinsicht von der Zusammenarbeit zwischen Forschungsinstituten, die angewandte und Grundlagenforschung betreiben, und der Industrie abhängig sein. Die Erkenntnis dieser Tatsache hat zu der Abhaltung der „Rotenburger Symposien" in den Jahren 1978 und 1980 geführt, die in Zusammenarbeit des Institutes für Biotechnologie, Mikrobiologie und Abfalltechnologie der Technischen Universität Graz und der Firma B. Braun Melsungen AG, Melsungen, ermöglicht wurden. Diese Symposien werden in einem Zyklus von zwei Jahren stattfinden und jeweils aktuelle Probleme und Themen der Biotechnologie behandeln.

Nur sehr wenige „wissenschaftliche" Ideen sind vollkommen neu, wissenschaftliche Entwicklungen erfordern einen Ideenaustausch über nationale Grenzen hinaus. So sind sicherlich dem einen oder anderen von Ihnen die „Ciba"- oder „Squibb"-Symposien bekannt, die meistens einem speziellen mikrobiologischen Thema gewidmet und mit Unterstützung privater Firmen durchgeführt wurden, deren Interessensgebiet die Mikrobiologie bzw. Biotechnologie berührt.

Der Sinn dieser vorgenannten wie auch des in Zusammenarbeit mit der Firma B. Braun Melsungen AG, Melsungen, durchgeführten Symposions liegt vor allem darin, eine kleinere Gruppe von Wissenschaftlern zusammenzubringen, um spezielle Teilgebiete der Biotechnologie zu bearbeiten. Mit dem Begriff „kleinere Gruppe" ist gemeint, gewisse inhärente Nachteile der größeren internationalen Tagungen auf dem Gebiet der Biotechnologie zu vermeiden. So verursachen Parallelsitzungen bei großen Tagungen dem einzelnen oft Schwierigkeiten, die Information zu gewinnen, die er eigentlich gern haben möchte. Eine Grundidee kleinerer Symposien ist auch darin zu suchen, die Kontakte zwischen Industrie, Universitäten und anderen Forschungsstätten zu vertiefen. Gerade auf dem Gebiet der Biotechnologie sind Fortschritte in besonderem Maß auf die enge Zusammenarbeit von Industrie und Forschungsinstituten angewiesen. Alle internationalen bzw. europäischen Gremien, die sich mit der Entwicklung der Biotechnologie beschäftigen, erkennen diese Tatsache und bewerten es positiv, besonders wenn es um die notwendige Finanzierung von Forschungs- und Entwicklungsprojekten durch staatliche Stellen geht.

Dieses Symposium, über das in der Folge berichtet wird, beschäftigt sich mit vier Themen:

a) Charakteristik von Fermenteranlagen,
b) Fermentationsanalytik,
c) Entwicklungstendenzen,
d) Genetische Manipulation und Biotechnologie.

Zum besseren Verständnis sei hier kurz die Biotechnologie in einfacher Weise definiert: Es handelt sich um den Einsatz von Mikroorganismen, Viren, pflanzlichen oder tierischen Zellen, um entweder Biomasse selbst, Zellinhaltsstoffe (z. B. Enzyme, Nukleotide), Umwandlungsprodukte (Biotransformation) oder Ausscheidungsprodukte (primäre bzw. sekundäre Metabolite) in technischem Maßstab zu gewinnen. Das interdisziplinäre Gebiet der Biotechnologie wird quasi als eine Verschmelzung der Biochemie, Mikrobiologie, Mikrobengenetik, Verfahrenstechnik und des Ingenieurwesens betrachtet, d. h. die Biotechnologie erscheint als die Kombination von Ingenieur- und Biowissenschaften.

Nachfolgend sei diese Definition der Biotechnologie graphisch noch etwas erweitert dargestellt:

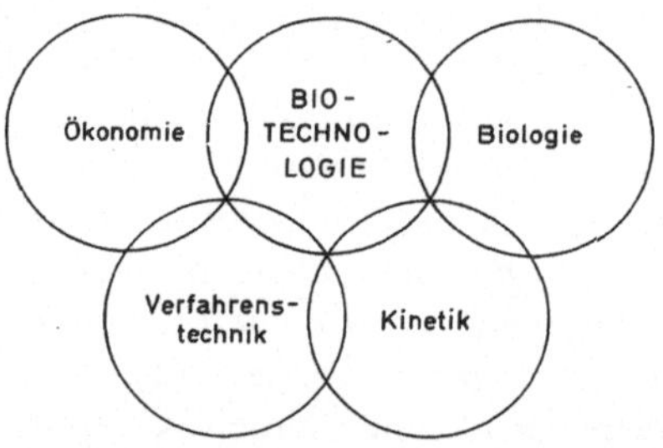

Die „Ökonomie" erfaßt im wesentlichen Probleme der Rohstoff-, Energie-, Investitions- und Betriebskosten. „Energie" ist ein wichtiger Kostenfaktor geworden. Die „Verfahrenstechnik" umfaßt Aspekte der Prozeßführung, der Bioreaktoren, einschließlich der sich dabei ergebenden Probleme der Überwachung und Steuerung der Prozesse. Die „Kinetik" erfaßt die physikalisch-chemischen Einflüsse auf den zeitlichen Ablauf aller Prozeßschritte, d. h. die Auswirkung der Zusammensetzung und Konzentration von Nährmediumbestandteilen, Temperatur, des pH-Wertes, der Sauerstoffversorgung, des Redoxpotentials usw. Solche Bestrebungen zielen auf eine genaue Quantifizierung und auf eine Abkehr von der Empirie in der Biotechnologie. Die „Biologie" beschäftigt sich mit den Produzenten selbst, also mit den mikrobiologischen, biochemischen und genetischen Voraussetzungen der eingesetzten lebenden Zellen von Organismen bei biotechnologischen Prozessen.

Das Thema „Charakterisierung von Fermenteranlagen" paßt besonders in den Bereich Ökonomie, gerade wegen des Zusammenhanges zwischen Fermentereigenschaften und Betriebs- bzw. Produktkosten, während die Fermentationsanalytik für die Prozeßführung notwendig ist. „Genetische Manipulationen" sind selbstverständlich ein signifikanter Teil der Biologie. „Entwicklungstendenzen in der Biotechnologie" dagegen überspannen alle einzelnen Gebiete und sind gegenwärtig von fast dramatischen Umständen begleitet.

Wenn man von Tendenzen spricht, kann man nur von einer weiterhin ausgeprägten Aufwärtstendenz in der Biotechnologie sprechen, seitdem die letzte Tagung dieser Art vor zwei Jahren stattgefunden hat. Diese Periode von etwa zwei Jahren fing mit dem Gründungstag der „European Federation of Biotechnology" in Interlaken an. Dieses Treffen war ein überwältigender Erfolg und gleichzeitig ein Indikator des starken Interesses der Industrie und der Forschungsstellen in Europa für die Biotechnologie. Tagungsmäßig schließt diese zweijährige Periode mit dem „6th International Fermentation Symposium" in London, Ontario/Canada, ab. Dieses Symposium war mit über 1500 Teilnehmern, wie gerade in der Fachzeitschrift „Process Biochemistry" beschrieben, eine „Biotechnologische Olympiade". Ein weiterer Indikator der stürmischen Entwicklung der Biotechnologie in diesen letzten zwei Jahren ist das Erscheinen einer Anzahl neuer biotechnologisch orientierter Fachzeitschriften. Innerhalb dieser zweijährigen Periode ist sowohl das gestiegene Interesse der breiten Öffentlichkeit für die Biotechnologie als auch die Anzahl von geplanten und angefangenen Forschungsprogrammen das ausgeprägteste Merkmal der Entwicklung der Biotechnologie gewesen.

In diesem Zusammenhang wären einige nationale und internationale biotechnologische Programme zu erwähnen: Das schon genehmigte EWG-Programm mit einem Finanzierungsvolumen von ca. 70 Millionen DM für den Zeitraum 1981–1985. Dieses Programm umfaßt die Gebiete Enzymtechnologie, Beseitigung von toxischen industriellen Stoffen sowie die Bekämpfung von Problemen der Toxizität von Substanzen, die bei Unfällen dem Menschen Schaden zufügen könnten; den Gen-Transfer und die Clonierung von industriell interessanten Organismen; die Stabilität, Regulation und Expression von transferierten Genen und weiters die Entwicklung verbesserter Methoden, um Kontamination von Fermentationen festzustellen.

In Großbritannien hat eine nationale Kommission in diesem Jahr die Bereitstellung von 10 Millionen £ für die Forcierung der Biotechnologie über einen Zeitraum von 4–5 Jahren beschlossen. In Frankreich wurde Mitte 1979 die „bioindustrielle Revolution" durch Staatspräsident Giscard d'Estaing ins Leben gerufen. Weiters wurde die Bedeutung der Biotechnologie für das nationale Interesse Frankreichs im Bericht an den Präsidenten der Republik „Science de la Vie et Société" zum Ausdruck gebracht. Innerhalb der nächsten zehn Jahre rechnet man in Frankreich mit der Beschaffung von 30.000 neuen Arbeitsplätzen in der Biotechnologie – 6000 davon sollen Akademiker sein. In den USA sollen im Rahmen des Programms „Alternative Energiequellen" von 1980–1990 etwa 3 Milliarden $ allein für die biotechnologische Gewinnung von Alkohol als Energiequelle ausgegeben werden.

Diese Nachrichten sowie andere Arten der Informationsausbreitung, z. B. in der Presse, haben sehr wesentlich dazu beigetragen, das öffentliche Interesse auf die Leistungsmöglichkeiten der Biotechnologie zu lenken. Wahrscheinlich hat jedoch die gesamte Problematik der Energiekrise und die Möglichkeit, erneuerbare Energiequellen mittels der Biotechnologie auszuschöpfen, das breite Interesse für die Biotechnologie eher noch gesteigert.

Am dramatischsten für die Biotechnologie sind sicherlich die Meldungen der Presse, wie sie vor wenigen Wochen über die Möglichkeiten der biotechnologischen Produktion von Insulin und Interferon berichteten. Die Firma Eli Lilly (USA) wird vermutlich innerhalb des nächsten Jahres zwei Produktionsanlagen für Insulin in Betrieb nehmen.

Das Gebiet der genetischen Manipulation, als bedeutende Voraussetzung für biotechnologische Prozesse, steht hier im Vordergrund des Interesses: drei Firmen in den Vereinigten Staaten von Amerika, und zwar die Firmen „Cetus", „Genentech" und „Genex", beherrschen die Szene der genetischen Manipulation zwecks industriellen Einsatzes der Organismen in der Biotechnologie. Die Möglichkeit, menschliche und tierische Hormone im biotechnologischen Prozeß gewinnen zu können, birgt die Gefahr in sich, daß falsche oder übersteigerte Hoffnungen entstehen. Eine unserer Aufgaben ist es sicherlich, keine falschen Hoffnungen zu wecken, sondern der kreativen Phantasie in der Wissenschaft einen freien Raum zu lassen, dabei aber die Realität nicht aus den Augen zu verlieren.

Graz, im Juli 1981   **Robert M. Lafferty**

Inhaltsverzeichnis

Teilnehmerverzeichnis

Adler, I., Dipl.-Ing., Institut für Technische Chemie, Universität Hannover, Callinstraße 3, D-3000 Hannover 1, Bundesrepublik Deutschland.

Aurich, H., Prof. Dr., Physiologisch-chemisches Institut, Martin-Luther-Universität, Hollystraße 1, DDR-402 Halle/Saale, Deutsche Demokratische Republik.

Aust, J., Dipl.-Chem., Institut für Biochemie, Franklinstraße 29, D-1000 Berlin 10.

Behringer, H., Medizinisch-mikrobiologisches Klinikum, Hufelandstraße 55, D-4300 Essen, Bundesrepublik Deutschland.

Bender, L., Dr., Institut für Pflanzenernährung, Südanlage 6, D-6300 Gießen, Bundesrepublik Deutschland.

Bender, R., Dr., Pharma Mikrobiologie H 780, Hoechst AG, Postfach 800320, D-6230 Frankfurt/M., Bundesrepublik Deutschland.

Boidol, W., Dipl.-Ing., Abteilung für Mikrobiologische Chemie, Schering AG, Müllerstraße, D-1000 Berlin 65.

Bonse, Dr., Kali-Chemie AG, Hans-Böckler-Allee 20, D-3000 Hannover 1, Bundesrepublik Deutschland.

Breuker, E., Dr., ASTA-Werke AG, Postfach 140129, D-4800 Bielefeld 14, Bundesrepublik Deutschland.

Brinkmann, Dr., Institut für Mikrobiologie, Grisebachstraße 8, D-3400 Göttingen, Bundesrepublik Deutschland.

Brune, G., Dr., Institut für Biotechnologie, Kernforschungsanlage Jülich GmbH., Postfach 1913, D-5170 Jülich 1, Bundesrepublik Deutschland.

Buchta, Dr., C. H. Boehringer Ingelheim, D-6507 Ingelheim, Bundesrepublik Deutschland.

Chiu, H., Institut für Biochemie, Franklinstraße 29, D-1000 Berlin 10.

Czelleng, F., Dr., Phylaxia Veterinary Biologicals and Feedstuffs Ltd., Zászlós u. 31–33, H-1143 Budapest, Ungarn.

Danielsson, B., Dr., Biochemie 2, Chem. Center University Lund, S-22007 Lund, Schweden.

Dellweg, H., Prof. Dr., Institut für Gärungsgewerbe und Biotechnologie, Seestraße 13, D-1000 Berlin 65.

Diekmann, H., Prof. Dr., Institut für Mikrobiologie, Schneiderberg 50, D-3000 Hannover, Bundesrepublik Deutschland.

Dimmling, Dr., Hoechst AG, Postfach 800320, D-6230 Frankfurt/M., Bundesrepublik Deutschland.

Dorsemagen, B., Ing., Hoechst AG, D-6230 Frankfurt/M., Bundesrepublik Deutschland.

Einsele, A., Doz. Dr., Abt. Ingenieurwesen, Fa. Sandoz AG, CH-4002 Basel.

Ellenrieder, Dr., Luitpold-Werk, Zielstattstraße 9–13, D-8000 München 70, Bundesrepublik Deutschland.

Emeis, Prof. Dr., Physikalische Biochemie, Technische Universität, D-5100, Aachen, Bundesrepublik Deutschland.

Fiechter, A., Prof. Dr., Professur für Mikrobiologie, ETH, CH-8093 Zürich-Hönggerberg, Schweiz.

Fukui, S., Prof. Dr., Department of Industrial Chemistry, Faculty of Engineering, Kyoto University, Yoshida Sakyo-Ku, Kyoto 606, Japan.

Grolimund, Dr., Sandoz AG, Werk Gebersdorf, Willstetter Straße 1, D-8500 Nürnberg, Bundesrepublik Deutschland.

Held, W., Dr., Volkswagen AG, Abteilung Forschung/Energietechnik, D-3180 Wolfsburg 1, Bundesrepublik Deutschland.

Hempfling, W., Dr., Department of Biology, University Rochester, River Campus, Rochester, NY 14604, U.S.A.

Hofer, Dr., Hoechst AG, Zentrale Forschung Biotechnik, Postfach 800320, D-6230 Frankfurt/M., Bundesrepublik Deutschland.

Jüttner, Dr., Nordbutter AG, D-2354 Hohenwestedt, Bundesrepublik Deutschland.

Kennecke, Dr., Schering AG, Werk Charlottenburg, Abteilung Mikrobiologie, Tegeler Weg 28–33, D-1000 Berlin 10.

Killinger, Dr., Luitpold-Werk, D-8068 Pfaffenhofen/Ilm, Bundesrepublik Deutschland.

Klause, H., Fa. Rentschler, D-7958 Laupheim, Bundesrepublik Deutschland.

Klingmüller, W., Prof. Dr., Lehrstuhl für Genetik, Universität Bayreuth, Postfach 3008, Universitätsstraße 30, D-8580 Bayreuth, Bundesrepublik Deutschland.

Kurth, Dipl.-Biol., Auf der Morgenstelle, D-7400 Tübingen, Bundesrepublik Deutschland.

Lafferty, R. M., Prof. Dr., Institut für Biotechnologie, Mikrobiologie und Abfalltechnologie, Technische Universität Graz, Schlögelgasse 9, A-8010 Graz, Österreich.

Lehmann, J., Dr. Ing., Gesellschaft für Biotechnologische Forschung mbH., Mascheroder Weg 1, D-3300 Braunschweig-Stöckheim, Bundesrepublik Deutschland.

Liebenhoff, Dipl.-Ing., Hoechst AG, Abteilung VT, D-6230 Frankfurt/M. 80, Bundesrepublik Deutschland.

Maerkl, Dr., Thermodynamik, Arzigstraße 21, D-8000 München 2, Bundesrepublik Deutschland.

Meiners, M., Dr., Gesellschaft für Biotechnologische Forschung mbH., Mascheroder Weg 1, D-3300 Braunschweig-Stöckheim, Bundesrepublik Deutschland.

Metz, H., Dr., Chemische Forschung, Biochemische Abteilung, Fa. E. Merck, Postfach 4119, Frankfurter Straße 250, D-6100 Darmstadt 2, Bundesrepublik Deutschland.

Moeller-Bremer, Kernforschungsanlage Jülich GmbH., Biotechnologie II, Postfach 1913, D-5170 Jülich 1, Bundesrepublik Deutschland.

Müller, Dr., Schering AG, Werk Charlottenburg, Abteilung Mikrobiologie, Tegeler Weg 28–33, D-1000 Berlin 10.

Neumann, K. H., Prof. Dr., Institut für Pflanzenernährung, Abteilung Gewebekultur, Justus Liebig-Universität, Südanlage 6, D-6300 Gießen, Bundesrepublik Deutschland.

Petzold, Dr., Schering AG, Abteilung Mikrobiologische Chemie, Müllerstraße 170–172, D-1000 Berlin 65.

Pfitzner, Dr., Bayer AG, Pharma-Forschungszentrum, Ingenieur-Abteilung, Gebäude 405, D-5600 Wuppertal, Bundesrepublik Deutschland.

Polastri, H., Behring-Werke AG, Marbacher Weg, D-3550 Marburg, Bundesrepublik Deutschland.

Pressler, Dr., ASTA-Werke AG, Abteilung Forschung, Leiter der Virologischen Abteilung, D-4800 Bielefeld 14, Bundesrepublik Deutschland.

Robbel, Dr., Behring-Werke AG, Marbacher Weg, D-3550 Marburg, Bundesrepublik Deutschland.

Schieweck, Dr., Süddeutsche Zucker-AG, D-6521 Offstein, Bundesrepublik Deutschland.

Schlegel, H. G., Prof. Dr., Institut für Mikrobiologie, Universität Göttingen, Grisebachstraße 8, D-3400 Göttingen, Bundesrepublik Deutschland.

Schug, Kernforschungsanlage Jülich GmbH., Postfach 1913, D-5170 Jülich 1, Bundesrepublik Deutschland.

Schwab, H., Dr. Ing., Institut für Biotechnologie, Mikrobiologie und Abfalltechnologie, Technische Universität Graz, Schlögelgasse 9, A-8010 Graz, Österreich.

Siegel, Ing., Fa. Nattermann & Co., Nattermann-Allee 1, D-5000 Köln 30, Bundesrepublik Deutschland.

Singer, Dr., Schering AG, Bergkamen, Waldstraße 14, D-4619 Bergkamen, Bundesrepublik Deutschland.

Söhn, H., Fa. Dr. Rentschler, D-7958 Laupheim, Bundesrepublik Deutschland.

Sonnleitner, B., Dr. Ing., ETH, CH-8093 Zürich-Hönggerberg, Schweiz.

Steiner, W., Dr. Ing., Institut für Biotechnologie, Mikrobiologie und Abfalltechnologie, Technische Universität Graz, Schlögelgasse 9, A-8010 Graz, Österreich.

Sukatsch, D., Dr., Hoechst AG, Abteilung Pharma-Mikrobiologie, D-6230 Frankfurt/M., Bundesrepublik Deutschland.

Thorpe, H., Fa. Thomae, Postfach 120, D-7950 Biberach, Bundesrepublik Deutschland.

Veelken, Westfäl. Wilhelms-Universität, Tibusstraße 7, D-4400 Münster, Bundesrepublik Deutschland.

Vogelmann, Dr., Nattermann & Co., Nattermann-Allee 1, D-5000 Köln 30, Bundesrepublik Deutschland.

Vollbrecht, Dr., Maizena AG, Knorrstraße, D-7100 Heilbronn, Bundesrepublik Deutschland.

Wagner, F., Prof. Dr., Gesellschaft für Molekularbiologische Forschung, Mascheroder Weg 1, D-3300 Braunschweig-Stöckheim, Bundesrepublik Deutschland.

Wahl, Dr., Boehringer Mannheim, Werk Penzberg, D-8122 Penzberg, Bundesrepublik Deutschland.

Werner, Dr., Fa. Thomae, Postfach 120, D-7950 Biberach, Bundesrepublik Deutschland.

Winquist, F., Prof. Dr., Biochemie 3, Chemical Center, University Lund, S-22007 Lund, Schweden.

Witt, Dr., Behring-Werke AG, Marbacher Weg, D-3550 Marburg, Bundesrepublik Deutschland.

Zitzmann, Dr., Institut für Mikrobiologie, Auf der Morgenstelle, D-7400 Tübingen, Bundesrepublik Deutschland.

Anwendung einfacher Meßmethoden im Fermenter

H. Metz

Biochemische Forschung, Fa. E. Merck,
D-6100 Darmstadt, Bundesrepublik Deutschland

Mit 6 Abbildungen

Summary

Only a few things in the fermentor can be followed continuously, e. g. changes in pH and dissolved oxygen. With a new probe it is possible, too, to measure turbidity directly in the fermentor, and redox potential measurement provides additional information concerning the fermentation.

Possibilities, difficulties and limits of both the methods are discussed.

Zusammenfassung

Nur wenige Vorgänge im Fermenter lassen sich kontinuierlich verfolgen, z. B. Änderungen von pH und gelöstem Sauerstoff.

Mit einer neuen Sonde ist es auch möglich, die Trübung direkt im Fermenter zu messen, und die Redoxpotential-Messung gibt zusätzliche Information über die Fermentation.

Möglichkeiten, Schwierigkeiten und Grenzen beider Methoden werden diskutiert.

Mit der Analyse von Einzelproben werden Vorgänge im Fermenter nur lückenhaft erfaßt; viele Informationen über Wachstum, Produktbildung, Substratverbrauch und Stoffwechselvorgänge gehen verloren. Typische Reaktionen der Kultur werden nicht unmittelbar gemessen, z. B. solche auf Zusätze, Substratverbrauch oder Änderung der Betriebsbedingungen (Belüftung, Temperatur u. a.).

Kontinuierliche Erfassung und Registrierung von Meßwerten läßt das Verhalten der Kulturen viel besser erkennen und beschreiben. Wenn mit Elektroden oder Sonden kontinuierlich Zustände im Fermenter erfaßt und registrierbar gemacht werden können, lassen sich auch Verfälschungen der Meßwerte bei der Entnahme und Messung von Einzelproben vermeiden. Leider gibt es nur sehr wenige Möglichkeiten, exakte Daten kontinuierlich zu erfassen. Dabei ist allerdings zu unterscheiden, ob einzelne Fermenter nach Ausstattung und Betreuung mit moderner Analysentechnik (Analysenautomaten, Massenspektrographen u. dgl.) überwacht werden können – oder ob im industriellen

Produktions- oder Entwicklungsbetrieb viele Fermenter und unterschiedliche Prozesse von wechselndem Personal bedient werden. Im Routinebetrieb sind die Möglichkeiten für sorgfältige meßtechnische und analytische Betreuung begrenzt, einfache Meßmethoden werden bevorzugt.

Ideal sind in den Fermenter eingebaute sterilisierbare Sonden, wie sie zur pH-Messung allgemein verbreitet sind. Mit ihnen werden alle Fehler vermieden, die mit der Entnahme und Behandlung der Proben verbunden sind, und Probleme umgangen, die sich bei Messungen im Nebenschluß ergeben. Einige andere Möglichkeiten, so einfach wie bei der pH-Messung zu interessanten Informationen zu kommen, werden kaum genutzt. Die Einfachheit muß man allerdings damit erkaufen, daß die exakte Eichung und manchmal die Deutung der Meßwerte schwierig ist. Das ist zu verschmerzen, wenn sonst nicht zugängliche Informationen über Vorgänge in der Kultur zu erhalten sind.

pH

Die pH-Messung im Fermenter ist zwar weit verbreitet, die systematische Auswertung des pH-Verlaufes wird aber vielfach vernachlässigt. Das beginnende Wachstum wird oft von einem Absinken des pH-Wertes begleitet, der in der alten Kultur wieder ansteigt. Es ergeben sich typische pH-Minima und -Maxima, die sich manchmal direkt dem Verbrauch einer Nährlösungskomponente zuordnen lassen. Die pH-Bewegung ist stark von der Zusammensetzung der Nährlösung abhängig. So wird die Verwertung eines Zuckers oft von Säurebildung begleitet, und der spontane Wiederanstieg der pH-Kurve zeigt die Erschöpfung des Substrates an. Die pH-Kurven sind in ihrem Verlauf meistens typisch und bis zu Einzelmerkmalen reproduzierbar. Sie können oft zur Erfassung eines bestimmten physiologischen Alters oder Zustandes der Kultur benutzt werden; vielfach können sie sogar zur Beurteilung der Belüftungsbedingungen herangezogen werden.

Es ist ein Fehler, ohne zwingende Notwendigkeit pH-statisch zu arbeiten. Viele Kulturen brauchen ihren ungestörten pH-Gang, und pH-Konstanz kann eine Zwangsjacke für die Kultur sein. Schneidet man z. B. ein pH-Minimum durch Regelung ab, dann kann die Produktbildung gestört oder die Entwicklung der Kultur nachhaltig beeinflußt werden. Oft ist die pH-Regelung ein Hilfsmittel, mit dem die Folgen einer falschen Zusammensetzung der Nährlösung gemildert werden. Besser ist es, die charakteristischen Merkmale der pH-Kurven zu erkennen und auszuwerten, weil sie das typische oder auch atypische Verhalten der Kulturen gut sichtbar machen.

Sauerstoff

Die Messung des gelösten Sauerstoffs im Fermenter ist seit Jahren möglich. Lange scheiterte der routinemäßige Einsatz daran, daß keine sterilisierbare Elektrode verfügbar war. Obwohl es jetzt sterilisierbare Elektroden mit befriedigenden Eigenschaften gibt, ist ihr routinemäßiger Einsatz noch nicht verbreitet, weil sie noch relativ viel Wartung erfordern – oder weil zu hohe Anforderungen an die Meßgenauigkeit gestellt werden. Tatsächlich ist auch hier der Kurvenverlauf viel interessanter als der exakte Einzelwert.

Trübung

Besonders wichtig sind Informationen über das Wachstum der Kulturen. Dieses wird konventionell durch Messung der Trübung oder – bei Pilzen – des Zellvolumens verfolgt. Die Entnahme von Einzelproben und ihre Vorbereitung zur Messung bedingt einen relativ großen Fehler. Kontinuierliche Registrierung des Wachstums ist zuverlässiger.

Ein Meßgerätehersteller hat zur Trübungsmessung ein Vierstrahl-Wechsellicht-Photometer entwickelt, das unempfindlich gegen Verschmutzung seiner optischen Teile ist und vorwiegend in Kläranlagen eingesetzt wird. Dieses Meßprinzip wurde auf eine spezielle Sonde für den Einbau in Fermenter übertragen, die mit Durchmesser 12 mm (wie pH-Laborelektroden, Abb. 1) und mit Verschraubung 25 mm (wie technische pH-Elektroden) gebaut wird; sie ist sterilisierbar*.

Mit dieser Sonde ist es möglich, im belüfteten Fermenter Wachstumskurven aufzunehmen (Abb. 2). Die zeitliche Zuordnung der Wachstumsvorgänge ist meistens besonders wichtig. Daneben lassen sich Änderungen der Steigung der Wachstumskurve (mehrphasiges Wachstum) oder die Auswirkungen von Eingriffen erkennen, die mit Einzelmessungen nicht erfaßbar sind. Die Höhe des Wachstums läßt sich gut beurteilen, wenn für das betreffende Objekt eine Eichung vorgenommen wurde. Allerdings darf man an Eichbarkeit und Linearität der Messung keine übertriebenen Forderungen stellen. Pauschal auf Zellzahl oder Organismenmasse eichen zu wollen, wäre unrealistisch und ist auch von anderen Methoden zur Wachstumsmessung nicht zu verlangen.

Der Einfluß der Luftblasen ist unterschiedlich stark; er ist weitgehend durch eine Dämpfung eliminiert worden. Normalerweise ist die Störung der Messung durch Luftblasen zu Beginn des Wachstums, bei sehr geringer Trübung, relativ groß. Der Einfluß geht dann mit steigender Trübung rasch zurück. Er kann nicht einfach als Blindwert berücksichtigt werden, weil das Ausmaß der Störung mit von den gelö-

---

* Hersteller: Eur-Control GmbH, Rensingstraße 8, D-4630 Bochum 1.

1*

sten Substanzen in der Lösung abhängt. Deshalb kann die Nullpunkt-einstellung zunächst einige Schwierigkeiten machen. Abb. 3 zeigt, daß Unterbrechen der Belüftung eine relativ geringe Verschiebung der Kurve bewirkt. Die Sauberkeit der Meßkurve hängt mit ab von der Stellung der Sonde in der Strömung. Reversible Störungen werden oft bei Entschäumerzusätzen beobachtet (Abb. 4).

Wenn man diese Einschränkungen berücksichtigt, bietet die Trübungssonde eine sehr gute Möglichkeit, Wachstumskurven aufzuneh-

Abb. 1. Trübungssonde 12 mm ⌀ im Glasfermenter

men. Beginn und Ende des Wachstums sind deutlich zu erfassen. Der Verlauf der Wachstumskurve, Störungen oder auch morphologische Veränderungen in der Kultur (Sporenbildung usw.) lassen sich gut erkennen.

Redoxpotential

Die Messung von Redoxpotentialen ist erstaunlich wenig verbreitet. Dabei ist sie einfach und billig durchzuführen und läßt typische Merkmale der Entwicklung von Kulturen erkennen. Eine saubere Definition der Meßgröße ist allerdings nicht möglich, weil in einer Fermentation eine Vielzahl von Redoxsystemen vorliegt. Deshalb hat Jacob (1971) vorgeschlagen, besser von einem „Platinelektrodenpotential" zu sprechen [s. auch Kjaergaard (1977)].

Ein Grund für die geringe Verbreitung dieser Messung ist sicher auch in der vorliegenden Literatur zu suchen. Man vermißt einfache

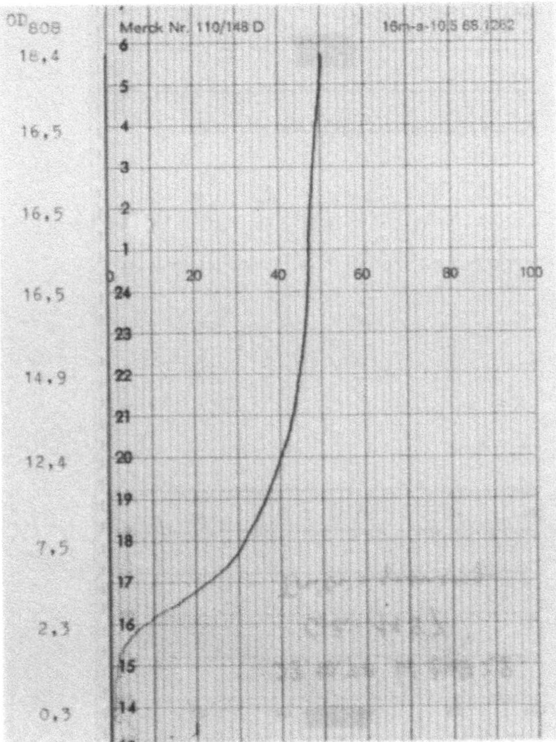

Abb. 2. Trübungskurve E. coli C 6

Anweisungen, nach denen Potentialmessungen in belüfteten Bioreaktoren durchgeführt werden können, und es kann abschreckend wirken, wenn die Behandlung der Elektroden kompliziert zu sein scheint.

Tatsächlich ist die Messung einfach und bringt gut reproduzierbare Daten. Sie ist sehr gut zur Beurteilung vieler Fermentationen geeignet, wenn man einige unbefriedigende Merkmale in Kauf nimmt, wie verschiedene Störmöglichkeiten und komplizierte Eichung zur Messung von Absolutwerten. Handelsübliche sterilisierbare Platinelektroden sind geeignet, die als Einstabmeßkette mit eigener Bezugselektrode oder einfach zusammen mit der Bezugselektrode einer pH-Meßkette eingesetzt werden.

Die Redoxkurve läßt zunächst qualitative Aussagen über Vorgänge im Bioreaktor zu; quantitative Messungen sind grundsätzlich möglich. Das Potential wird besonders stark vom Gehalt der Lösung an gelöstem Sauerstoff bestimmt. Es läßt den Versorgungszustand der Kultur mit

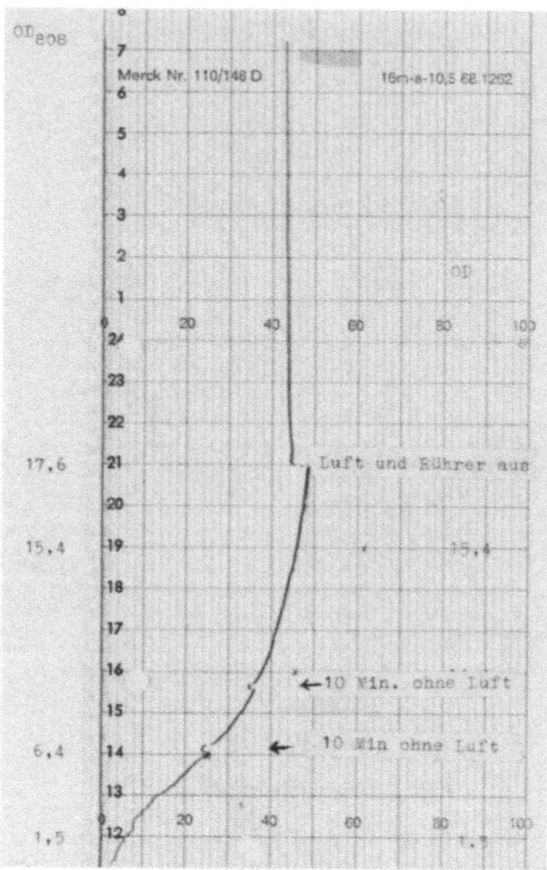

Abb. 3. Trübungskurve E. coli C6. Verschiebung der Meßwerte bei Unterbrechung der Belüftung

Sauerstoff erkennen; dabei verläuft die Potentialkurve weitgehend analog der mit einer Sauerstoffelektrode gemessenen Kurve.

Aber auch andere Redoxsysteme in der Lösung prägen die Kurve. Es treten typische Bewegungen oder Peaks auf, die mit der Aufnahme oder Ausscheidung von Stoffen oder mit Änderungen im Stoffwechsel in Beziehung stehen. Für die Fermentationsroutine sind vor allem qualitative Befunde wichtig: Verhalten der Kurve als Ausdruck von Wachstum, Substratverbrauch, Produktbildung oder Eingriffen und Störungen.

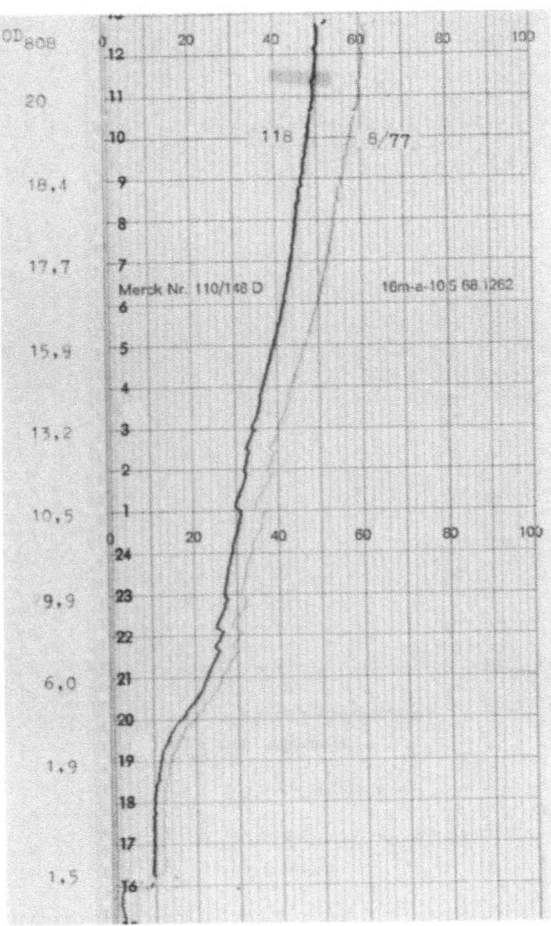

Abb. 4. Trübungskurve Micrococcus sp. mit zwei Sonden mit unterschiedlicher Lichtweglänge aufgenommen. Störungen bei Entschäumerzusatz

Abb. 5 zeigt ein einfaches Anwendungsbeispiel: Das Potential fällt mit zunehmendem Wachstum; es steigt nach Substratverbrauch spontan an, da der Sauerstoffverbrauch abnimmt. Die Sauerstoffkurve zeigt bei solchen Vorgängen den gleichen Verlauf. Bei routinemäßigem Einsatz

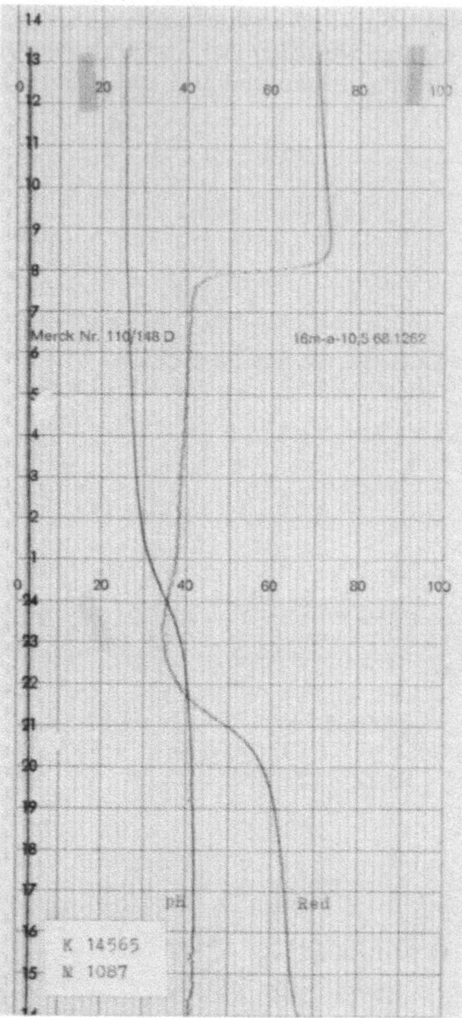

Abb. 5. Redoxpotential und pH bei Gluconobacter oxydans

erkennt man bald typische Merkmale in den Redoxkurven. Ein Beispiel
zeigt Abb. 6 mit dem typischen Verlauf der pH- und Redoxkurven in
einer wachsenden Bacillus-Kultur. Der Verlauf der Kurven ist bis in
Einzelmerkmale reproduzierbar und charakteristisch. Er ist nur durch
Eingriffe in die Betriebsbedingungen (Belüftung, Temperatur, Nährlösung) zu beeinflussen.

Wenn gut reproduzierbare Merkmale der Redoxkurve in Beziehung
zu gutem oder schlechtem Verlauf der Fermentation zu bringen sind,

dann sind sie eine große Hilfe bei der Optimierung und bei der Übertragung eines Vorganges in andere Fermenter. Die Ergiebigkeit der Kurven kann von Prozeß zu Prozeß sehr unterschiedlich sein. Nachteilig ist die pH-Abhängigkeit des Meßsystems. Eindeutige Bewertung der Potentiale ist daher nur bei pH-statischer Arbeitsweise möglich; in der Praxis kann man allerdings den pH-Einfluß auf die Kurven ausreichend

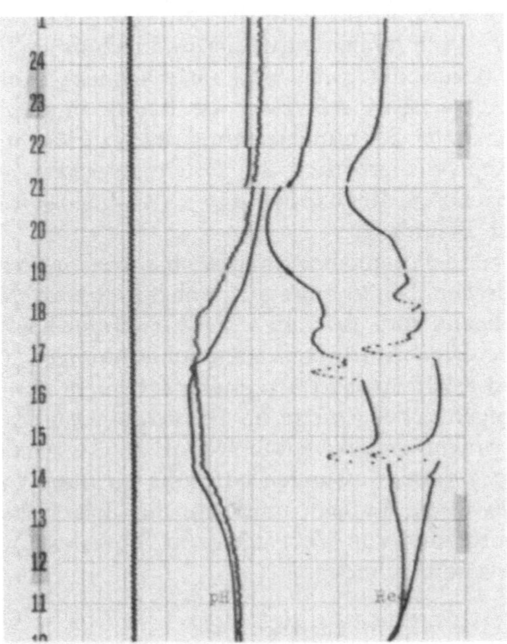

Abb. 6. Redoxpotential und pH bei Bacillus megaterium in zwei parallel laufenden Versuchen. Redoxkurven mit typischen Peaks

berücksichtigen. Man lernt bald, wie pH- und Redoxkurven bei guten und schlechten Ansätzen aussehen. Dadurch beschränkt sich die Beurteilung einer Fermentation nicht auf Produktbildung und einfache Wachstumsmessung, sondern kann stärker physiologische Zustände und Entwicklungsphasen der Kultur berücksichtigen. Die Potentialmessung erleichtert die Charakterisierung des Milieus.

Der Einfluß der Betriebsbedingungen (= Lebensbedingungen) auf typische Merkmale der Potentialkurven ist leicht zu ermitteln und dann zu erkennen: Luftmenge, Drehzahl, Druck, Temperatur, pH. Damit wird es einfach, beim Scale-up richtige analoge Bedingungen zu finden. Wenn so die optimalen Bedingungen für die Betriebsweise eines Fermenters gefunden wurden, läßt sich häufig unter diesen Bedingungen die Qualität der Vorkulturen aus dem Kurvenverlauf beurteilen.

Schließlich werden in Redox- und pH-Kurven bewußte Eingriffe in die Fermentation und Störungen oft gut erkennbar. Potentialänderungen bei Entschäumerzusatz sind die Regel; ihr Ausmaß hängt vom Entschäumer, der Nährlösung und dem jeweiligen Zustand der Kultur ab. Die Änderungen laufen bei der Sauerstoffkurve völlig gleichsinnig. Das Auftreten von Infektionen ist meistens durch ungewöhnlichen Potentialverlauf erkennbar. Auch Bedienungsfehler und technische Fehler, wie Luftmengen- oder Druckänderung, sind zu erkennen; damit werden solche Eingriffe nachweisbar. Abweichende Redox- und pH-Kurven können auch Fehler in der Zusammensetzung der Nährlösung erkennen lassen. Die gute Reproduzierbarkeit des Potentialverlaufes ermöglicht auch Regelungen nach dem Redoxpotential, z. B. Zugabe von Substrat oder Änderung der Belüftung.

Die Trübungs- und Potentialmessungen sind vom meßtechnischen und physikochemischen Standpunkt aus unbefriedigend. Mindestens genau so unbefriedigend sind aber auch die komplexen Brühen in den Fermentern und die Organismen-bedingten Schwankungen. Gerade im Routinebetrieb sind exakt meßbare Parameter fast nicht verfügbar, die ein schnelles Verfolgen der Vorgänge im Fermenter erlauben. Deshalb muß man die Ansprüche an die exakte Definition der Meßergebnisse reduzieren. Man mag diese Messungen unter die Messung von „Hausnummern" einordnen – sie sind jedenfalls sehr nützliche Hilfsmittel zur Erfassung und Beurteilung von Vorgängen im Bioreaktor und sollten deshalb mehr Verwendung finden.

Literatur

1. Jacob, H. E.: Ztschr. Allg. Mikrobiol. *11*, 691–734 (1971).
2. Kjaergaard, L.: Adv. Biochem. Eng. *7*, 131–150 (1977).

Die relative Respirationsrate (RRR), ein neuer Belüftungsparameter

H. G. Schlegel und A. Steinbüchel

Institut für Mikrobiologie, Georg-August-Universität,
D-3400 Göttingen, Bundesrepublik Deutschland

Mit 6 Abbildungen

Summary

A new parameter for describing the respiration rate of cells in fermentors at low aeration rates is proposed: the relative respiration rate (RRR), i. e. the ratio of the actual specific respiration rate imposed on the cells by restricting the aeration rate to the maximum specific respiration rate which the cells express under conditions of unrestricted oxygen supply during exponential growth.

The parameter serves to characterize the conditions of oxygen supply to cell suspensions in which the concentration of dissolved oxygen is below the sensitivity of oxygen electrodes. The definition and the limits of application of the parameter is discussed, and the measurement of RRR in the fermentor is described.

Growth of *Alcaligenes eutrophus*, a strictly aerobic facultatively chemolithoautotrophic bacterium, on gluconate served as a model system. The excretion of fermentation products such as ethanol, butanediol, lactate and succinate as well as the formation of fermentation enzymes such as alcohol dehydrogenase, butanediol dehydrogenase and lactate dehydrogenase was correlated to the relative respiration rate. The rates of growth, protein and poly-β-hydroxybutyrate synthesis were considered, too. Metabolic changes involved in the derepression of fermentation enzymes and in metabolite excretion under conditions of restricted oxygen supply are discussed. Measurements of fermentation enzymes lend themselves to test for transient insufficiency of oxygen supply to growing cells.

Zusammenfassung

Zur Beschreibung der Atmungsrate von Zellen in Fermentern bei geringen Belüftungsraten wird ein neuer Parameter vorgeschlagen, die relative Respirationsrate (RRR). Das ist das Verhältnis der aktuellen spezifischen Respirationsrate, die den Zellen durch Beschränkung der Belüftungsrate aufgezwungen wird, zur maximalen spezifischen Respirationsrate, die die Zellen unter Bedingungen unbeschränkter Sauerstoffversorgung während des exponentiellen Wachstums haben. Der Parameter ist geeignet, die Versorgung von Zellen mit Sauerstoff unter Bedingungen zu beschreiben, unter denen die Konzentration an gelöstem Sauerstoff in der Suspension unterhalb der Empfindlichkeit der Sauerstoffelektroden liegt. Es werden die Definition des Parameters und die Grenzen seiner Anwendung erörtert. Die Art der Messung der RRR im Fermenter wird beschrieben.

Als Modellsystem diente das Wachstum des streng aeroben, fakultativ chemolithoautotrophen Bacteriums *Alcaligenes eutrophus* auf Gluconat. Die Exkretion der Gärungsprodukte Äthanol, Butandiol, Lactat und Succinat sowie die Bildung der Gärungsenzyme Alkohol-Dehydrogenase, Butandiol-Dehydrogenase und Lactat-Dehydrogenase sind mit der relativen Respirationsrate korreliert. Wachstumsraten sowie die Syntheseraten von Protein und Poly-β-hydroxybuttersäure wurden ebenfalls berücksichtigt. Die Mechanismen, die an der Derepression der Gärungsenzyme und an der Ausscheidung von Metaboliten unter den Bedingungen beschränkter Sauerstoffversorgung beteiligt sind, werden erörtert, und es wird vorgeschlagen, Gärungsenzyme als Indikatoren für anhaltenden oder vorübergehenden Sauerstoffmangel in einer Suspension strikt aerober Zellen heranzuziehen.

Viele Stoffwechselprodukte, darunter primäre und sekundäre Metabolite, werden von Mikroorganismen nicht während des schnellstmöglichen Wachstums, sondern während einer Phase unausgewogenen Wachstums ausgeschieden. Bei strikt aeroben Organismen kommt es zur Produktbildung häufig bei Sauerstoffmangel. Das ist ein sehr wenig präziser Parameter zur Beschreibung des Verhältnisses von Mikroorganismen zum Sauerstoff. Es soll daher im folgenden ein neuer Parameter eingeführt und ein Anwendungsbeispiel dargelegt werden.

Strikte Aerobier vermögen nur zu wachsen, wenn sie Energie durch Elektronentransportphosphorylierung zu gewinnen vermögen. Die in der Elektronentransportkette eingespeisten Elektronen werden in der Regel auf Sauerstoff übertragen. Eine Reihe aerober Bakterien vermag die Elektronen auch in die Reduktion von Nitrat zu Distickstoffoxid oder molekularen Stickstoff einzuschleusen. Diese Bakterien können daher auch anaerob wachsen und werden häufig den fakultativ anaeroben Organismen zugerechnet; wesentlich ist jedoch, daß auch sie über eine rein respiratorische Energiegewinnung verfügen und auf die Energiegewinnung durch Elektronentransportphosphorylierung und somit äußere Elektronenakzeptoren angewiesen sind. Eine fermentative Energiegewinnung – über die Mechanismen der Gärung – ist für strikt aerobe Bakterien nicht ausreichend zum Wachstum. Zu den strikt aeroben Organismen gehören unter den Bakterien die Angehörigen der Gattungen *Pseudomonas*, *Gluconobacter*, *Alcaligenes*, *Thiobacillus*, *Streptomyces*, *Methylococcus*, *Methyolomonas* und viele andere, nahezu alle Eukaryonten, darunter auch – mit wenigen Ausnahmen – die Hefen und andere Pilze.

Auf Grund der geringen Löslichkeit des Sauerstoffs in wäßrigen Lösungen sind die Suspensionen aerob wachsender Mikroorganismen auf fortwährende Zuführung von Sauerstoff angewiesen; das erfolgt in der Regel durch Belüftung. Erfreulicherweise verfügen die meisten Mikroorganismen über eine sehr hohe Affinität zum Sauerstoff; der apparente K_m-Wert für Sauerstoff (10^{-6} bis 10^{-7} M O_2) ist so klein, daß die Atmung auch bei sehr geringen Konzentrationen von Sauerstoff in der Lösung noch mit maximaler Rate ablaufen kann. In der Regel sorgt der

Experimentator jedoch dafür, daß jederzeit ein Überschuß von Sauerstoff vorhanden ist.

Übliche Charakterisierung der Versorgung von Zellsuspensionen mit Sauerstoff

Um es in einer Suspension wachsender aerober Zellen nicht zu einem Sauerstoffmangel kommen zu lassen, mißt man einerseits die Respirationsrate der Zellen (Sauerstoffverbrauchsrate) und andererseits die Leistungsfähigkeit des Fermenters, die Sauerstoffabsorptionsrate oder den k_La-Wert, und läßt die Zellsuspension nur bis zu Zelldichten wachsen, bei denen die O_2-Verbrauchsrate der Zellsuspension die Absorptionsrate noch nicht übersteigt. Wenn das der Fall ist, dann ist in der Suspension gelöster Sauerstoff vorhanden und mit Hilfe einer O_2-Elektrode meßbar. Sobald die Verbrauchsrate der Zellsuspension die Absorptionsrate aber übersteigt, sinkt die meßbare O_2-Konzentration auf approximativ Null. Die Charakterisierung der Versorgung einer Zellsuspension mit Sauerstoff mit Hilfe einer O_2-Elektrode versagt also bei hohen Zelldichten bzw. unzureichenden O_2-Eintragungsraten. Die Anzeige ,,Null'' der O_2-Elektrode besagt also nicht, daß die Zellsuspension anaerob ist, sondern nur, daß die ,,steady state''-Konzentration an Sauerstoff in der Suspension unmeßbar klein ist. Im Gegensatz dazu sind anaerobe Lebensbedingungen durch völlige Abwesenheit von Sauerstoff ausgezeichnet, auch durch den Mangel jeglicher O_2-Zuführung. Zwischen den mit Hilfe der O_2-Elektrode charakterisierbaren Belüftungsbedingungen und der völligen Abwesenheit von Sauerstoff liegt ein weites Feld von Belüftungsbedingungen, eine ,,Grauzone'' der Belüftung, für die ein biologischer Parameter einzuführen ist. Im Rahmen von Untersuchungen über die Ausscheidung von Metaboliten durch das strikt aerobe Bacterium *Alcaligenes eutrophus* war erkannt worden, daß die Ausscheidung durch O_2-Mangel verursacht wird (Vollbrecht *et al.* 1978; Vollbrecht und Schlegel 1978) und daß die Natur der ausgeschiedenen Metabolite in Beziehung zu der relativen Höhe der Atmungsrate steht, die den Zellen bei verminderter Belüftung ermöglicht wird. Die jeweiligen Bedingungen ließen sich durch Angabe der relativen Respirationsrate kennzeichnen, also des Verhältnisses der tatsächlichen oder aktuellen Respirationsrate zur maximalen Respirationsrate (Vollbrecht *et al.* 1979; Schlegel und Vollbrecht 1980).

$$\text{Relative Respirationsrate (RRR)} = 100 \cdot \frac{\text{Tatsächliche, erzwungene Respirationsrate}}{\text{Maximale Respirationsrate}}$$

Dieses Verhältnis war bereits zur Beschreibung der Bedingungen, unter denen *Brevibacterium lactofermentum* einige Aminosäuren ausscheidet, herangezogen (Akashi *et al.* 1977) und als „oxygen satisfaction" bezeichnet worden (Hirose *et al.* 1978).

Theoretische Betrachtung zum Parameter RRR

Im Hinblick auf die Anwendung des Parameters RRR zur Charakterisierung des Zustandes der Zellen in einem Fermenter erscheint es notwendig, die Meßgrößen exakt zu definieren (Abb. 1). Die eingangs

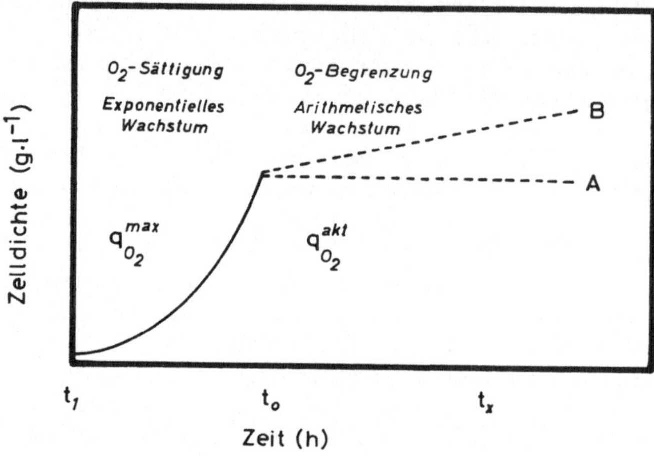

Abb. 1. Spezifische Respirationsraten einer Suspension strikt aerober Bakterien vor und nach drastischer Herabsetzung der Belüftungsrate. Liegen bei hohen Belüftungsraten im Zeitraum t_1–t_o in der Suspension meßbare Sauerstoffkonzentrationen vor, so atmen die Zellen mit ihrer maximalen spezifischen Respirationsrate $q_{O_2}^{max}$. Nach drastischer Herabsetzung der Belüftungsrate atmen sie mit einer erzwungen niedrigen (aktuellen) spezifischen Respirationsrate $q_{O_2}^{akt}$. Es sind zwei Bedingungen zu unterscheiden. Ist die Belüftungsrate so gering, daß lediglich der Energieaufwand für die Erhaltung der Zellen befriedigt wird, so wachsen die Zellen nicht *(A)*. Bei höheren Belüftungsraten und somit höheren Respirationsraten wachsen die Zellen angenähert arithmetisch *(B)*

für die RRR gegebene Definition basiert auf der Annahme, daß sich die Zelltrockenmasse und der Proteingehalt sowie die maximalen Atmungsraten der Suspension während des Versuchszeitraums nicht ändern. Das trifft für sehr geringe Belüftungsraten auch zu, obwohl sich auch dabei die spezifischen maximalen Atmungsraten (in μl O_2 · min · mg Zellprotein) beispielsweise infolge Zwangsatmung oder dereprimierter Bildung der O_2-terminalen Oxidasen ändern können. Erlauben die Belüftungsraten jedoch ein Zellwachstum (Abb. 1, Kurve B), so verändert sich die Bezugsgröße (Zellprotein oder Zelltrockenmasse) während des Versuchs. In diesem Fall müssen daher die spezifische maximale und die spezifische aktuelle Atmungsrate bestimmt werden, d. h. es muß neben der O_2-Verbrauchsrate des Fermenters auch die Zunahme des Bezugsparameters (Zellprotein oder -trockenmasse) fortwährend gemessen werden. Man definiert daher

$q_{O_2}^{max}(t_o)$ spezifische, maximale Respirationsrate der exponentiell wachsenden Zellen unmittelbar vor Verminderung der Belüftung zum Zeitpunkt t_o,

$q_{O_2}^{max}(t_x)$ spezifische, maximale Respirationsrate der unter O_2-Limitierung inkubierten Zellen zum Zeitpunkt t_x,

$q_{O_2}^{akt}(t_o)$ spezifische, aktuelle Respirationsrate der unter O_2-Limitierung inkubierten Zellen unmittelbar nach Verminderung der Belüftung zum Zeitpunkt t_o,

$q_{O_2}^{akt}(t_x)$ spezifische, aktuelle Respirationsrate der unter O_2-Limitierung inkubierten Zellen zum Zeitpunkt t_x.

Die Dimension für die spezifische Respirationsrate q_{O_2} ist μl O_2/min · mg Protein.

Entsprechend den Versuchsbedingungen und -zielen sind mehrere Fälle zu unterscheiden.

1. Macht man die vereinfachende Annahme, daß die Zellen nach der Umstellung auf verminderte Belüftung des Fermenters weder wachsen noch ihre spezifische aktuelle ($q_{O_2}^{akt}$) oder maximale Respirationsrate ($q_{O_2}^{max}$) ändern, so bleibt der Bezugsparameter (mg Protein) konstant und wird eliminiert

$$RRR = 100 \cdot \frac{q_{O_2}^{akt}(t_o)}{q_{O_2}^{max}(t_o)}.$$

Die relative Respirationsrate läßt sich als Verhältnis zweier Raten verstehen.

2. Bei höheren Belüftungsraten, die Zellwachstum und Vermehrung der Biomasse zulassen, verändert sich der Bezugsparameter Biomasse oder Protein im Laufe des Versuchszeitraums (t_o bis t_x). Um den Grad der O_2-Limitierung der Zellen, also RRR, konstant zu halten, müssen $q_{O_2}^{akt}$ und $q_{O_2}^{max}$ laufend bestimmt werden, da sich beide als Reaktion der Zellen auf die O_2-Begrenzung ändern können. Die Belüftungsrate muß also fortlaufend an die zunehmende Zelldichte und den veränderten physiologischen Zustand der Zellen ($q_{O_2}^{max}$) angepaßt werden, und im Idealfall muß der Quotient $q_{O_2}^{akt}(t_x)/q_{O_2}^{max}(t_x)$ konstant gehalten werden.

In der Praxis kann man die leicht vereinfachende Annahme machen, daß sich $q_{O_2}^{max}$ nicht ändert und kann sich mit der Konstanthaltung des Quotienten $q_{O_2}^{akt}(t_x)/q_{O_2}^{max}(t_o)$ begnügen. In jedem Fall ist jedoch $q_{O_2}^{akt}$ konstant zu halten; die Belüftungsrate des Fermenters ist also an die zunehmende Zelldichte anzupassen.

Da der experimentelle Aufwand unsere Möglichkeiten überstieg, haben wir bei den zu schildernden Versuchen die Belüftungsrate der Zunahme der Zelldichte nicht nachgeführt. Die von uns angegebenen relativen Respirationsraten entsprechen also dem Quotienten $q_{O_2}^{akt}(t_o)/q_{O_2}^{max}(t_o)$.

Messung der RRR

Zur Bestimmung der RRR (für Fall 1) genügt es, die O_2-Verbrauchsraten der Zellsuspension im Fermenter zu ermitteln. Ist Y_1 diejenige O_2-Verbrauchsrate im Fermenter, die die maximale Atmungsrate $(q_{O_2}^{max})$ garantiert, und Y_2 die bei stark erniedrigter Belüftung gemessene Verbrauchsrate, so ist

$$RRR = 100 \cdot \frac{Y_2}{Y_1} \text{ (in Prozent).}$$

Die Werte für die Verbrauchsraten Y ergeben sich aus der Differenz des Sauerstoffgehalts in der Zu- und Abluft

$$Y = \frac{O_2 \text{ zu} - O_2 \text{ ab}}{min}.$$

Ist X das Verhältnis von O_2/N_2 in der Abluft zu O_2/N_2 in der Zuluft

$$X = \frac{[O_2 \text{ ab}] \cdot [N_2 \text{ zu}]}{[N_2 \text{ ab}] \cdot [O_2 \text{ zu}]} = \frac{[O_2 \text{ ab}]}{[O_2 \text{ zu}]}$$

und fließen in den Fermenter pro min a ml Luft (21% v/v O_2), so ergibt sich für die Verbrauchsrate im Fermenter

$$Y = \frac{21}{100} \cdot a(1-X) \text{ ml } O_2/min.$$

Die maximale Respirationsrate läßt sich auch an einer aus dem Fermenter entnommenen Probe der Suspension (nach Verdünnung) manometrisch oder mit Hilfe der O_2-Elektrode bestimmen. Nach unserer Erfahrung wurden im Fermenter um 10% geringere maximale Respirationsraten gemessen als nach den letztgenannten Methoden.

Korrelation der RRR mit der Metabolitexkretion durch aerobe Bakterien

Während exponentiell mit Gluconat wachsende Zellen von *Alcaligenes eutrophus* Stamm N9A nur geringste Mengen von Metaboliten in die Nährlösung abgeben, werden bei nachfolgender Inkubation bei stark verringerten Belüftungsraten große Mengen an Metaboliten ausgeschieden. Die Versuche wurden in folgender Weise durchgeführt: Die Zellen wurden in 4 l Fermentern mit einer Minerallösung, die Ammonium als N-Quelle und Gluconat als C-Quelle enthielt, bis zu einer Zelldichte von 2 g Trockenmasse/l bei unbeschränkter Belüftung (30 °C) herangezogen. Dann wurde die Belüftungsrate auf sehr kleine Werte herabgesetzt und das Auftreten von Metaboliten im Medium gaschromatographisch verfolgt. Etwa 4 Stunden nach Verringerung der RRR begannen Metaboliten im Medium aufzutreten (Abb. 2). Während die Ausscheidung bei ganz geringen Belüftungsraten (1–3% RRR) langsam erfolgte, ging sie bei mittleren Belüftungsraten (3–10% RRR) rascher, hatte dann aber eine Abnahme auf Grund der Wiederverwertung der Metaboliten durch die Bakterien zur Folge. Die in der Tab. 1 angegebenen Konzentrationen stellen die maximal gemessenen Werte dar. Die Summe der Ausscheidungsprodukte überschritt 6 g · l⁻¹ kaum.

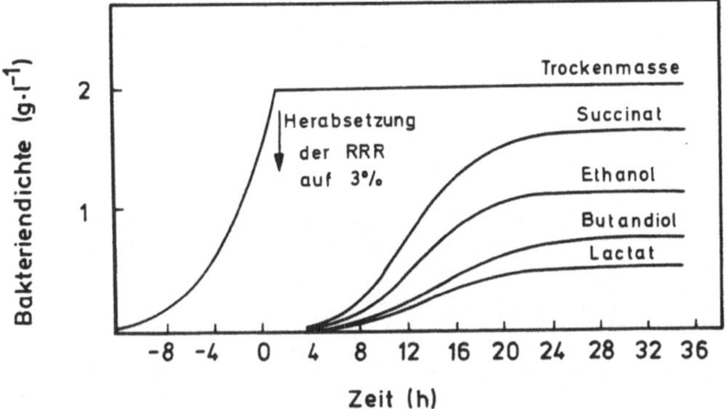

Abb. 2. Versuchsablauf zur Messung der Ausscheidung von Metaboliten durch *Alcaligenes eutrophus* Stamm N9A (PHB-freie, β-Hydroxybuttersäure nicht verwertende Mutante). (Nach Schlegel und Vollbrecht 1980)

Tabelle 1. *Abhängigkeit der Ausscheidung von Metaboliten durch Alcaligenes eutrophus N9A-PHB⁻02 und N9A-PHB⁻02-HB 1 von der relativen Respirationsrate. (Verkürzte Tabelle aus Schlegel und Vollbrecht 1980)*

Ausscheidungsprodukt	Relative Respirationsrate (%)			Maximale Menge (g/l⁻¹)
	Minimum	Optimum	Maximum	
2-Oxoglutarat	26	50	88	6.2
cis-Aconitat	15	21	27	3.4
3-Hydroxybutanoat	4	11	30	3.4
Acetat	2	7	10	3.1
H$_2$	2	6	10	n. b.
Formiat	2	6	22	6.2
Succinat	2	5.5	14	2.6
meso-2,3-Butandiol	2	5	8	3.9
Acetoin	4.5	5	6	0.23
DL-2,3-Butandiol	2	4.4	8	2.4
Äthanol	1	2.4	8	1.8
Laktat	1	2.4	5	0.8

n. b. = nicht bestimmt

Die Ausscheidung erfolgte unabhängig von der Gegenwart der N-Quelle. Die in der Tab. 1 angegebenen Metabolitkonzentrationen wurden nur mit Mutanten erreicht, die Poly-β-hydroxybuttersäure nicht zu synthetisieren und akkumulieren vermögen. Bei den Wildtypzellen erfolgt die Ausscheidung langsamer und bis zu geringeren Konzentrationen. Auch andere aerobe Bakterien wie *Pseudomonas delafieldii*, *P. acidovorans*, *P. flava* und *Paracoccus denitrificans* scheiden unter Sauerstoffmangel (RRR 7–10%) einige der genannten organischen Verbindungen aus (Vollbrecht und El Nawawy 1980). Auch das Muster der von *Brevibacterium lactofermentum* und *Corynebacterium glutamicum* ausgeschiedenen Aminosäuren verschiebt sich unter dem Einfluß variierter Sauerstoffversorgung (Hirose *et al.* 1978). In der Produktion von Metaboliten durch strikte Aerobier bei beschränkter O_2-Versorgung ist demnach ein generelles Phänomen zu sehen. Es hat eine Regulation sowohl der Enzymfunktion als auch der Enzymbildung zur Ursache.

Korrelation der RRR mit der Bildung von Gärungsenzymen

Zur Synthese und Ausscheidung von 2-Oxoglutarat und β-Hydroxybutyrat durch ein Bakterium bedarf es nur der Enzyme, die in aerob gewachsenen Zellen gewöhnlich anzutreffen sind. Die zur Bildung von Äthanol, Laktat, 2,3-Butandiol, Azetat und Succinat notwendigen Enzyme werden jedoch von strikt aeroben Bakterien gewöhnlich nicht gebildet, und man erwartet auch nicht, daß die genetische Information zur Bildung dieser Enzyme vorhanden ist.

Gärungsenzyme wie Alkohol-Dehydrogenase, Laktat-Dehydrogenase und Butandiol-Dehydrogenase waren in ausreichend belüftet gewachsenen Zellen nicht anzutreffen. Diese Enzyme wurden bei *A. eutrophus* N9A-PHB⁻O2-HB⁻1 erst gebildet, wenn die Zellen bei geringen relativen Respirationsraten inkubiert wurden (Abb. 3). Die Enzymaktivitäten waren verschieden hoch und erreichten spezifische Aktivitäten von 0,7 μmol · min⁻¹ · mg Protein⁻¹. Die Bildung erfolgte nicht koordiniert; auch ließ sich die bevorzugte Bildung des einen oder anderen Enzyms bisher nicht einer distinkten RRR zuordnen (Schlegel und Vollbrecht 1980).

In weiteren Versuchen wurde das Verhalten des Wildtypstammes von *A. eutrophus* N9A nach Herabsetzung der Belüftungsrate des Fermenters untersucht. Es war zu klären, ob die Bakterien bei relativen Respirationsraten [Quotient $q_{O_2}^{akt}(t_o)/q_{O_2}^{max}(t_o)$] von 5, 20, 40 oder 60% wachsen, Poly-β-hydroxybuttersäure (PHB) speichern und die Gärungsenzyme bilden. Die Versuchsanordnung unterschied sich von der bei Vollbrecht und Schlegel (1979) beschriebenen nur durch Anwendung einer höheren Ammoniumkonzentration. Diese gewährleistete, daß während des Versuchszeitraums ($t_o - t_x$) eine Proteinzunahme auf das 2,5fache möglich war.

Wie Abb. 4 zu entnehmen ist, erfolgten Wachstum und nennenswerte Proteinsynthese erst bei relativen Respirationsraten von 40 und

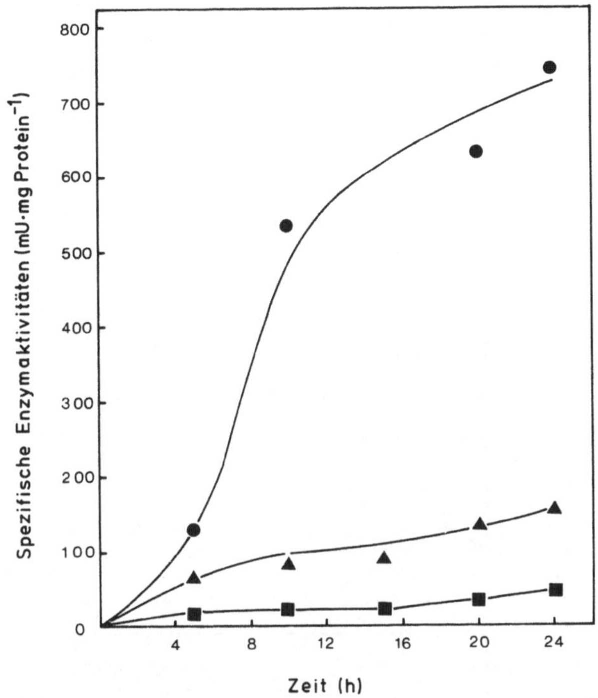

Abb. 3. Zunahme der spezifischen Aktivitäten von Enzymen in *Alcaligenes eutrophus* N9A-PHB⁻02-HB⁻1. Die Zellen wurden aerob mit Glukonat als Substrat bis zu einer Bakteriendichte von 2 g Trockenmasse/l herangezogen und anschließend einer limitierten O_2-Versorgung ausgesetzt, die eine relative Respirationsrate von 3% ermöglichte (aus Schlegel und Vollbrecht 1980). ● Laktat-Dehydrogenase; ▲ Butandiol-Dehydrogenase; ■ Alkohol-Dehydrogenase

60%, nicht jedoch bei 5 oder 20%. Die Zunahme der Trockenmasse der Zellen bei 5 und 20% RRR war praktisch ausschließlich auf die Synthese von PHB zurückzuführen. Bei RRR von 40 und 60% wurde sowohl Protein als auch PHB gebildet. Beide nahmen anfänglich linear zu. Erst wenn im Laufe der Fermentation die Zelldichte zugenommen und die wirkliche RRR $[q_{O_2}^{akt}(t_x)/q_{O_2}^{max}(t_o)]$ abgenommen hatte, kam das Wachstum zum Stillstand.

Die Gärungsenzyme Laktat-Dehydrogenase (LDH), Butandiol-Dehydrogenase (BuDH) und Alkohol-Dehydrogenase (ADH), die bei sät-

H. G. Schlegel und A. Steinbüchel:

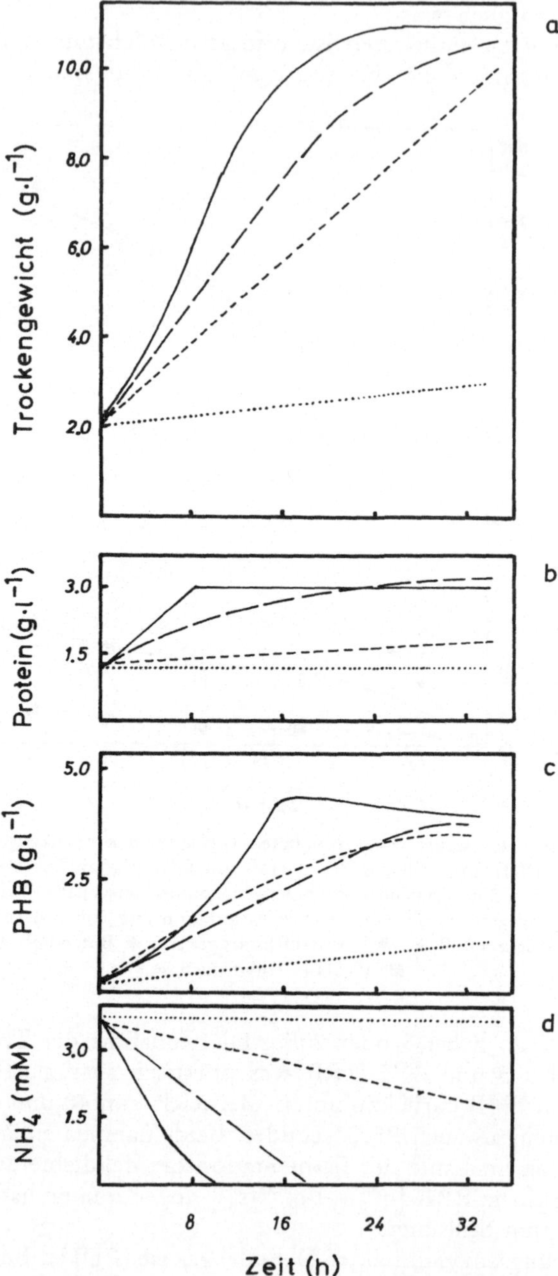

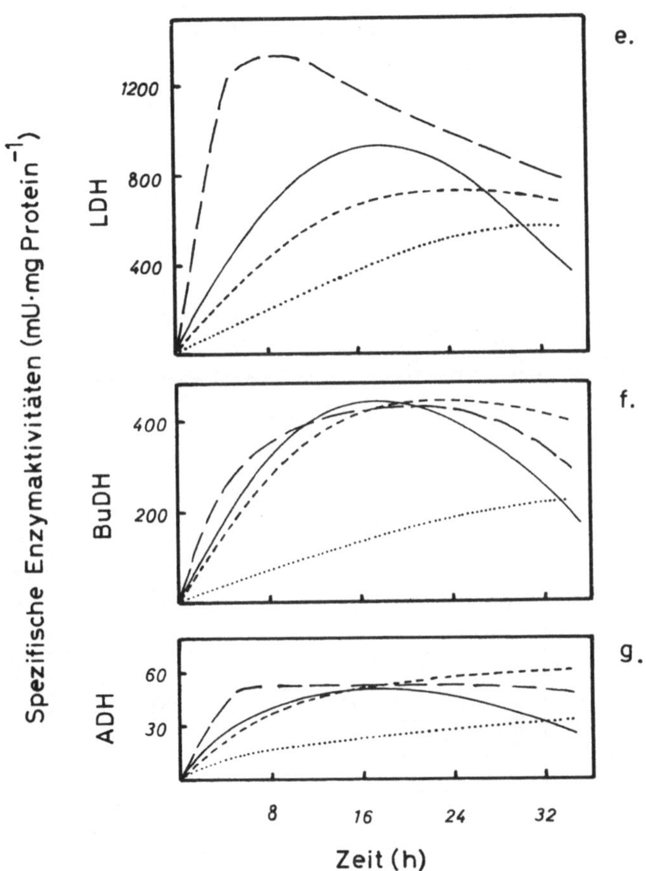

Abb. 4. Veränderungen physiologischer Parameter in einer Suspension von *Alcaligenes eutrophus* N9A nach Umstellung auf stark erniedrigte Belüftungsraten. Die Zellen wurden in 4 l Fermentern heterotroph mit Na-Glukonat (1,5% w/v) als C-Quelle bei einer Belüftungsrate von 500 ml Luft · min⁻¹ bis zu einer Bakteriendichte von 2 g Trockenmasse · l⁻¹ herangezogen. Dann wurde die Belüftungsrate vermindert und 1,5% Na-Glukonat nachgefüttert. An Proben wurden folgende Daten bestimmt: *a* Trockenmasse; *b* Protein; *c* PHB; *d* Ammonium; *e–g* spezifische Enzymaktivitäten für *e* Laktat-Dehydrogenase, *f* Butandiol-Dehydrogenase und *g* Alkohol-Dehydrogenase. Symbole für die relativen Atmungsraten: .... 5%; – – – – – 20%; —— —— 40%; ——— 60%

tigender Belüftung nicht oder kaum nachweisbar sind, werden bei allen vier geprüften RRR gebildet. Die anfängliche Bildungsrate war bei 40% RRR am höchsten (Abb. 5). Ihre spezifischen Aktivitäten stiegen nach Umstellung auf O_2-Begrenzung zunächst rasch, dann langsam an (Abb. 4). Die höchsten Werte erreichte mit nahezu 1,4 Einheiten/mg Protein die Laktat-Dehydrogenase.

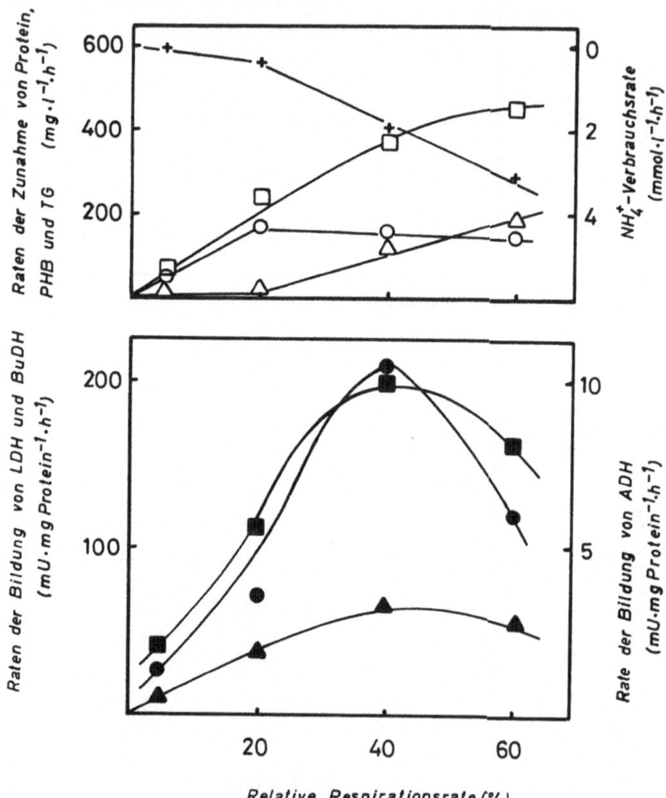

Abb. 5. Raten der Zunahme von Zellprotein, Zelltrockenmasse, Poly-β-hydroxybutter-säure und von spezifischen Enzymaktivitäten in Abhängigkeit von den eingestellten relativen Respirationsraten (Daten der Abb. 4). + Ammonium; ○ Poly-β-hydroxybuttersäu-re; △ Protein; □ Trockenmasse; ● Laktat-Dehydrogenase; ■ Alkohol-Dehydrogenase; ▲ Butandiol-Dehydrogenase

Die Versuche an den Wildtypzellen lassen erkennen, daß schon eine relativ geringe Herabsetzung der Respirationsrate der Zellen – auf etwa die Hälfte ihres maximalen Wertes – genügt, den Zellstoffwechsel drastisch zu beeinflussen und die Syntheseleistungen umzustellen. Die PHB-Synthese wird gefördert und die Bildung der Gärungsenzyme wird ermöglicht. Bemerkenswerterweise werden die drei Gärungsenzyme unter allen angewandten Belüftungsbedingungen gebildet. Die Derepression erfolgt also koordiniert, und es ist nicht anzunehmen, daß sich die Derepression jedes Enzyms einer distinkten RRR zuordnen läßt. Die Bildung von PHB verhält sich wie die eines „inneren Gärungsproduktes", d. h. zur PHB-Bildung befähigte Zellen scheiden nicht nur stark reduzierte Gärungsprodukte aus, sondern häufen auch die reduzierte Säure, β-Hydroxybuttersäure, als Polymer in osmotisch inerter Form im Innern der Zelle an.

Modellvorstellung zur Begründung der Ausscheidung und Bildung von Gärungsenzymen

Die vorliegenden Ergebnisse lassen folgende Interpretation zu. Die Ausscheidung der genannten Metaboliten ist eine Folge der Stoffwechselregulation auf zwei Ebenen, 1. der Beeinflussung der Funktion der vorhandenen Enzyme durch Hemmung und Stimulierung und 2. der Derepression der Bildung von Gärungsenzymen. Das primäre Signal ist wahrscheinlich eine Erhöhung des NADH/NAD-Verhältnisses in der Zelle (Harrison 1976). Solange die O_2-terminalen Oxidasen bei sättigender O_2-Konzentration funktionieren, liegt in der Zelle ein Teil der Nikotinamiddinukleotide in oxidierter Form vor. Bei O_2-Mangel häuft sich NADH an. Auch der Energieladungszustand wird durch die verminderte Respirationsrate beeinflußt.

Über die Reihenfolge der zur Ausscheidung führenden Ereignisse läßt sich nur spekulieren (Abb. 6). 2-Oxoglutarat-Dehydrogenase und Pyruvat-Dehydrogenase sind als die gegenüber einer Anhäufung von NADH in der Zelle empfindlichsten Enzyme bekannt (Hansen und Henning 1966). Bei *Escherichia coli* führt Anaerobiose zu einer raschen und vollständigen Hemmung von Pyruvat-Dehydrogenase. Daß die Ausscheidung von 2-Oxoglutarat schon bei einer geringfügigen Verminderung der RRR durch O_2-Mangel erfolgt (Tab. 1), steht damit im Einklang. Erst bei einer weiteren Herabsetzung der RRR werden weitere Metaboliten angehäuft und Enzyme gebildet. Daß das NADH/NAD-Verhältnis direkt an der Transkription beteiligt ist und zu einer Derepression führt, ist unwahrscheinlich. Vielmehr ist anzunehmen, daß eines der durch Enzymhemmung angestauten Intermediärmetabolite – Phosphoenolpyruvat oder Azetyl-CoA sind erwägbare Signalsubstanzen – auf genetischem Niveau wirkt und zur Derepression der Bildung der Gärungsenzyme führt. Durch die genannten Enzyme lassen sich die Intermediärprodukte wie Azetaldehyd, Pyruvat und Azetoin zu Äthanol, Laktat und Butandiol reduzieren.

Auf Grund unserer Versuchsdaten nehmen wir an, daß bei O_2-Limitierung zunächst 2-Oxoglutarat-Dehydrogenase, dann auch Isozi-

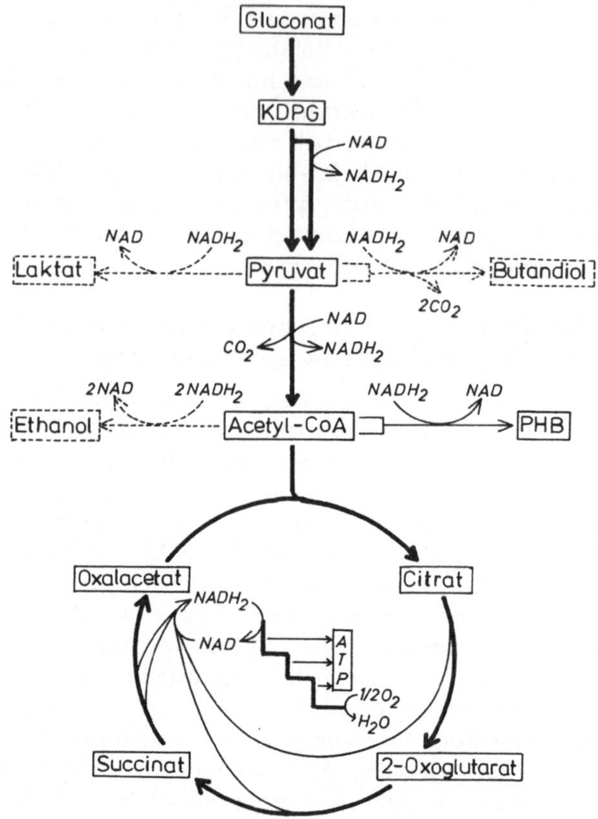

Abb. 6. Vereinfachtes Schema des Abbauweges von Glukonat durch *Alcaligenes eutrophus*. Glukonat wird durch Glukonokinase phosphoryliert und über 2-Keto-3-desoxy-6-phosphogluconat (KDPG) zu Pyruvat oxidiert. Das Rückgrat des Entner-Doudoroff-Weges, der Pyruvat-Oxidation, des Trikarbonsäurezyklus und die Atmungskette sind mit dicken Pfeilen gekennzeichnet. Poly-β-hydroxybuttersäure (PHB) kann unter aeroben Bedingungen und bei O₂-Mangel angehäuft werden (dünne Pfeile). Die erst durch Sauerstoffmangel und demzufolge dereprimierte Bildung von Gärungsenzymen ermöglichten Synthesewege von Ausscheidungsprodukten sind mit punktierten Pfeilen angedeutet

trat-Dehydrogenase und Zitrat-Synthase gehemmt werden und es zu einem Anstau von Acetyl-CoA kommt. Dieses wird bei den Wildtypzellen von *A. eutrophus* in die Synthese von PHB eingeschleust. Die bezüglich der PHB-Bildung defekte Mutante scheidet große Mengen von β-Hydroxybuttersäure aus. Offenbar leitet sich auch das ausgeschiedene Äthanol von Acetyl-CoA her. Auf Grund der Hemmung der Pyruvat-Dehydrogenase durch NADH ist mit einem Anstau auch von

Pyruvat zu rechnen. Dieses wird, wenn Laktat-Dehydrogenase vorliegt, zu L-(+)-Laktat reduziert und, wenn Butandiol-Dehydrogenase vorhanden ist, über 2-Azetyllaktat und Azetoin zu Butandiol umgesetzt. Für die übrigen in Tab. 1 aufgeführten Ausscheidungsprodukte liegen noch keine Daten über Enzymbestimmungen vor. Da *A. eutrophus* über eine aktive Phosphoenolpyruvat-Karboxykinase verfügt (B. Bowien, persönl. Mitteilung), ist anzunehmen, daß das ausgeschiedene Succinat über Oxalazetat, Malat und Fumarat gebildet wird. Das Muster der Ausscheidungsprodukte ist dem von den Enterobacteriaceae her bekannten Muster sehr ähnlich. Zu einer abschließenden Erklärung der zur Ausscheidung führenden Schritte bedarf es noch weiterer enzymatischer Untersuchungen.

Daß Glukonat und nicht Fruktose als Substrat für *A. eutrophus* gewählt wurde, wird durch die bekannte Hemmbarkeit der in den Entner-Doudoroff-Weg eingeschalteten Glukose-6-phosphat-Dehydrogenase durch ATP und NADH begründet (Blackkolb und Schlegel 1968). Der in vivo wirksame Inhibitor, der zu einem raschen Anstau von Glukose-6-phosphat und einer Abnahme der intrazellulären 6-Phosphoglukonat-Konzentration führt, wurde als NADH erkannt (Bowien *et al.* 1974). Während also der Abbau von Fruktose einer effizienten Kontrolle unterliegt, tritt Glukonat unterhalb des regulatorisch wirksamen Enzyms in den Abbauweg ein.

Derepression kryptischer Gene

Daß als Folge der Herabsetzung der Belüftung und der Respirationsrate die obengenannten Gärungsenzyme gebildet wurden, war überraschend. *A. eutrophus* ist als strikt aerobes Bakterium bekannt, das anaerob weder Zucker zu vergären noch zu wachsen vermag. Das Fehlen von Gärungsenzymen steht mit der molekularbiologisch begründeten Evolutionstheorie im Einklang, die die Vorstellung suggeriert, daß nicht benötigtes genetisches Material aus dem DNA-Bestand der Zelle eliminiert wird. Es war daher nicht zu erwarten, daß *A. eutrophus* über genetische Informationen verfügt, die unter normalen Wachstumsbedingungen nicht exprimiert werden. Gene, die unter ordentlichen Kulturbedingungen nicht ausgeprägt werden, bezeichnet man als „kryptische" oder „schlafende" Gene (Riley und Anilionis 1978). Demzufolge hat man die Gene für die Gärungsenzyme bei *A. eutrophus* den kryptischen Genen zuzuordnen.

Die Spekulation liegt nahe, daß eine durch O_2-Begrenzung bewirkte Derepression kryptischer Gene an zahlreichen mikrobiellen Produktionsverfahren beteiligt ist. Zu erwägen ist diese Beteiligung an der Produktion von Sekundärmetaboliten von der Art der Antibiotika, die in vielen Fällen nicht während des aktiven, exponentiellen Wachstums der Organismen gebildet werden, sondern in einer stationären Phase. Es handelt sich dabei großenteils um Bedingungen, unter denen die Zellen einem O_2-Mangel ausgesetzt sind. Ob die an der Synthese der Sekundärmetabolite beteiligten Enzyme unter diesen Bedingungen erst synthetisiert werden oder bereits in den unter optimalen Wachstumsbedingungen gezogenen Zellen vorliegen, bleibt zu prüfen. Auch für derartige Untersuchungen bietet sich die relative Respirationsrate als Parameter zur Kennzeichnung der physiologischen Bedingungen an, denen die Zellen ausgesetzt sind.

Gärungsenzyme als Indikatorenzyme

Für zumindest einige Vertreter der Enterobacteriaceae kann man 2-Oxoglutarat-Dehydrogenase als Indikatorenzym für die Exposition der Zellen gegenüber Sauerstoff heranziehen. In streng anaerob gewachsenen Zellen von *Citrobacter freundii* liegt die spezifische Aktivität dieses Enzyms unter der Nachweisgrenze. Schon Spuren von Sauerstoff genügen, die Bildung der 2-Oxoglutarat-Dehydrogenase zu veranlassen (Keevil *et al.* 1979a und b). In Analogie dazu kann man Gärungsenzyme als Indikatoren für einen zeitweisen Mangel an Sauerstoff und dadurch bewirkte Herabsetzung der relativen Respirationsrate heranziehen. Die vergleichende Prüfung einer Reihe von strikt aeroben Bakterien hat ergeben, daß Butandiol-Dehydrogenase für diesen Zweck geeignet ist. Es ist jedoch absehbar, daß für jede Bakterienart eine individuelle Prüfung zu erfolgen hat.

Literatur

 1. Akashi, K., Shibai, H., Hirose, Y.: J. Ferment. Technol. *55*, 364–368 (1977).
 2. Blackkolb, F., Schlegel, H. G.: Arch. Mikrobiol. *63*, 177–196 (1968).
 3. Bowien, B., Cook, A. M., Schlegel, H. G.: Arch. Mikrobiol. *97*, 273–281 (1974).
 4. Hansen, R. G., Henning, U.: Biochim. Biophys. Acta *122*, 355–358 (1966).
 5. Harrison, D. E. F.: Adv. Microb. Physiol. *14*, 243–313 (1976).
 6. Hirose, A., Sano, K., Shibai, H.: Ann. Rep. Ferment. Processes *2*, 155–178 (1978).
 7. Keevil, C. W., Hough, J. S., Cole, J. A.: J. Gen. Microbiol. *113*, 83–95 (1979a).
 8. Keevil, C. W., Hough, J. S., Cole, J. A.: J. Gen. Microbiol. *114*, 355–359 (1979b).
 9. Riley, M., Anilionis, A.: Ann. Rev. Microbiol. *32*, 519–560 (1978).
10. Schlegel, H. G., Vollbrecht, D.: J. Gen. Microbiol. *117*, 475–481 (1980).
11. Vollbrecht, D., Schlegel, H. G.: Europ. J. Appl. Microbiol. Biotechnol. *6*, 157–166 (1978).
12. Vollbrecht, D., Schlegel, H. G.: Europ. J. Appl. Microbiol. Biotechnol. *7*, 259–266 (1979).
13. Vollbrecht, D., El Nawawy, M. A.: Europ. J. Appl. Microbiol. Biotechnol. *9*, 1–8 (1980).
14. Vollbrecht, D., El Nawawy, M. A., Schlegel, H. G.: Europ. J. Appl. Microbiol. Biotechnol. *6*, 145–155 (1978).
15. Vollbrecht, D., Schlegel, H. G., Stoschek, G., Janczikowski, A.: Europ. J. Appl. Microbiol. Biotechnol. *7*, 267–276 (1979).

Meßwerterfassung, Parameterschätzung und Datenspeicherung bei Fermentationsprozessen

M. Meiners

Gesellschaft für Biotechnologische Forschung mbH.,
D-3300 Braunschweig-Stöckheim, Bundesrepublik Deutschland

Mit 2 Abbildungen

Summary

Digital process control requires a systematic data acquisition and data storage in view of the development of adequate software. Process variables of fermentation processes are classified and discussed according to their use in process control: set point variables, state variables, objective variables, in addition parameters are divided in experimental and theoretical parameters. The use of experimental parameters is explained. For analysis of fermentation processes it is suggested that also variations and standard deviations are stored. The total structure of the data file is described.

Zusammenfassung

Die Prozeßkontrolle mit Digitalrechnern erfordert einen systematischen Aufbau der Meßwerterfassung und Datenspeicherung im Hinblick auf die Entwicklung geeigneter Rechnerprogramme. Prozeßvariable werden entsprechend dem Gebrauch in der Software eingeteilt:
Stellgrößen, Zustandsgrößen und Gütegrößen.
Bei Parametern wird zwischen experimentellen und theoretischen Parametern unterschieden, die Benutzung experimenteller Parameter wird erläutert. Für Prozeßanalysen wird vorgeschlagen, neben Meßwerten auch die Veränderungen und Standardabweichungen der Meßwerte zu speichern.
Die Gesamtstruktur der Dateien wird beschrieben.

Eine gute Meßwerterfassung und -verarbeitung sind wesentliche Voraussetzungen für Prozeßanalysen und Prozeßführung. Bekanntlich können viele Prozeßgrößen in der Biotechnologie entweder

gar nicht gemessen,

nicht genau genug gemessen,

nicht on-line (daher nicht oft genug) gemessen

werden. Daher ist es wichtig, aus den vorhandenen Messungen möglichst viel Information herauszuholen. Es sollen die wichtigsten Prozeßgrößen einer Fermentation zusammengestellt und geordnet werden, dabei wird unterschieden zwischen

A. Stellgrößen (Manipulationsgrößen, Eingangsgrößen),
B. Zustandsgrößen (Meßgrößen),
C. Gütegrößen (Optimierungsgrößen, Ausgangsgrößen),
D. Parametern,
    a) theoretische Parameter (physikalische, chemische, biologische Modelle),
    b) experimentelle Parameter (experimentelle Prozeßidentifikation).

A. Stellgrößen sind Prozeßgrößen, die von außen beliebig vorgegeben werden könnten, die also unabhängig vom Prozeß eingestellt werden können, wie z. B. Ströme, Dosagen, Drehzahl, daher oft auch manipulierende Größen genannt, mit ihnen kann der Prozeß manipuliert werden. Sie sind immer als Stellgrößen in einem Regelkreis verwendbar, wobei sie dann über die Rückführung von der Regelgröße und dem Prozeß abhängen. In den Diagrammen zur Darstellung des Prozesses sind sie als Eingangsgrößen dargestellt. Tab. 1 stellt die wichtigsten Eingangsgrößen eines Fermentationsprozesses dar.

Tabelle 1. Stellgrößen in der Fermentation

Drehzahl
Luftdurchsatz
Sauerstoffanteil in der Zuluft
Durchfluß (Chemostat)
Kühl-, Heizstrom (eventuell elektrische Heizung)
Kühlmitteltemperatur Eingang
Dosagen: Säure/Lauge
        Substrate
        Salze
        Antischaummittel
        sonstige

B. Zustandsgrößen beschreiben den Zustand des Prozesses, sie hängen vom Prozeß und den Eingangsgrößen des Prozesses ab. Ein Beispiel ist der Sauerstoffpartialdruck, der vom Verbrauch der Organismen an Sauerstoff, außerdem aber auch vom Luftdurchsatz, der Drehzahl (als Stellgröße) und von weiteren Zustandsgrößen abhängt. Weitere Beispiele sind der pH, die Temperatur usw. Die Temperatur hängt von der Energieumwandlung durch die Organismen, vom Energieeintrag durch das Rührsystem und den Luftdurchsatz, von der Wärmestrahlung und natürlich vom Kühlmittelstrom und der Kühlmitteltemperatur ab. An diesen Beispielen ist zu erkennen, daß die Abhängigkeit umgekehrt werden kann, wenn eine Regelung eingeführt wird. So kann die Temperatur vorgegeben werden, so daß der Regler den Kühlstrom solange verändert, bis der gewünschte Wert in gewissen Grenzen erreicht ist.

Tabelle 2. *Wichtige Zustandsgrößen eines Fermentationsprozesses*

Flüssigphase: Temperatur im Fermenter, Kühlmitteltemperatur Ausgang
pH
Redox
Druck
Sauerstoffpartialdruck
Kohlendioxidpartialdruck
Substratkonzentration, div. ⎫ ⎧ Alkohole
Salzkonzentration, div. ⎪ ⎪ Zucker
Biomasse ⎪ ⎪ org. Säuren
Produktkonzentrationen ⎬ ⎨ Vitamine
Nebenproduktkonzentrationen ⎪ ⎪ Enzyme
Zwischenproduktkonzentrationen ⎭ ⎩ ATP, NADH usw.
Füllstand
Gasanteil
Blasengrößen
Phasengrenzfläche
Viskosität
Oberflächenspannung
Dichte
usw.
Gasphase: Sauerstoffanteil
Kohlendioxidanteil
Anteil flüchtiger Substrate
Anteil flüchtiger Produkte
Schaumanteil
usw.
Biomasse: C-N-O-H-Anteile
Proteinanteil
DNS-Anteil
RNS-Anteil
fixierte Enzyme
usw.

Die Zahl der möglichen Zustandsvariablen ist sehr groß, nur ein geringer Teil kann heute erfaßt werden. Die wichtigsten Zustandsgrößen der Fermentation sind in Tab. 2 zusammengestellt.

Zu beachten ist die Vielfalt der organischen Verbindungen, die als Substrate, Hauptprodukte sowie Neben- und Zwischenprodukte auftreten. Abgesehen von wenigen Ausnahmen können die Konzentrationen bisher nur durch Off-line-Analytik bestimmt werden. In den letzten Jahren wurde zur Erfassung einiger Verbindungen das Massenspektrometer herangezogen, das allerdings ein sehr aufwendiges Gerät darstellt. Einfache chemische Nachweismethoden können automatisiert werden, z. B. durch den Einsatz von Autoanalysatoren, wie sie in der Medizin verwendet werden. Meßsonden auf der Grundlage der Halbleitertechnologie wurden für die Bestimmung von Alkoholkonzentrationen auf den Markt gebracht, ähnlich arbeiten H_2-Sonden, die von F. Winquist [4] vorgestellt wurden. Wenn man den hohen Stand der

Halbleitertechnologie berücksichtigt, so scheint hier noch ein enormes Entwicklungspotential mit guten Marktchancen nicht nur in der Biotechnologie zu liegen. Geeignete Meßsonden würden die Prozeßkontrolle und Prozeßführung wesentlich verbessern können.

C. Neben den meßbaren Größen sind zur Beschreibung des Prozesses Größen wichtig, die Aussagen über die Güte des Prozesses machen, hierzu gehören Größen wie: Wachstum, Produktivität, Verbrauch, Ausbeute usw. Diese Größen sind berechenbar aus den Werten der Gruppe A und B, wenn man neben den Meßwerten aus B die zeitlichen Veränderungen einbezieht. Z. B. ist aus der Veränderung einer Konzentration und der Dosage der Verbrauch eines Substrates berechenbar.

Über eine Bilanzierung können aus der Kenntnis des Luftdurchsatzes und der Anteile von O_2 und CO_2 in der Zu- und Abluft der Sauerstoffverbrauch und die CO_2-Produktion ermittelt werden. Durch Division von Verbrauch und Produktion sind Ausbeuten zu berechnen. Ein Spezialfall ist der Respirationsquotient.

Die Tatsache, daß diese Größen aus Differentialen der Zustandsgrößen berechnet werden, zeigt, daß sie neue Informationen darstellen

Tabelle 3. *Gütegrößen einer Fermentation*

Wachstum
Produktbildung
Bildung Nebenprodukte
Sauerstoffverbrauch QO_2
Kohlendioxidproduktion QCO_2
Wärmeverbrauch/-erzeugung
Substratverbrauch 1
Substratverbrauch 2
Salzverbrauch 1
Salzverbrauch 2
Schaumbildung

Ausbeute: Biomasse/Substrat
Ausbeute: Biomasse/Sauerstoff
Ausbeute: Biomasse/Energie
Ausbeute: Produkt/Substrat
Ausbeute: Produkt/Sauerstoff
Ausbeute: Produkt/Energie
Ausbeute: Produkt/ATP
Ausbeute: Produkt/Salze
Respirationsquotient $RQ = QCO_2/QO_2$

verschiedene Anteile/Biomasse

Erhaltungsgrößen, z. B.: Substrat-, O_2

wirtschaftliche Größen durch Multiplikation der technischen Gütegrößen mit Kostenfaktoren usw.

und daher für die Prozeßkontrolle und Prozeßführung wichtig sind und sicher in Zukunft an Bedeutung gewinnen; Beispiele sind in [5–7] dieses Symposiums zu erkennen.

Die Gütervariablen sind im Sinne einer Prozeßbeschreibung Ausgangsgrößen des Prozesses. Die wichtigsten Ausgangsgrößen sind in Tab. 3 aufgelistet, hinzu kommen beliebige Kombinationen und Erweiterungen z. B. durch Kostenmultiplikationen für wirtschaftliche Kriterien.

D. Parameter sind Hilfsgrößen, die die Korrelation verschiedener Prozeßgrößen beschreiben. Sie liefern keine neuen Informationen, sind aber für die Beschreibung des Prozesses sinnvoll. Ihnen liegen Modellvorstellungen zugrunde.

Tabelle 4

Stoffübergangskoeffizienten
Diffusionskoeffizienten
Henry-Koeffizient
Mischzeit
dimensionslose Kenngrößen:

$$\text{Reynolds} = \frac{\text{Trägheitskraft}}{\text{Zähigkeitskraft}}$$

$$\text{Froude} = \frac{\text{Trägheitskraft}}{\text{Schwerkraft}}$$

$$\text{Weber} = \frac{\text{Trägheitskraft}}{\text{Grenzflächenkraft}}$$

$$\text{Leistungskennzahl} = \frac{\text{Antriebskraft}}{\text{Trägheitskraft}}$$

$$\text{Belüftungszahl} = \frac{\text{scheinbare Geschwindigkeit Gas}}{\text{Umfanggeschwindigkeit Rührer}}$$

$$\text{Sherwood} = \frac{\text{Stoffübertragung}}{\text{Diffusion}}$$

$$\text{Schmidt} = \frac{\text{mol. Impuls}}{\text{Stoffübertragung}}$$

$$\text{Damköhler} = \frac{\text{max. Reaktionsgeschwindigkeit}}{\text{Diffusionsgeschwindigkeit}}$$

$$\text{Stanton} = \frac{\text{externe Transportgeschwindigkeit}}{\text{interne Transportgeschwindigkeit}}$$

$$\text{Nusselt} = \frac{\text{Wärmeübertragung}}{\text{Wärmeleitung}}$$

$$\text{Thring} = \frac{\text{Wärmetransport}}{\text{Wärmestrahlung}}$$

a) Theoretische Modelle lassen sich aus allgemein anerkannten Grundlagen der Physik, Chemie, Biologie entwickeln, die Parameter erhalten dann eine physikalische, chemische oder biologische Bedeutung oder Interpretation. Sie fördern insgesamt das Verständnis des Prozesses, sind insbesondere für Extrapolationen geeignet, z. B. für Scale up.

Kinetische Modelle z. B. definieren die Beziehung zwischen Zustandsgrößen und Gütevariablen. Sie lassen sich aus biologischen und chemischen Gesetzen ableiten. Typische Parameter sind die Konstanten in Monod-artigen Modellen.

Bei verfahrenstechnischen Parametern spielen auch die Korrelationen zwischen den Zustandsgrößen selbst eine Rolle. Hiezu gehören die bekannten dimensionslosen Kenngrößen, von denen die wichtigsten in der Biotechnologie in Tab. 4 zusammengestellt sind. Außerdem können die Koeffizienten zur Beschreibung des Stoff- und Energietransportes dazugezählt werden, wie der $k_L a$-Wert für den Sauerstoffübergang von der Gas- in die Flüssigkeitsphase und umgekehrt. Diese Größen sind sowohl für Scale-up-Betrachtungen wie auch für die Einstellung von Reglern wichtig.

b) Experimentelle Modelle lassen sich aus allgemeinen mathematisch formulierten Ansätzen ableiten, die Parameter haben keine physikalische Bedeutung, sie werden allein aus dem Experiment, ohne Ausnutzung von Vorkenntnissen ermittelt. Sie sind für die technische Handhabung der Prozeßführung sinnvoll, z. B. für die Regelung. Als Beispiel soll die experimentelle Prozeßidentifikation mit Hilfe der Korrelationsanalyse [1, 3] erwähnt werden. Oftmals ist es auch sinnvoll, experimentelle und theoretische Modelle zu kombinieren, z. B. um nichtmeßbare Prozeßgrößen durch einen experimentellen oder theoretischen Ansatz aus gemessenen Größen abzuschätzen, wie z. B. die Biomasse aus dem Sauerstoffverbrauch, Lauge-, Säureverbrauch usw. [2].

Abb. 1 zeigt eine schematische Darstellung der Prozeßgrößen A, B, C in Form eines Kastendiagramms; dabei sind die manipulierenden Größen A als Eingangsgrößen und die Gütevariablen C als Ausgangsgrößen gezeichnet, während die Zustandsgrößen eine vermittelnde Rolle spielen und den Prozeß beschreiben.

Die Parameter theoretischer Modelle tauchen im rechten unteren Dreieck, die der experimentellen Prozeßidentifikation im linken unteren Dreieck auf, d. h. B und C sind korreliert durch theoretische Parameter, A und B durch Regelungsparameter.

Auffallend ist, daß die Zahl der Zustandsgrößen größer ist als die Zahl der Stellgrößen. Da für die Regelung einer Zustandsgröße mindestens eine Stellgröße vorhanden sein muß, ist damit erkennbar, daß die

Regelung des Prozesses limitiert ist. Insbesondere ist noch eine wesentliche Erweiterung der Tab. 2 vorstellbar, während die Tab. 1 fast erschöpft scheint. Lediglich eine bessere Unterteilung der Dosagen verschiedener Substrate, Salze usw. kann die Möglichkeiten der Prozeßmanipulation erweitern, so daß uns hier Entwicklungsarbeiten für die Zukunft sinnvoll erscheinen.

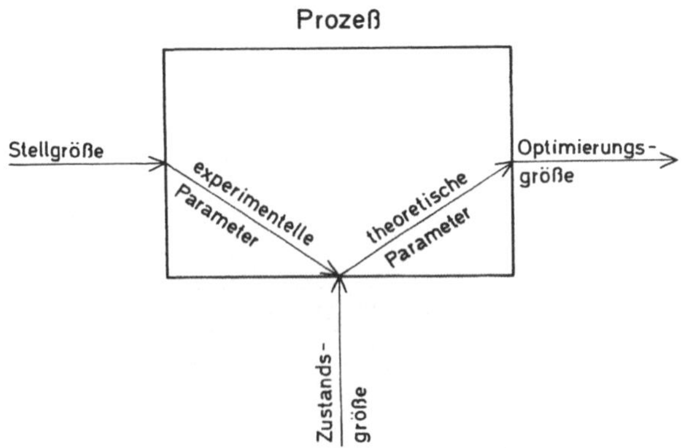

Abb. 1. Systematische Darstellung der Prozeßgrößen

Weitere Möglichkeiten, die Prozeßführung durch regelungstechnische Entwicklungen zu verbessern, scheinen in der Einführung adaptiver Regelsysteme und in dem Einsatz von Optimierungsstrategien zu liegen. Die Optimierung muß mit den Ausgangsgrößen erfolgen, also den Gütevariablen (C), z. B. können Wachstum, Produktion, Verbrauch optimiert werden. Die Optimierung gibt den gewünschten Wert der Zustandsgröße, der wiederum durch richtiges Einstellen der Stellgrößen durch den Regler erfolgt, so daß zu erkennen ist, daß die Ausgangsgröße C über die Optimierung mit B und über die Regelung mit A verbunden ist.

Datenspeicherung

Aus den vorhergehenden Überlegungen wurde die in Abb. 2 dargestellte Datenstruktur für die Verarbeitung und Speicherung der Prozeßgrößen aufgebaut. Im ersten Teil der Datei werden allgemeine Informationen über das Experiment bzw. den Prozeß abgespeichert, wichtig ist auch, einige geometrische Größen des Fermenters festzuhalten. In dem Block Instrumentierung sind alle Daten der Meß- und Regeltechnik enthalten, die dem Rechner die Datenerfassung, Steuerung und Regelung ermöglichen. Für jede Meßgröße sind daher folgende Parameter angegeben: ADC-Kanal-Nr., Eichparameter, Totzeit, Meßbereiche, Signalbearbeitungsparameter, Zuordnung zu Digitalausgängen, Regelungsparameter. Anschließend werden die Meßwerte in aufeinanderfolgenden Blöcken gespeichert. Im allgemeinen ist eine Speicherung im 15-Minuten-Zyklus ausreichend, während die eigentliche Meßwerterfassung im Sekundenbereich liegen sollte. Das bedeutet, daß die Signale

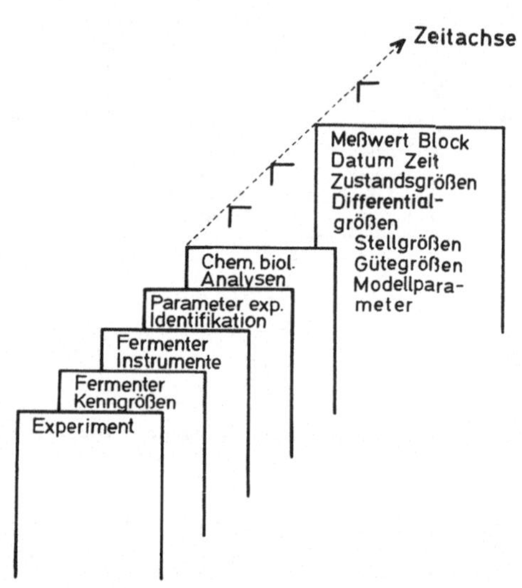

Abb. 2. Datenspeicherung in einer Fermentation

in der Zwischenzeit verarbeitet werden, insbesondere muß beachtet werden, daß keine wesentliche Information verlorengeht. Daher muß die Datenspeicherung flexibel bis zum Zyklus der Meßwerterfassung herabgesetzt werden können. Sinnvoll ist es, neben den Meßwerten auch die zeitlichen Veränderungen abzuspeichern, da die Optimierungsgrößen im wesentlichen von den Änderungen der Zustandsgrößen bestimmt werden. Außerdem empfehlen wir, daneben eine Abschätzung der Meßfehler, die sich aus der Analyse der Signale im Sekundenzyklus ergibt, abzuspeichern, da sie insbesondere für Modellentwicklung Aussagen über statistische Sicherheiten machen.

Es ist damit zu rechnen, daß Digitalrechner, insbesondere Mikroprozessoren, in Zukunft stärkere Aufgaben in der Prozeßanalyse und Prozeßführung übernehmen; daher ist es sinnvoll, rechtzeitig eine gute Strukturierung der Prozeßdaten einzuführen.

Literatur

1. Meiners, M., Rapmundt, W.: Application of Experimental Methods to Identify Process Dynamics of Fermentation Processes. VIth International Fermentation Symposium University of Western Ontario, London, Canada (1980).
2. Humphrey, A. E.: Developm. Industr. Microbiol. *18*, 58–70 (1977).
3. Isermann, R.: Prozeßidentifikation. Berlin-Heidelberg-New York: Springer. 1974.
4. Winquist, F.: Die Verwendung von wasserstoffempfindlichen Pd-MOS-Strukturen in der Biotechnologie. 2. Rotenburger Symposium, Karlshafen, BRD (1980).
5. Schlegel, H. G.: Belüftung, Belüftungsparameter und Wasserstoffhyperoxid. 2. Rotenburger Symposium, Karlshafen, BRD (1980).
6. Lehmann, J.: Sauerstoff-fed-batch Fermentermeßgeräte, Prozeßführung. 2. Rotenburger Symposium, Karlshafen, BRD (1980).
7. Metz, H.: Trübungs- und Potentialmessung an Fermentern. 2. Rotenburger Symposium, Karlshafen, BRD (1980).

Reaktionstechnische Aspekte
der Kultivierung von *E. coli*

I. Adler, J. Lippert und K. Schügerl

Institut für Technische Chemie, Universität Hannover,
D-3000 Hannover, Bundesrepublik Deutschland

Mit 13 Abbildungen

Summary

Batch and continuous cultivations of *E. coli* were carried out in a 10 l stirred tank fermentor and in a 50 l bubble column with an outer loop. Additionally, the structure of the two-phase flow in the bubble column was investigated, axially as well as radially. The kinetic growth parameters in the different types of fermentors and at different operating conditions are compared.

In the stirred tank fermentor μ_{max} and $Y_{x/s}$ (g dry weight/g glucose) have larger values in continuous culture than in batch culture. The value of the respiration quotient does not change. In batch culture the value of μ_{max} in the stirred tank fermentor is markedly larger than in the bubble column. The values of the respiration quotient and $Y_{x/s}$ vary only slightly.

The Sauter-diameter of the bubbles on the column was measured by the photographic method and varies between 0,8 and 1,1 mm, depending on the distance to the gas-distributor. The radial profiles are flat. However, the local relative gas hold-up in the center of the column is markedly larger than in the outskirts of the cross section. The radial profiles of the liquid velocity show a distinct maximum in the center of the column with a value several times larger than the mean value. In the outskirts of the cross section backflow occurs. The presence of the cells and the operating conditions have no influence on the structure of the two-phase flow in these investigations.

Zusammenfassung

In einem 10-l-Rührkessel und einer 50-l-Blasensäule mit äußerem Umlauf wurden Kultivierungen von *E. coli* im Satzbetrieb und im kontinuierlichen Betrieb durchgeführt. In der Blasensäule wurde zusätzlich die Struktur der 2-Phasenströmung sowohl axial als auch radial untersucht. Die in den verschiedenen Reaktortypen und bei verschiedener Betriebsweise erhaltenen kinetischen Wachstumsparameter werden verglichen. Im Rührkessel sind μ_{max} und $Y_{x/s}$ (g BTM/g Glukose) im kontinuierlichen Betrieb größer als im Satzbetrieb. Der Respirationsquotient ändert sich nicht. Im Satzbetrieb ist μ_{max} im Rührkessel deutlich größer als in der Blasensäule. Respirationsquotient und $Y_{x/s}$ unterscheiden sich kaum.

In der Blasensäule liegen die Sauterschen Blasendurchmesser je nach Abstand vom Gasverteiler zwischen 0,8 und 1,1 mm, gemessen nach der fotografischen Methode. Die radialen Profile sind sehr flach. Dagegen ist der lokale relative Gasgehalt in der Säulenmitte deutlich größer als am Rand. Die radialen Profile der Flüssigkeitsgeschwindigkeit sind sehr ausgeprägt. In Säulenmitte beträgt die Aufströmung ein Mehrfaches des Mittelwertes. Am Säulenrand findet Rückströmung statt. Die Anwesenheit der Bakterien und die Betriebsweise haben in den untersuchten Fällen praktisch keinen Einfluß auf die Struktur der 2-Phasenströmung.

In der Biotechnologie werden verschiedene Reaktortypen verwendet, z. B. Rührkessel und Airlift-Fermenter, und es sind verschiedene Prozeßführungen möglich, z. B. Satzbetrieb und kontinuierlicher Betrieb. Daher liegt es nahe zu untersuchen, welchen Einfluß der Reaktor und seine Betriebsweise auf das Wachstum von Mikroorganismen haben, insbesondere ob sich die kinetischen Parameter seines Wachstums ändern und wie der Einfluß auf die Sauerstoffversorgung ist.

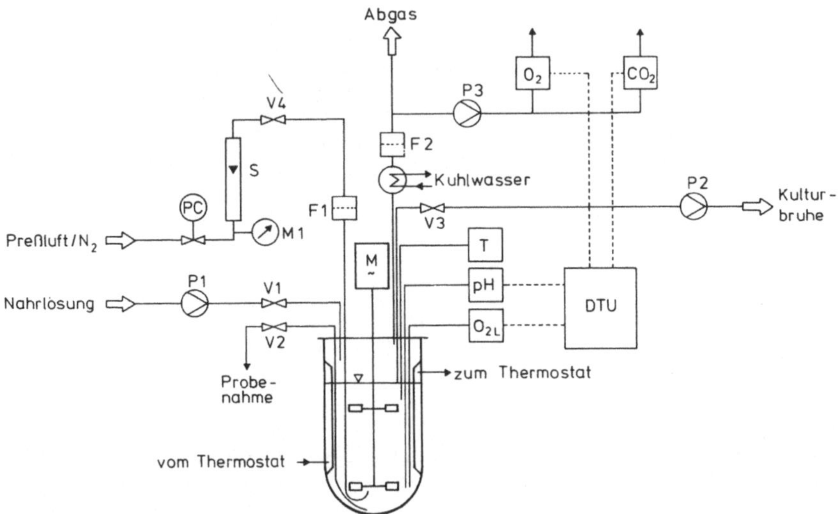

Abb. 1. 10-l-Rührkessel-Fermenter. *P1, P2* Schlauchpumpen, *V1–V3* Absperrventile, *PC* Reduzierventil, *M1* Manometer, *S* Schwimmerströmungsmesser, *V4* Drosselventil, *F1* Sintermetallsterilfilter, *F2* Sterilfalle mit Methanol, *P3* Membranpumpe, O$_2$ paramagnetischer O$_2$-Analysator, CO$_2$ Infrarot-CO$_2$-Analysator, *T* Thermometer, *pH* pH-Meß- und Regeleinheit, O$_{2L}$ polarographische Sauerstoffelektrode und Verstärker, *DTU* Datenübertragungseinheit mit Digitalvoltmeter und Lochstreifenstanze

Für unsere Versuche haben wir das Bakterium *E. coli* herausgegriffen, einen Stamm, der auch von technischem Interesse ist, z. B. zur Produktion von Aminosäuren und Enzymen. Die verwendete Nährlösung enthält Fleischextrakt, Hefeextrakt, Kaseinpepton, Kochsalz, Glukose als C-Quelle und 0,1–0,2‰ Desmophen 3600 als Antischaummittel.

Abb. 1 zeigt den verwendeten Rührkessel. Er hat ein Arbeitsvolumen von 8–10 l. Das Höhe/Durchmesser-Verhältnis beträgt je nach

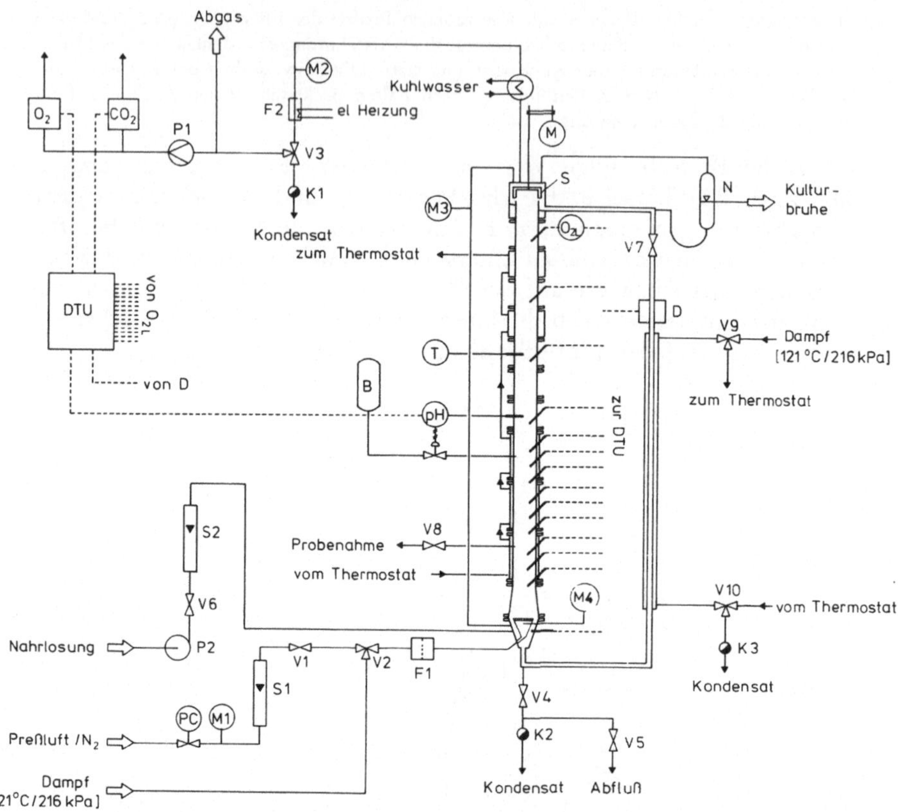

Abb. 2. 50-l-Blasensäule mit äußerem Umlauf. *PC* Reduzierventil, *M1*, *M 2* Manometer, *S1* Schwimmerströmungsmesser, *V1* Drosselventil, *V2*, *V3* 3/2-Wege-Ventil, *F1* Sintermetallsterilfilter, *S*, *M* mechanischer Schaumabscheider, *F2* el. beheizte Abluftstrecke, *K1–K3* Kondensatabscheider, *P1* Membranpumpe, *V4*, *V5* Absperrventile, *P2* Kreiselpumpe, *V6* Drosselventil, *S2* Schwimmerströmungsmesser, *N* Niveaureguliergefäß und Überlauf, *V7* Drosselventil, *V8* Absperrventil, *V9*, *V10* 3/2-Wege-Ventile, *D* induktiver Durchflußmesser, O_{2L} polarographische Sauerstoffsonden und Verstärker, *pH* pH-Meß- und Regeleinheit, *B* Laugevorratsbehälter, *T* Temperaturfühler (Pt 100), *M3* Differenzdruckmessung für rel. Gasgehalt, O_2 paramagnetischer O_2-Analysator, CO_2 Infrarot-CO_2-Analysator, *DTU* Datenübertragungseinheit mit Digitalvoltmeter und Lochstreifenstanze

Füllhöhe 1,4–1,7. Zur Gaszerteilung und Vermischung dienen 2 in verschiedener Höhe angebrachte Scheibenrührer mit je 6 Blättern. Die Drehzahl wurde zwischen 300 und 400 min^{-1} variiert. Die Begasungsrate betrug 0,4 und 1,0 vvm. Es wurden Satzversuche und kontinuierliche Versuche im Chemostatbetrieb durchgeführt. Der Flüssigdurchsatz wurde volumetrisch und mit Stoppuhr am Auslauf ermittelt. Gemessen

wurden die Biomasse- und Glukosekonzentration, die Sauerstoffsättigung der Flüssigkeit und der O_2- sowie der CO_2-Gehalt im Abgas.

Abb. 2 zeigt die verwendete Blasensäule. Sie hat ein Volumen von
50 l und ist mit einem äußeren Umlauf ausgestattet. Der Durchmesser

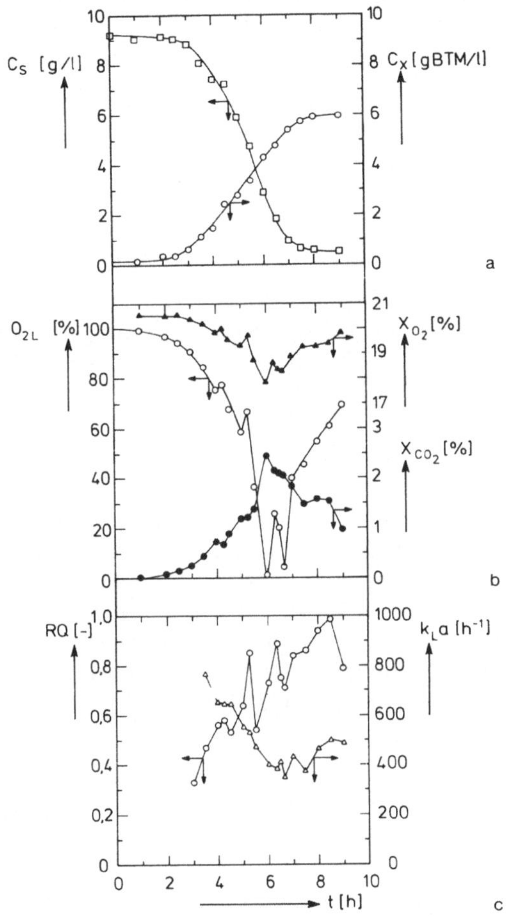

Abb. 3. Verlauf einer Kultivierung im 10-l-Rührkessel-Fermenter, Satzbetrieb

beträgt 150 mm, die begaste Höhe 2,76 m. Das Höhe/Durchmesser-
Verhältnis beträgt 18,4. Als Gasverteiler dient eine Metallsinterplatte
mit einem mittleren Porendurchmesser von 17,5 μm. Zur Schaumbe-
kämpfung dient zusätzlich ein mechanischer Schaumzerstörer. Die
Satzversuche wurden steril durchgeführt. Bei den kontinuierlichen Versuchen (Chemostat) wurde die Anlage mit Formaldehyd sterilisiert und

mit unsteriler Nährlösung beschickt. Die Begasungsrate betrug 0,55 vvm entsprechend einer Gasgeschwindigkeit von 2,4 cm/s. Gemessen wurden die gleichen Größen wie im Rührkessel, die Sauerstoffsättigung jedoch höhenabhängig. Außerdem wurden die Umlaufgeschwindigkeit, der rel. Gasgehalt durch Differenzdruckmessung sowie die Blasengrößenverteilung und die lokalen Flüssigkeitsgeschwindigkeiten in axialer bzw. axialer und radialer Abhängigkeit gemessen.

Abb. 3 zeigt die Ergebnisse eines Satzversuches im Rührkessel. Der Verlauf der Biomassekonzentration (Abb. 3a) zeigt die bekannten Wachstumsphasen: Lag-, exponentielle, Übergangs- und stationäre Phase. Die spezifische Wachstumsgeschwindigkeit beträgt in der exponentiellen Wachstumsphase im Mittel über mehrere Versuche $\mu_M = 0,88$ h^{-1}. Der Ausbeutekoeffizient bezüglich Glukose beträgt durchschnittlich 0,7 g BTM/g Glukose.

Abb. 3b zeigt den Verlauf der Sauerstoffsättigung der Flüssigphase und des O_2- und CO_2-Gehaltes von Abgas. Die O_2-Gehalte nehmen mit zunehmender Zelldichte ab und durchlaufen etwa zu Beginn der Übergangsphase ein Minimum. Der Verlauf des CO_2-Gehaltes ist spiegelbildlich dazu. Der Respirationsquotient nimmt mit zunehmender Zelldichte zu. Seine größten Werte liegen während der stationären Wachstumsphase um 0,90. Über mehrere Versuche gemittelt, beträgt er 0,85. Der volumetrische Stoffübergangskoeffizient $k_L a$ nimmt im Verlauf der Kultivierung von 800 h^{-1} auf 400 h^{-1} ab. Diese Werte sind jedoch abhängig von der Drehzahl. Bei gleichbleibender Begasungsrate von 1 vvm nimmt der gegen Ende der Kultivierung gleichbleibende Wert von 400 h^{-1} bei einer Drehzahl von 300 min^{-1} über 770 h^{-1} bei 360 min^{-1} auf 1010 h^{-1} bei 410 min^{-1} zu.

Aus kontinuierlichen Kultivierungen lassen sich die kinetischen Parameter μ_M und K_S unter Annahme der Gültigkeit der Monod-Kinetik bestimmen, indem man die Verweilzeit 1/D über der reziproken Substratkonzentration aufträgt, wie Abb. 4 zeigt. Aus der sich ergebenden Geraden erhält man $\mu_M = 1,10$ h^{-1} und für die Sättigungskonstante den Wert $K_S = 0,57$ g/l. Der Substratausbeutekoeffizient wurde durch Minimierung der Summe der Abweichungsquadrate zwischen gemessener Zelldichte und der aus den Glukosekonzentrationen am Ein- und Ausgang des Reaktors berechneten Zelldichte ermittelt. Er beträgt 0,90. Abb. 5 zeigt die mit diesen Werten berechneten S-D- und X-D-Diagramme und die Meßwerte. Die Übereinstimmung der gemessenen Glukosekonzentrationen mit den berechneten ist befriedigend. Die größeren Abweichungen der Meßwerte von der X-D-Kurve haben ihre Ursache in den nicht genau gleichen Glukosekonzentrationen im Zulauf.

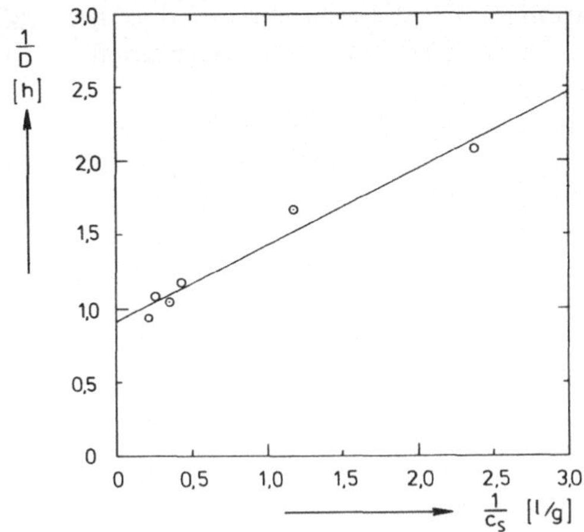

Abb. 4. Bestimmung der kinetischen Wachstumsparameter ($\mu_M = 1,10$ h^{-1}, $k_S = 0,57$ g/l)

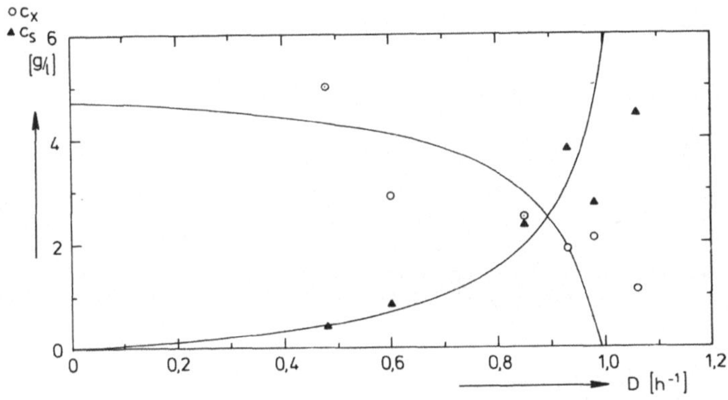

Abb. 5. Gemessenes und berechnetes C_x-D- und C_s-D-Diagramm ($Y_{xs} = 0,9$)

Der Respirationsquotient ist von der Verdünnungsrate unabhängig und beträgt 0,85. Im Vergleich zwischen Satz- und kontinuierlichem Betrieb zeigt sich, daß bei kontinuierlicher Betriebsweise die maximale spezifische Wachstumsgeschwindigkeit und der Ausbeutekoeffizient bezüglich Glukose deutlich größer sind:

	Satz	kontinuierlich
μ_M	0,88 h^{-1}	1,10 h^{-1}
$Y_{x/s}$	0,70 h^{-1}	0,90 h^{-1}

Der Respirationsquotient bleibt unverändert bei 0,85.

Die Versuche in der Blasensäule im Satzbetrieb ergaben ein μ_M von 0,54 h^{-1}, also einen deutlich kleineren Wert als im Rührkessel. Der Ausbeutekoeffizient bezüglich Glukose beträgt 0,74 und der Respirationsquotient 0,84. Diese Werte haben sich gegenüber dem Rührkessel also kaum verändert.

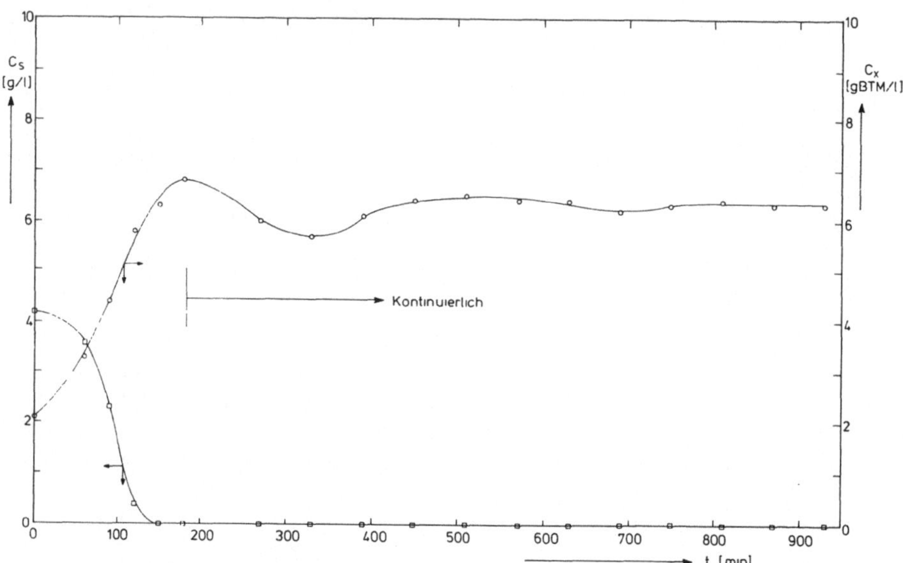

Abb. 6. Verlauf einer Kultivierung in der 50-l-Blasensäule, Satz- und kontinuierlicher Betrieb (D = 0,44 h^{-1}, C_{So} = 5,47 g/l)

Die Abb. 6 und 7 zeigen den Verlauf einer Kultivierung in der Blasensäule. Es wurde wegen unsteriler Arbeitsweise mit einer hohen Zelldichte begonnen und nach etwa 180 min auf kontinuierlichen Betrieb mit einer Verdünnungsrate von 0,44 h^{-1} umgeschaltet. Die Flüssiggeschwindigkeit betrug 2,2 cm/s bei einem Volumenstrom im Rücklauf von 1400 l/h. Die Glukosekonzentration im Zulauf betrug 5,5 g/l, im Ablauf 0,0 g/l. Die Zelldichte im Ablauf betrug 6,3 g/l. Das entspricht einem Ausbeutekoeffizienten größer als 1 und deutet darauf hin, daß auch in der Blasensäule der Ausbeutekoeffizient bezüglich Glukose bei kontinuierlicher Betriebsweise höher ist als im Satzbetrieb. Der Respirationsquotient liegt bei 0,93 und ist damit etwas größer als im Satzbetrieb.

Die gemessenen axialen Profile der Sauerstoffsättigung (Abb. 8) ändern ihre Form im Verlauf der Kultivierung kaum, auch nicht beim

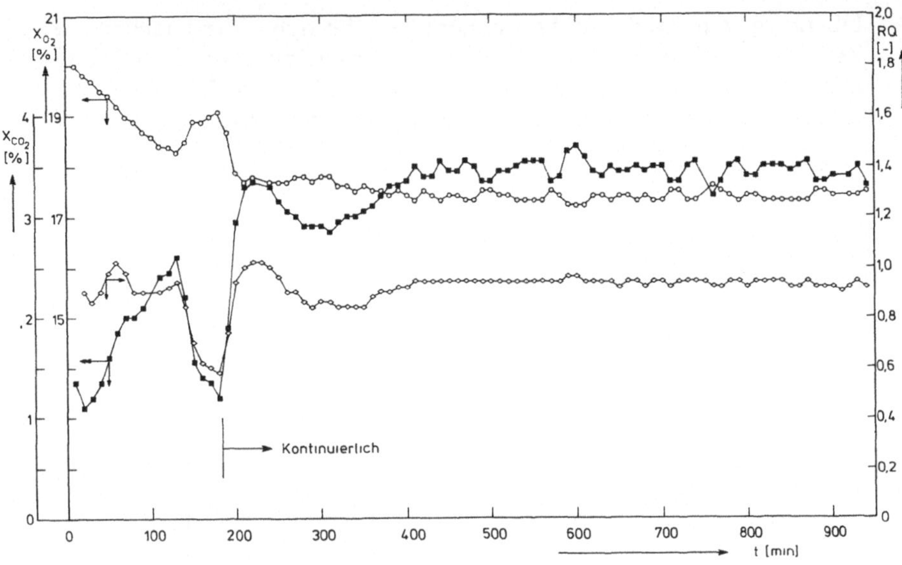

Abb. 7. Satz- und kontinuierlicher Betrieb, 50-l-Blasensäule

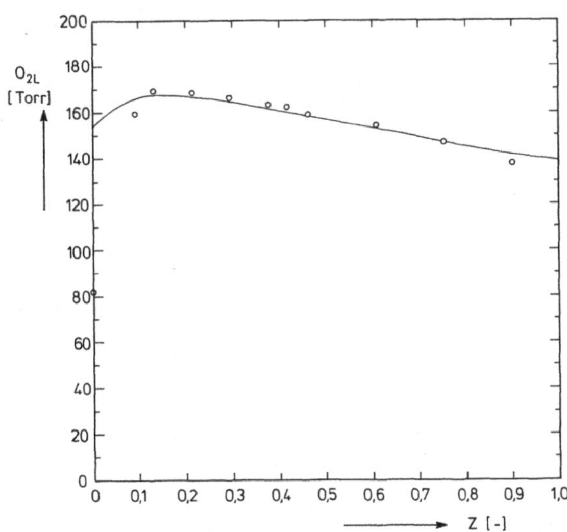

Abb. 8. Axiales Profil der Sauerstoffsättigung in der Flüssigphase
(Satzbetrieb, t = 20 min)

Übergang von Satz- auf kontinuierlichen Betrieb. Mit zunehmender Zelldichte verlagern sie sich, wie zu erwarten, zu geringeren Werten und durchlaufen mit beginnender Übergangsphase ein Minimum. Das ist ein Verhalten wie im Rührkessel. Da die Profile nicht sehr ausge-

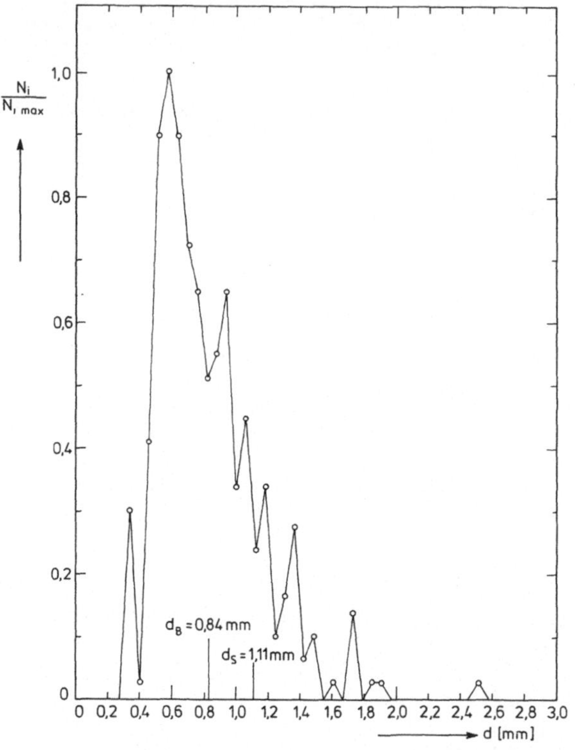

Abb. 9. Blasengrößenverteilung, in 135 cm Höhe, t = 685 min, Satzbetrieb

prägt sind, läßt sich der volumetrische Stoffübergangskoeffizient $k_L a$ berechnen, indem man die Blasensäule modellmäßig als Rührkessel betrachtet und die Werte mittelt. Für das gezeigte Beispiel gibt das einen Wert von 1090 h^{-1}. Die Anpassung mit einem Dispersionsmodell ist möglich (eingezeichnete Kurve), doch stimmen die erhaltenen Werte nicht gut überein. Das Modell muß noch verbessert werden. Es sind daher nur qualitative Aussagen möglich. Der $k_L a$-Wert zeigt in der Blasensäule dasselbe Verhalten wie im Rührkessel: Mit zunehmender Zelldichte fällt er und läuft mit beginnender Übergangsphase in einen konstanten Wert. Der sich in Abhängigkeit vom rel. Gasgehalt einstellende Volumenstrom im Rücklauf konnte durch ein Ventil verkleinert werden. Bei Verringerung von 1250 l/h auf 0 l/h nimmt der k_La-Wert stark zu.

Die Abb. 9 zeigt die durch Fotografie ermittelte Blasengrößenverteilung in 135 cm Höhe über dem Gasverteiler während einer kontinuierlichen Kultivierung nach 685 min. Sie ist unimodal und linksschief. Der mittlere Blasendurchmesser d_B liegt bei 0,84 mm. Der Sauter-

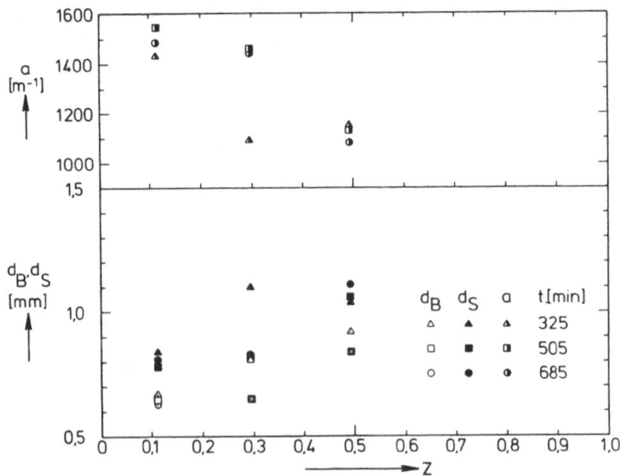

Abb. 10. d_B, d_S und a = F/V_L in Abhängigkeit von der Zeit und der dimensionslosen Reaktorhöhe (kontinuierlicher Betrieb)

durchmesser beträgt 1,11 mm. Die Abb. 10 zeigt die Höhen- und Zeitabhängigkeit des mittleren Blasendurchmessers, des Sauterdurchmessers und der spezifischen Phasengrenzfläche a. Die Werte wurden während einer kontinuierlichen Kultivierung, die bei t = 180 min begann, aufgenommen. Die Zeitabhängigkeit ist gering. Mit zunehmender Höhe nehmen d_B und d_S von 0,65 bzw. 0,8 mm auf 0,85 bzw. 1,11 mm zu. Diese Zunahme ist nicht sehr groß. Sie liegt etwa zwischen den Werten, die bei der Kultivierung von Hefezellen auf einem koaleszenzhemmenden Medium mit Äthanol als C-Quelle und einem kaum koaleszenzhemmenden Medium mit Glukose als C-Quelle gefunden wurde [1, 2]. Die spezifische Phasengrenzfläche nimmt dementsprechend von 1500 auf 1100 m^{-1} ab.

Qualitativ dieselben Ergebnisse liefern auch die Messungen mit der 2-Punkt-Leitfähigkeitssonde. Die erhaltenen Werte liegen jedoch stets höher, ein Effekt, der in der Meßmethodik begründet liegt. Mit Fotos erfaßt man nur den Randbereich der Säule, in dem die langsamer aufsteigenden kleineren Blasen entsprechend ihrer Häufigkeit überbetont werden. Die Leitfähigkeitssonde wiederum kann aus konstruktiven Gründen sehr kleine Blasen (d $\leqq$ 0,9 mm) nicht erfassen [2, 3]. Man kann mit ihr jedoch radiale Profile nicht nur des Blasendurchmessers (Abb. 11a), sondern auch des lokalen rel. Gasgehaltes (Abb. 11b) messen. Die Profile des mittleren und des Sauterschen Blasendurchmessers sind relativ flach. Die größeren Blasen befinden sich, wie zu erwarten, in der Mitte der Säule. Überraschend ist jedoch der geringe Einfluß einerseits der Bakterien und anderseits der Prozeßführung. Die Profile

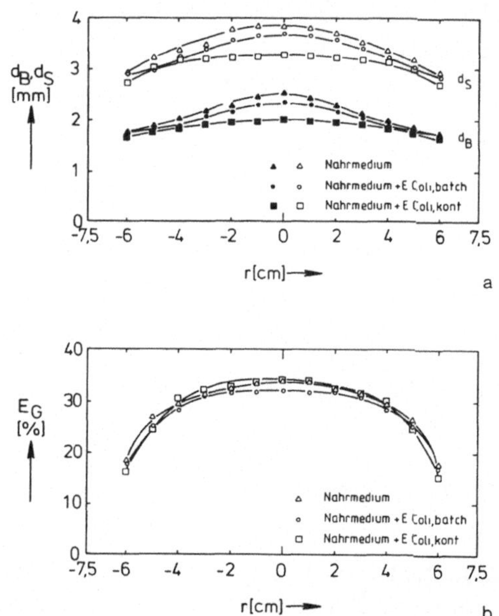

Abb. 11. Radiale Profile von d_B, d_S und E_G in 210 cm Höhe

werden nach Zugabe der Mikroorganismen und nach Aufnahme des kontinuierlichen Betriebes noch flacher, aber die Blasendurchmesser am Rand ändern sich nicht, so daß sich die über die Fläche gemittelten Werte praktisch nicht ändern. Ein analoges Verhalten zeigt auch der Gasgehalt. Die Profile liegen aufeinander, sie sind jedoch deutlich ausgeprägt. In Säulenmitte ist der Gasgehalt am größten.

Mit Heißfilmsonden wurden nach der Methode der Konstant-Temperatur-Anemometrie die lokalen Flüssigkeitsgeschwindigkeiten in Abhängigkeit vom Radius und vom Abstand zum Gasverteiler gemessen. Durch geeignete Abschirmung war es möglich, die Komponenten in axialer Richtung zu selektieren. Die Subtraktion von Aufstrom- und Abstrommessung liefert dann das radiale Profil der mittleren Flüssig-

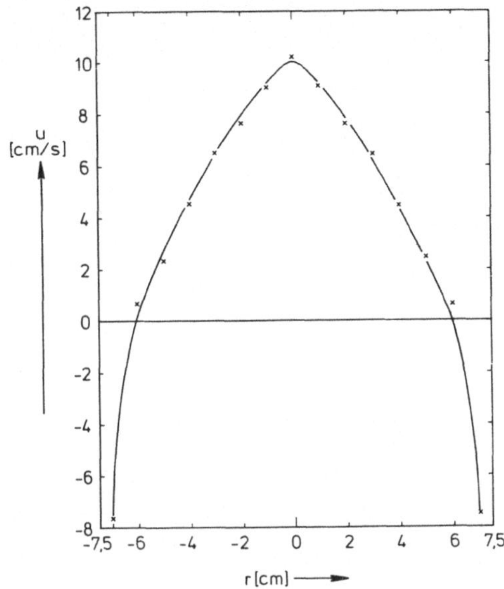

Abb. 12. Radiales Profil der mittleren Geschwindigkeit $\bar{u} = \bar{u}_{auf} - \bar{u}_{ab}$

keitsgeschwindigkeit (Abb. 12). Der Bereich der Aufströmung in Säulenmitte und der Abströmung am Rand ist deutlich zu erkennen. Die Geschwindigkeit in Säulenmitte beträgt bis zu 10 cm/s und ist erheblich größer als die über den Querschnitt gemittelte Geschwindigkeit, die 1,8 cm/s beträgt und mit dem aus Volumenstrommessungen erhaltenen Wert sehr gut übereinstimmt. Mit zunehmendem Abstand vom Gasverteiler verbreitern sich die Profile etwas, die Anwesenheit der Bakterien hat keinen Einfluß.

Die Turbulenzintensität durchläuft in Säulenmitte ein Maximum. Mit zunehmendem Abstand vom Gasverteiler steigen die turbulenten Schwankungen und führen zu etwas ausgeprägteren Profilen. Ein Einfluß durch die Bakterien ist auch hier nicht festzustellen.

Abb. 13 zeigt eine aus der Messung der Flüssigkeitsgeschwindigkeiten ermittelte Autokorrelationskurve. Die Korrelation nimmt mit zunehmender Zeitverschiebung stark ab und schwankt bei großen Zeiten um den Nullpunkt. Nach etwa 100 ms, das entspricht einer Strecke von zirka 2 cm, ist praktisch keine Korrelation mehr vorhanden. Die aus ersten Messungen ermittelten Längen der kleinsten turbulenten Ballen liegen in der Größenordnung der mittleren Blasendurchmesser. Der Makroskale am Säulenrand liegt bei zirka 5 cm. Zur Säulenachse hin und mit zunehmendem Abstand vom Gasverteiler steigt er. Mit oder ohne Bakterien ergibt keinen Unterschied.

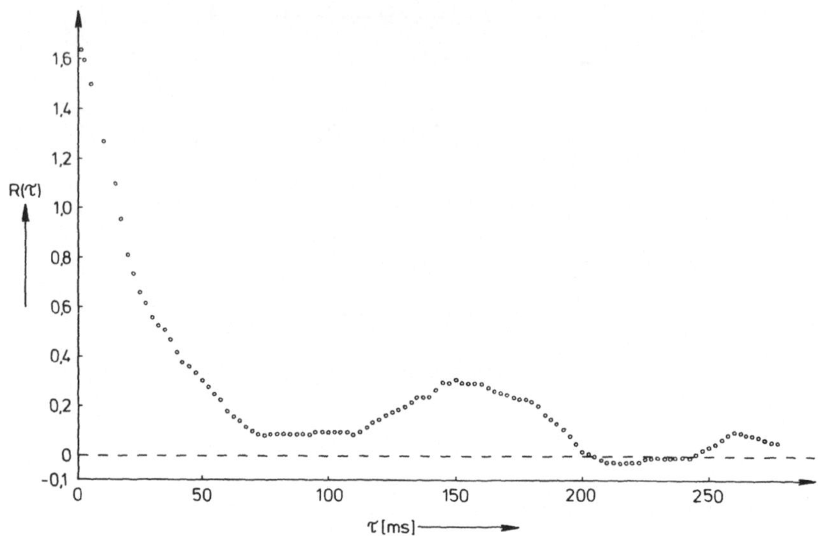

Abb. 13. Autokorrelationskurve (Satzbetrieb, Höhe = 170 cm, r = 6 cm)

Zusammenfassung

In einem 10-l-Rührkesselfermenter und einer 50-l-Blasensäule mit
äußerem Umlauf wurden Kultivierungen von *E. coli* im Satzbetrieb
und im kontinuierlichen Betrieb durchgeführt und die kinetischen Parameter des Wachstums bestimmt. Die Ergebnisse lassen sich vorläufig
wie folgt zusammenfassen. Die maximale spezifische Wachstumsgeschwindigkeit ist im Rührkessel bei kontinuierlichem Betrieb größer als
im Satzbetrieb. In der Blasensäule bei Satzbetrieb ist sie kleiner als im
Rührkessel bei Satzbetrieb. Für den Ausbeutekoeffizienten wurden bei
beiden Reaktoren im kontinuierlichen Betrieb deutlich größere Werte
gefunden als im Satzbetrieb. In der Blasensäule wurde, sowohl axial als
auch radial, die Struktur der 2-Phasen-Strömung untersucht. Die Sauterschen Blasendurchmesser liegen je nach Abstand vom Gasverteiler
zwischen 0,8 und 1,1 mm, gemessen nach der fotografischen Methode.
Die radialen Profile sind sehr flach. Die radialen Profile der Flüssigkeitsgeschwindigkeit sind sehr ausgeprägt. In Säulenmitte beträgt die
Aufströmung ein mehrfaches des Mittelwertes. Am Säulenrand findet
Rückströmung statt. Überraschenderweise zeigte sich, daß die Anwesenheit von Bakterien und die Betriebsweise praktisch keinen Einfluß
haben. Weitere Untersuchungen sind notwendig, um sich ein klareres
Bild von den das Wachstum beeinflussenden Faktoren zu machen.

Ich danke der Fa. Hoechst AG, die den Stamm und die Substrate zur Verfügung stellte und der Deutschen Forschungsgemeinschaft für die finanzielle Unterstützung dieser Arbeiten.

Literatur

1. Zakrzewski, H.: Dissertation, Universität Hannover, 1980.
2. Buchholz, H.: Dissertation, Universität Hannover, 1979.
3. Buchholz, R.: Dissertation, Universität Hannover, 1979.

Sauerstoff-fed-batch:
Prozeßführung – Fermenter – Meßgeräte

J. Lehmann

Gesellschaft für Biotechnologische Forschung mbH.,
D-3300 Braunschweig, Bundesrepublik Deutschland

Mit 4 Abbildungen

Summary

This study describes process control strategies for the production of secondary metabolites under oxygen limitation. Based on the kinetics of the specific production rate as function of the specific oxygen supply, an oxygen-fed-batch and its different modifications are defined and discussed. The indispensable instrumentations of the fermentor and an example, myxothiazole from *Myxococcus fulvus* are described.

Zusammenfassung

Diese Arbeit befaßt sich mit Prozeßführungsstrategien für die Bildung von Sekundärmetaboliten unter Sauerstofflimitierung. Ausgehend von einer Kinetik der spezifischen Produktbildungsrate als Funktion der spezifischen Sauerstoffaufnahmerate wird der Sauerstoff-fed-batch in seinen Modifikationen definiert und erläutert. Auf die notwendige Instrumentierung des Fermenters und auf das Beispiel Myxothiazol von *Myxococcus fulvus* wird hingewiesen.

Einleitung

Die Bildung von sekundären Metaboliten wird häufig durch eine Katabolitrepression eingeleitet und aufrechterhalten. Beim Penicillin zum Beispiel wird schnelles Zellwachstum zur Erzeugung der erforderlichen Biomasse mit gut verwertbarem Substrat, wie Glukose, erreicht und für die Produktionsphase wird entweder ein schlecht abbaubarer Zucker, z. B. Laktose, verwendet oder die Zufütterungsrate der Glukose herabgesetzt. In beiden Fällen kommt es zur gewünschten Penicillinproduktion.

Eine derartige Prozeßführung ist schwierig, wenn Organismen nur auf komplexen Medien, z. B. Pepton oder Cornsteep liquor, gezüchtet werden, da keine eindeutige Aussage über die in Limitierung kommende Nährstoffkomponente gemacht werden kann. Eine Limitierung des Wachstums kann in diesen Fällen über eine Sauerstofftransportlimitierung erreicht werden, womit häufig eine Induktion der Produktbildung einhergeht, was bei Aufrechterhaltung der Limitierung zur gewünschten Produktakkumulation führt. Beispiele dafür sind die Produktion von Novobiozit [1] und in jüngerer Zeit Myxothiazol [2].

Produktbildung unter Sauerstofftransportlimitierung

Unter Sauerstofftransportlimitierung kann die geringe Konzentration des gelösten Sauerstoffes mit den herkömmlichen Sauerstoffelektroden meist nicht gemessen werden. Produktbildungsmodelle, die zur

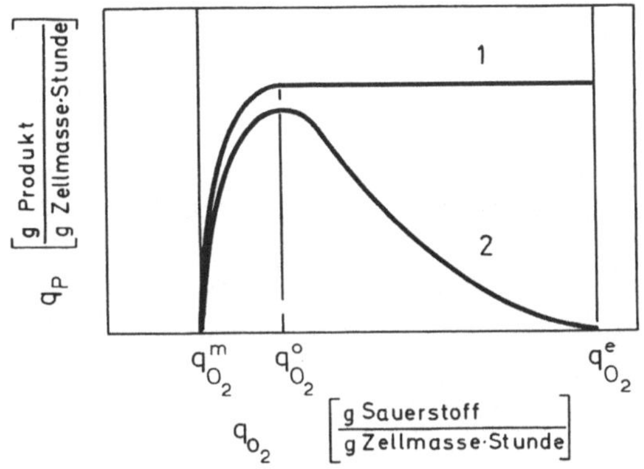

Abb. 1. Spezifische Produktbildungsrate q_p als Funktion der spezifischen Sauerstoffaufnahmerate q_{O_2}. $q_{O_2}^e$ spezifische Sauerstoffaufnahmerate für exponentielles Wachstum, $q_{O_2}^m$ spezifische Sauerstoffaufnahmerate für Zellerhaltung, $q_{O_2}^o$ spezifische Sauerstoffaufnahmerate für optimale Produktbildungen

Prozeßsteuerung aufgestellt werden, müssen daher auf eine andere signifikante Größe aufbauen. Hiefür bietet sich die *spezifische Sauerstoffaufnahmerate*, q_{O_2}, also die Sauerstoffaufnahme pro Zelle und Zeiteinheit an. Die spezifische O_2-Aufnahmerate q_{O_2} kann während des Prozesses für kleine Zeitabschnitte, also für quasi stationäre Zustandsänderungen, aus der Sauerstoffübertragungsrate Q_{O_2}, d. h. Sauerstoffaufnahme pro Volumen- und Zeiteinheit, und der vorhandenen Zellmasse leicht durch Division bestimmt werden, wobei Q_{O_2} über eine Massenbilanz der in den Fermenter ein- und austretenden Sauerstoffströme berechnet werden muß und die Zelldichte nach einem herkömmlichen Verfahren bestimmt werden kann.

Die funktionelle Abhängigkeit der spezifischen Produktbildungsrate, q_p, also gebildete Produktmenge pro Zelle und Zeiteinheit, von der spezifischen Sauerstoffaufnahmerate bildet dann die Grundlage für ein Prozeßführungsmodell.

Abb. 1 zeigt prinzipielle Verläufe dieser Abhängigkeit im sauerstofflimitierten Bereich, $q_{O_2}^m < q_{O_2} < q_{O_2}^e$, der durch die spezifische Aufnah-

4*

merate für Zellerhaltung, $q_{O_2}^m$, und für exponentielles Wachstum, $q_{O_2}^e$, begrenzt wird.

Fall 1 ist analog dem Verhalten bei der Penicillinproduktion hinsichtlich des Zuckerverbrauches. Die Produktbildungsintensität ist über einen weiten Bereich unabhängig vom Substratverbrauch [3].

Im Bereich $q_{O_2}^o < q_{O_2} \leqq q_{O_2}^e$ wird Substrat vergeudet. Der optimale Punkt für die Prozeßführung ist in $q_{O_2}^o$.

Fall 2 zeigt ein Verhalten, bei dem eine sogenannte Überbelüftung negativ für die Produktbildung ist. Dies gilt z. B. für das neue Antibiotikum Myxothiazol [4]. Hier muß die spezifische Versorgung der Kultur möglichst im optimalen Punkt $q_{O_2}^o$ geführt werden.

Dies erfordert eine Prozeßführung, die hinsichtlich des Sauerstoffes als fed-batch bezeichnet werden kann. Die ideale Verwirklichung der Prozeßführung ist in der Praxis schwierig zu bewerkstelligen, daher sollen hier auch nichtoptimale Lösungen diskutiert werden.

Fed-batch mit Q_{O_2} = konstant

Für diese Prozeßführung wird durch Festhalten von Drehzahl und Belüftungsrate eines Rührkesselfermenters die Sauerstofftransportkapazität auf Q_{O_2} max. begrenzt (Abb. 2).

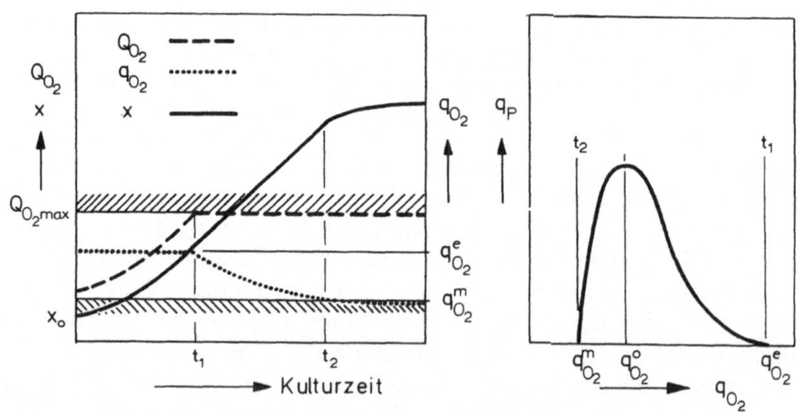

Abb. 2. Sauerstoff-fed-batch bei konstanter Sauerstoffübertragungsrate. Q_{O_2}max = maximale O_2-Übertragungsrate

Die Sauerstoffaufnahmerate steigt im anfänglichen Batch, d. h. unter optimalen Wachstumsbedingungen exponentiell an und wird nach Erreichung von Q_{O_2} max. dort begrenzt, wodurch bekanntermaßen ein linearer Wachstumsabschnitt eingeleitet wird; dabei fällt die spezifische Sauerstoffaufnahmerate q_{O_2} hyperbolisch ab. Die Produktbildungsrate durchläuft den gesamten möglichen Bereich – Produktbildung und Wachstum kommen zum Erliegen, wenn q_{O_2} sich $q_{O_2}^m$ nähert.

Der Vorteil dieser Strategie liegt in der einfachen Durchführbarkeit, und oft wird ein solcher Prozeß unbewußt durchlaufen, wenn in Schüttelkulturen mit hoher Zelldichte gearbeitet wird.

Der Nachteil liegt in einer relativ langen Produktionsphase, also langer Fermentationsdauer mit allen Folgen hinsichtlich Kosten, Infektionsgefahr usw.

Eine Verbesserung des Prozeßablaufes ergibt sich, wenn wie im folgenden verfahren wird.

Fed-batch mit sprunghafter Änderung von Q_{O_2}

Bei dieser Prozeßführung wird nach anfänglichem Batch zur Zeit t_1 eine sprungweise Verringerung der Sauerstoffaufnahmerate durch Änderung von Drehzahl oder Belüftungsrate erzeugt (Abb. 3).

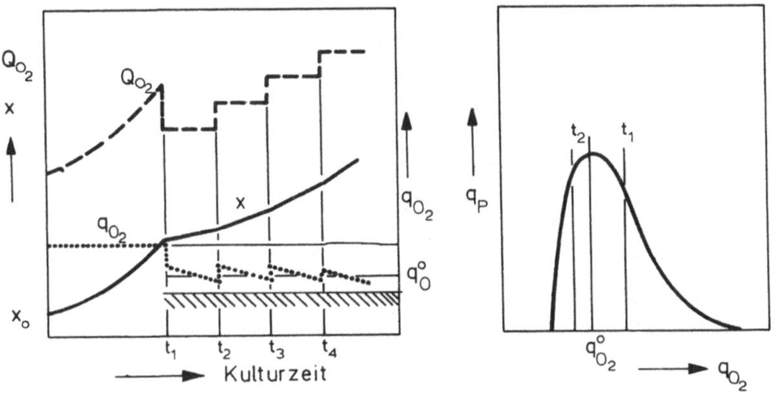

Abb. 3. Sauerstoff-fed-batch mit sprunghafter Änderung der Sauerstoffübertragungsrate

Die Produktion wird dadurch schnell eingeleitet und man erreicht die optimale Produktbildungsgeschwindigkeit sehr schnell. Nach Überschreiten des optimalen Punktes für q_{O_2} wird z. B. durch Drehzahlsteigerung die O_2-Transportkapazität erhöht. Dies hat einen sprunghaften Anstieg der Sauerstoffaufnahmerate zur Folge, so daß auch q_{O_2} wieder steigt und so ein Pendeln um den optimalen Punkt erzeugt wird.

Für eine derartige Prozeßführung ist die Verfolgung der Zellmasse notwendig, etwa über Autoanalyzer oder über andere geeignete Methoden, und außerdem eine ständige Berechnung der Sauerstoffaufnahmerate. Letzteres kann mit einem programmierbaren Taschenrechner leicht verwirklicht werden. Vorteil dieser Prozeßführung ist eine Steigerung in der Produktakkumulation pro Zeiteinheit, also eine Verkürzung der Fermentationszeit und kaum zusätzliche Investitionskosten.

Nachteile sind die ständige Betreuung durch geschultes Personal.

Dieser Nachteil wird aufgewogen, wenn eine automatische Regelung verwirklicht wird, um die spezifische Sauerstoffaufnahmerate im optimalen Punkt zu regeln.

Fed-batch mit $q^o_{O_2}$ = konstant

Die Verwirklichung dieser Prozeßführung verlangt eine stetige Verknüpfung der Stellgröße, Drehzahl und Belüftungsrate oder beides, mit den Meßgrößen Sauerstoffaufnahmerate und Zelldichte. Dies läßt sich durch einen kleinen Prozeßrechner oder Mikrocomputer bewerkstelligen.

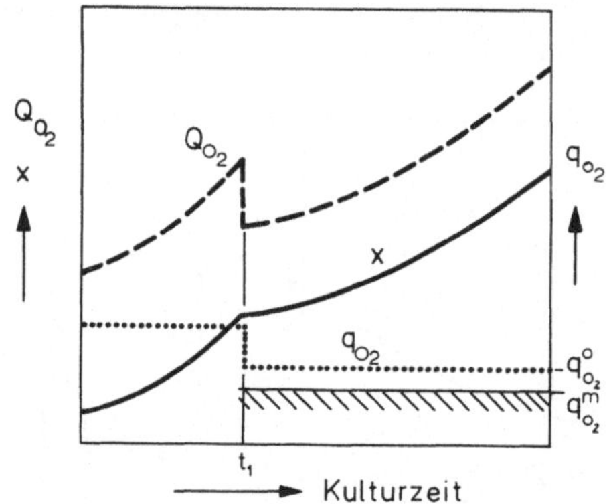

Abb. 4. Sauerstoff-fed-batch mit $q^o_{O_2}$ = konstant

Die Zellwachstumsphase wird nach Erreichen eines Grenzwertes entweder in der Sauerstoffaufnahmerate oder der Zellmasse begrenzt (Abb. 4). Danach wird die Sauerstoffübergangsrate vermindert, bis $q^o_{O_2}$ erreicht ist. Von dort beginnend wird die Übergangsrate langsam entsprechend dem verminderten Wachstum gesteigert. Wegen der Kopplung zwischen Übergangsrate und Wachstum ist dieses Problem instabil, in kleinen Schritten aber lösbar und führt zu einem langsamen exponentiellen Anstieg von Zellmasse und Sauerstoffaufnahmerate. Der Vorteil dieser Prozeßführung liegt in der schnellstmöglichen Produktakkumulation. Sie kann aber nur unter Verwendung aufwendiger Regelungstechnik und bei höchsten Anforderungen an die Genauigkeit der Meßgeräte für Zelldichte und der Meßgeräte für die Bilanzierung der Sauerstoffaufnahmerate verwirklicht werden.

Darüber hinaus hängt der Erfolg der Methode von der Genauigkeit der gemessenen Kinetik (Abb. 1) ab. Für die Durchführung eines Sauerstoff-fed-batch-Prozesses zur Erzeugung von sekundären Metaboliten ergeben sich damit folgende Anforderungen an den Fermenter und seine Instrumentierung.

Instrumentierung für Sauerstoff-fed-batch

Der Fermenter muß mit einer genau reproduzierbaren Drehzahlregelung ausgerüstet sein. Der Luftvolumenstrom muß über Bereiche von 0,05–2,0 vvm, also auch für sehr kleine Belüftungsraten meßbar sein, um auch bei niedrigen Sauerstoffaufnahmeraten eine große Sauerstoffzehrung zu erreichen. Dies ist für eine einwandfreie Sauerstoffmessung im Abgas nötig. Neben einer Sauerstoffelektrode werden Analysatoren für Sauerstoff und CO_2 im Abgas benötigt. Die Bilanzierung erfordert einen programmierbaren Taschenrechner.

Anwendungsbeispiel

Für die Produktion des neuen Antibiotikums Myxothiazol, das von dem gleitenden Bakterium *Myxococcus fulvus* gebildet wird, wurde der Sauerstoff-fed-batch mit sprunghafter Änderung der Sauerstoffübertragungsrate erfolgreich angewendet [2]. Der Prozeß konnte auch erfolgreich einem Scale-up von 10 l über 50 l bis 4000 l unterzogen werden, wobei als Scale-up-Kriterium die Einhaltung der optimalen spezifischen Sauerstoffaufnahmerate verwendet wurde [4].

Literatur

1. Otten, H., *et al.*: Antibiotika-Fibel. Stuttgart: G. Thieme. 1975.
2. GBF: Wissensch. Ergebnisbericht, 1978.
3. Pirt, J. S., Righelato, R. G.: Appl. Microbiol. *15*, 1284 (1967).
4. GBF: Wissensch. Ergebnisbericht, 1979.

Charakterisierung von Bioreaktoren

W. Steiner

Institut für Biotechnologie, Mikrobiologie und Abfalltechnologie,
Technische Universität Graz, A-8010 Graz, Österreich

Mit 5 Abbildungen

Summary

The general problem of the characterization of bioreactors is presented and it is recommended that for comparison purposes a "certificate of standards" should be created.

A detailed description of the significance of mixing behaviour as an important parameter for the characterization of bioreactors is given. A new method for the determination of mixing behaviour is also shown.

The coupling of mixing behaviour with residence time distribution and the kinetics of biological processes is exemplified.

Zusammenfassung

Die Problematik der quantitativen Charakterisierung von Bioreaktoren wird aufgezeigt und als Vorschlag zur Standardisierung ein „reaktortechnischer Typenschein" angeregt.

Im Detail wird auf die Bedeutung des Mischverhaltens als einen wesentlichen Parameter zur Charakterisierung von Bioreaktoren hingewiesen und ein neuer Weg zur Bestimmung des Mischverhaltens vorgestellt.

Die Verknüpfung des Mischverhaltens mit der Verweilzeitverteilung und der Kinetik von Bioprozessen wird an Hand einer exemplarischen Vorgangsweise demonstriert.

Symbole und Abkürzungen

c	Konzentration eines Stoffes
$f(t)$	Verweilzeitverteilungsfunktion der Gesamtimpulsfunktion
J	Inhomogenität, Segregationsgrad
GRF	gerührter Rohrfermenter nach G. Gorbach
R	Reaktionsgeschwindigkeit
t	Zeit
T	mittlere Verweilzeit
t_M	Mischzeit
t_u	Umlaufzeit
T_v	mittlere Verweilzeit des Gesamtsystems
VZV	Verweilzeitverteilung

Indizes

Ausgang	Ausgang eines Strömungssystems
mix	perfekt gemischt
o	Anfangszustand
seg	total segregiert
− (oben)	Mittelwert

1. Allgemeines zur Charakterisierung von Bioreaktoren

Der Grund, sich mit der Charakterisierung von Bioreaktoren näher zu befassen, liegt einerseits am Interesse, die verschiedensten Reaktortypen hinsichtlich ihres Einsatzes bei biotechnologischen Prozessen vergleichen zu können und andererseits, um geeignete Kriterien bzw. Parameter für eine Maßstabsvergrößerung zu erhalten. Weiters sei noch auf die Bedeutung der Charakterisierung von Bioreaktoren bei der Verbesserung bzw. beim Neubau von biotechnologischen Anlagen hingewiesen.

Probleme bei der Charakterisierung treten direkt bei der meßtechnischen Erfassung der verschiedenen Parameter und indirekt durch die starke interne Abhängigkeit der verschiedenen Kenndaten auf. Als Beispiel für solche interne Abhängigkeiten möge die Beeinflussung des O_2-Stofftransportes auf das Mischverhalten und der Energieeintrag bzw. auch umgekehrt gelten.

Sicherlich bietet die bei Tagungen schon öfter geäußerte Forderung nach definierten Testfermentationen unter standardisierten Bedingungen die Vergleichsmöglichkeit für Bioreaktoren schlechthin. Betrachtungen über die internen Abhängigkeiten der verschiedenen Kenndaten mit Hilfe der Dimensionsanalyse und die daraus resultierenden voneinander unabhängigen Kenngrößen könnten einen weiteren Schritt zu einer echten Standardisierung von Reaktorkenndaten darstellen.

Ziel aller dieser Anstrengungen sollte ein international standardisierter „reaktortechnischer Typenschein" für Bioreaktoren sein. Ohne die Bedeutung des Wärmetransportes, des Interphasenstofftransportes (z. B. Sauerstofftransport), des Leistungsbedarfes, der Sauerstoffeffektivität und des Luftausnützungsgrades etc. schmälern zu wollen, soll in diesem Beitrag näher auf das Mischverhalten als ein wesentlicher Parameter zur Charakterisierung von Bioreaktoren eingegangen werden.

Die Bedeutung des Mischverhaltens bei der Auslegung von chemischen Reaktoren und Bioreaktoren wurde in den letzten Jahren immer stärker betont. Der Einfluß der Makrovermischung (VZV) auf biotechnologische Prozesse ist schon länger bekannt (Prokop *et al.* 1969; Falch und Gaden 1970) und hinreichend praktisch und theoretisch untersucht worden. Der Einfluß der Mikrovermischung ist hingegen sehr stiefmütterlich behandelt worden. Es kann angenommen werden, daß vor allem in großtechnischen Fermenteranlagen die Mikroorganismen Zonen unterschiedlicher Verhältnisse, wie Temperatur, Scherkräfte, Mediumskonzentrationen und im besonderen auch verschiedenen Gelöstgaskonzentrationen ausgesetzt sind. Aber nur sehr wenige Autoren bzw. Fermenterkonstrukteure tragen diesen Tatsachen Rechnung. Es wird z. B. noch weitgehend angenommen, daß die Gelöstgaskonzentrationen (z. B. Sauerstoff) über das gesamte Fermentervolumen konstant sind. Um diese unbefriedigende Situation zu verbessern, ist es notwendig, Kriterien zu finden, welche den Einfluß der Mikrovermischung quantitativ erfassen, um so zu neuen Bauweisen von Reaktoren bzw. zu Verbesserungen von bestehenden Anlagen gelangen zu können.

Um jedoch die Auswahl bzw. Verbesserung eines geeigneten Reaktortyps vornehmen zu können, müssen sowohl die Kinetik, der Stoff- und Wärmetransport, die Eigenschaften des Mediums und in der Biotechnologie auch die Kulturbedingungen für den Organismus als auch das Reaktorvolumen und die Betriebsweise des Reaktors bekannt bzw. festgelegt sein.

Hinsichtlich des Wärmetransportes kann gesagt werden, daß bei endothermen Reaktionen der höchste Umsatz bei vollständiger Segregation (Inhomogenität) für alle Reaktionsordnungen erreicht wird. Bei exothermen Reaktionen hingegen wird der höchste Umsatz bei perfekter Mikrovermischung erreicht. Bei isothermen Bedingungen ist allein die Reaktionsordnung maßgebend für den Umsatz. Da die meisten biotechnologischen Prozesse exotherm ablaufen, ist schon aus Wärmetransportgründen darauf zu achten, daß hinsichtlich der Mikrovermischung geringe Segregationsbedingungen herrschen (Kafarow 1971).

Der Einfluß des Mediums auf die Mischvorgänge ist hauptsächlich durch seine rheologischen Eigenschaften bestimmt. Betrachtet man einen diskontinuierlich betriebenen Reaktor, so liegen bei Beginn der Prozeßführung hohe Konzentrationen an gelösten bzw. ungelösten Substraten vor, was zu höheren Viskositäten führen kann. Aber auch die Art des verwendeten Mikroorganismus beeinflußt das rheologische Verhalten des Mediums direkt. Insbesondere mycelbildende Mikroorganismen, aber auch polymerbildende Mikroorganismen können zu hochviskosem nicht-newtonschem Verhalten führen (Lafferty und Steiner 1979; Steiner et al. 1979). Gerade bei hochviskosen Medien trifft dann meist auch die oft gestellte Forderung, daß die Mischzeit um ein Zehntel kleiner als die schnellste Reaktionszeit sein soll, nicht zu. Weiters muß bei mycelbildenden Organismen meist auch ein Kompromiß zwischen dem Intensivieren des Stofftransportes durch besseres Mischen und dem Einfluß der Scherkräfte bei Erhöhen der Drehzahl des Rührorgans geschlossen werden.

Was nun die Kulturbedingungen von Mikroorganismen betrifft, so beeinflußt ohne Zweifel die Tatsache, ob es sich um einen aerob oder einen anaerob wachsenden Mikroorganismus handelt, das Mischverhalten am meisten. Bei aerob wachsenden Mikroorganismen treten durch die Begasung des Mediums veränderte Mischbedingungen auf. Durch die Begasung wird auch die Dichte des Mediums verändert, was den Leistungsbedarf im Bereich turbulenter Strömung beeinflußt.

Reaktorvolumen und Betriebsweise (diskontinuierlich, kontinuierlich und semikontinuierlich) hängen stark von den gewünschten Produktmengen, von der Stabilität des Mikroorganismenstammes bzw. von den Anforderungen an die Sterilität des Prozesses ab.

Fast alle biotechnologischen Wachstumsprozesse stellen hinsichtlich der Reaktionskinetik einen Übergang von nullter Ordnung bei höheren Substratkonzentrationen zu erster Ordnung bei geringeren Substratkonzentrationen dar. Sehr oft wird die Monodsche Beziehung (Monod 1942) als mathematische Formulierung für diesen Übergang herangezogen. Für die Auswahl eines Bioreaktors mit optimalem Umsatz spielt vor allem die Monod-Konstante K_S eine entscheidende Rolle. Steigende K_S-Werte (Heinzle 1974), erhöhte Substratinhibitionen (Steiner *et al.* 1976) und größere Absterberaten (Moser und Steiner 1957) vermindern den Umsatz. Je schlechter die Mikrovermischung ist, desto größer wird scheinbar der K_S-Wert. Diese Tatsache läßt sich dadurch erklären, daß der K_S-Wert die Affinität zwischen Substrat und Mikroorganismus darstellt. Diese Affinität hängt vom Kontakt zwischen Substrat und Mikroorganismus ab und wird daher von der Mikrovermischung beeinflußt. Fiechter (1974) und Einsele (1976) haben den Einfluß der Mikrovermischung experimentell festgestellt, indem sie bei einem glukosesensitiven Mikroorganismus die Änderung der Atmungsaktivität durch Inhomogenität des Substrates bzw. der Sauerstoffkonzentration verfolgten. Gerade die Tatsache, daß die Mikrovermischung einen wesentlichen Einfluß auf den physiologischen Zustand von Zellen hat, bedingt auch in der Biotechnologie ein intensiveres Studium dieser Vorgänge.

Obwohl die grundlegenden Arbeiten über die Mikrovermischung bzw. den Segregationsgrad von Danckwerts (1958) und Zwietering (1959) schon seit längerem bekannt sind, scheiterte die konkrete Anwendung in der Praxis an den Meßmethoden und deren Auswertung.

Dieser Beitrag soll ein Versuch sein, diese Schwierigkeiten zu beheben. Experimentell wurde das Mischverhalten in einem gerührten Rohrfermenter (GRF) nach G. Gorbach (1969) in einem Strahlschlaufenreaktor (Schreier 1975; Lafferty *et al.* 1977) und in einem konventionellen Reaktor vom Rührkesseltyp im halbtechnischen und großtechnischen Maßstab mit Hilfe von Leitfähigkeitsmessungen untersucht.

Die Auswertung der experimentellen Ergebnisse erfolgte zuerst hinsichtlich der Mischzeit, wie sie im Abschnitt 2 beschrieben wird. Die

Simulation des Mischvorganges und des Verweilzeitverteilungsverhaltens (VZV) führte zur quantitativen Beschreibung des Mischverhaltens. Ausgehend von dem Modell eines Pfropfenströmungsreaktors mit Rückführung wurde zuerst mit Hilfe einer Analogie zur statistischen Varianzanalyse eine Methode zur Ermittlung des Segregationsgrades vorgeschlagen (Moser und Steiner 1974). Diese Methode erwies sich aber im Laufe der Zeit als einerseits zu umständlich in der Handhabung und andererseits nicht für alle Systeme anwendbar. Der Weg über die Einhüllenden von Mischkurven, wie er in Abschnitt 3 beschrieben wird, brachte das gewünschte Ergebnis, nämlich eine leicht meßbare und zugleich auch leicht interpretierbare Größe für den Segregationsgrad. Zum Unterschied zu anderen Autoren (Chen 1971; Ng 1965) wird der hier vorgeschlagene Segregationsgrad als zeitabhängige Funktion beschrieben.

2. Mischzeit

Die Mischzeit ist jene Zeit, die notwendig ist, um einen aufgegebenen Konzentrationsstoß in einem diskontinuierlichen Mischsystem bis zu einem bestimmten Grad zu homogenisieren. Der Homogenisierungsgrad wird als Mischgüte „M_g" bezeichnet. Die Definition der Mischgüte ist in der folgenden Gleichung (1) (Lehnert 1972) beschrieben:

$$M_g = \frac{(C - C_o) - (C_\infty - C_o)}{(C_\infty - C_o)} \cdot 100 \tag{1}$$

„M_g" ist die Mischgüte in Prozenten angegeben. Üblicherweise werden die Mischgüten bei 5% bzw. 10% festgelegt. Bei dieser Auswertemethode ist die Art und Dimension der Konzentrationen völlig belanglos, die einzige Bedingung ist an die lineare Registrierung der Konzentration geknüpft. Angaben über Mischzeit müssen immer gemeinsam mit der entsprechenden Mischgüte gemacht werden, da sonst keine klare Vergleichsmöglichkeit gegeben ist. Bei der Auswertung von Mischzeitkurven hat sich das Einzeichnen von Hüllkurven, welche an die Impulsmaxima bzw. Impulsminima angelegt werden, gut bewährt. Zeichnet man nun noch die festgelegte Mischgüte in diese Mischzeitkurven ein und bringt diese Mischgüte zum Schnitt mit der Hüllkurve, so erhält man die Mischzeit. Der Schnittpunkt zwischen der Mischgüte und den Hüllkurven für Impulsmaxima bzw. Impulsminima ergibt jedoch nicht genau dieselbe Mischzeit. Es wird daher eine mittlere Mischzeit $t_M \pm \Delta t$ angegeben. Die Zeit zwischen zwei Impulsmaxima bzw. Impulsminima wird als Umlauf- oder Zirkulationszeit t_u bezeichnet (Abb. 1).

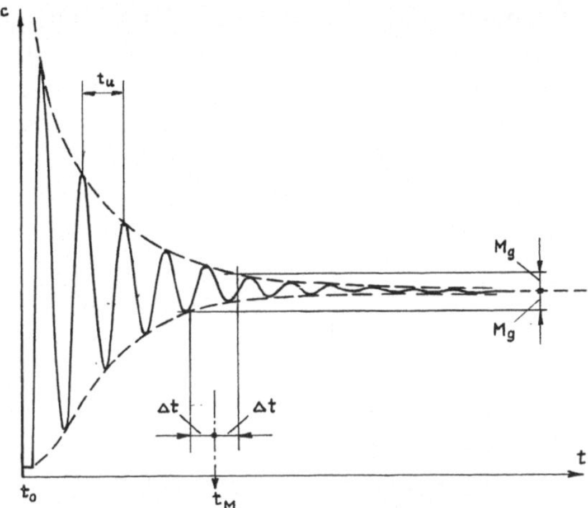

Abb. 1. Mischzeitauswertung. c Konzentration, c_o Konzentration zum Zeitpunkt $t_o = 0$, c_∞ Konzentration zum Zeitpunkt $t_\infty = \infty$, t Zeit, t_o Zeit der Impulsaufgabe, t_u Umlaufzeit, t_M Mischzeit

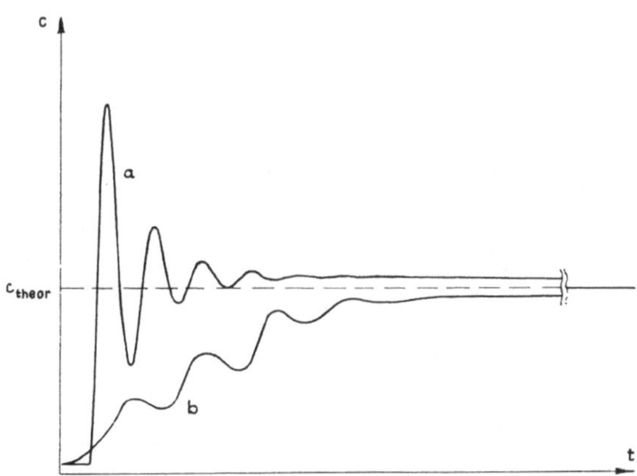

Abb. 2. Zeitlicher Verlauf des Mischvorganges im Falle von Totzonen im Reaktor. a Meßsonde im Bereich guter Mischung, b Meßsonde im Bereich einer Totzone, c Konzentration, c_{theor} theoretische Mischkonzentration, t Zeit

An dieser Stelle soll vermerkt werden, daß es sich als günstig erwiesen hat, die Mischkonzentration in einem Vorversuch experimentell zu ermitteln oder vorauszuberechnen, um einen Hinweis zu bekommen, ob im zu untersuchenden Reaktor Totzonen vorhanden sind oder nicht. Sind in einem Reaktor Totzonen vorhanden, so reduziert sich das Reaktorvolumen scheinbar um das Volumen der Totzonen. Befindet sich die Meßsonde zur Bestimmung des Mischvorganges im Bereich guter Mischung, so wird die gemessene Mischkonzentration höher sein als die durch Vorversuche ermittelte oder berechnete Mischkonzentration (Abb. 2a). Befindet sich die Meßsonde jedoch in einer Totzone, so wird die vorher ermittelte Mischkonzentration nicht erreicht (Abb. 2b). Verfolgt man den Mischvorgang jedoch sehr lange Zeit, so werden sich auch die Mischkonzentrationen in beiden Fällen der theoretischen Mischkonzentration nähern.

Läßt man eventuell auftretende Totzonen unberücksichtigt, so führt dies hinsichtlich des Mischverhaltens zu falschen Ergebnissen.

3. Segregationsgrad als Zeitfunktion

Durch die Simulation von Mischzeit- und Verweilzeitverteilungskurven konnte erkannt werden (Moser und Steiner 1974), daß sich die Impulsantwortkurven aus der Summe von Einzelimpulsen darstellen

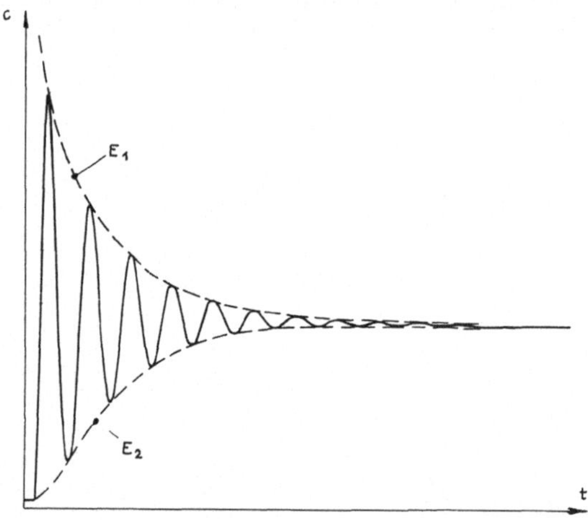

Abb. 3. Mischzeitkurve mit Einhüllenden. c Konzentration, t Zeit, E_1, E_2 Einhüllende

lassen. Diese Einzelimpulse kehren mit einer gewissen Frequenz und verkleinerter Amplitude wieder, bis Einzelimpulse bei der eingestellten Empfindlichkeit des Meßgerätes nicht mehr erkennbar sind und die Kurve mit einer e-potenzähnlichen Funktion abfällt. Um diese entstehenden Kurvenbilder erklären zu können, wurde angenommen, daß sich Misch- und Auswaschvorgänge in kontinuierlich betriebenen Reaktoren überlagern. Um diese Überlegung stützen zu können, wurden parallel zu den Messungen des Verweilzeitverteilungsverhaltens die Mischvorgänge diskontinuierlich in einer getrennten Meßreihe verfolgt.

Aus typischen Kurven des Verweilzeitverteilungsverhaltens (Abb. 4) ist ersichtlich, daß ab dem Zeitpunkt, wo die Mischzeit erreicht wird, keine Einzelimpulse unterscheidbar sind. Diese Überlegungen führten zur Erkenntnis, daß beim Mischvorgang in einem diskontinuierlichen Reaktor zum Zeitpunkt $t_0 = 0$ totale Segregation herrscht, weil unmittelbar vor der Zugabe der Markierungssubstanz Reaktorflüssigkeit und Markierungssubstanz voneinander getrennt, also noch segregiert sind.

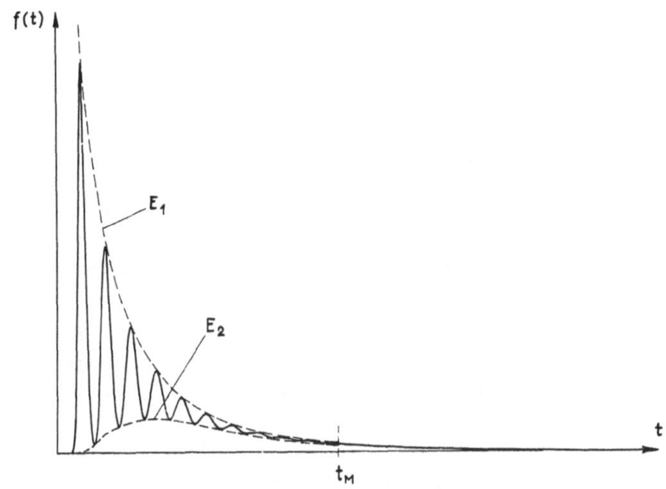

Abb. 4. Verweilzeitverteilungskurve mit Einhüllenden. *f(t)* Verweilzeitverteilungsfunktion, E_1, E_2 Einhüllende, t Zeit, t_M Mischzeit

Diese Segregationsbedingungen nehmen mit zunehmender Zeit ab und erreichen zum Zeitpunkt t_M perfekte Mischung. Legt man nun an die Impulsmaxima bzw. Impulsminima Einhüllende (Abb. 3) an, so repräsentiert die abklingende Amplitude zwischen beiden Einhüllenden E_1 und E_2 maximale Konzentrationsschwankungen. Im Zeitpunkt, wo sich die beiden Einhüllenden berühren – theoretisch tritt dies erst nach unendlich langer Zeit ein –, ergibt sich die Mischzeit t_M. Mit Hilfe dieser Voraussetzungen konnte folgender einfacher Zusammenhang für den Segregationsgrad in Abhängigkeit von der Zeit gefunden werden:

$$J(t) = \frac{E_1 - E_2}{E_1} \tag{2}$$

Der so definierte Segregationsgrad hat zum Zeitpunkt $t_0 = 0$ den Wert 1 und erreicht im Zeitpunkt t_M den Wert 0. Diese Modellvorstellung läßt sich ohne Schwierigkeiten leicht in jedem Reaktorsystem veri-

fizieren. Diese Methode kann zum Teil auch in kontinuierlich betriebenen Reaktoren angewandt werden, und zwar nur dann, wenn Schwankungen von Einzelimpulsen in der Verweilzeitverteilungskurve auftreten. Betrachtet man die Verweilzeitverteilungskurven für Umlaufsyste-
me, so lassen sich auch hier Hüllkurven an die Impulsmaxima bzw.
Impulsminima (Abb. 4) legen. Wendet man hier die Gleichung (2) an,
so erhält man auch hier den Segregationsgrad J(t). Ab dem Zeitpunkt,
an dem keine getrennten Einzelimpulse mehr erkannt werden, ist perfekte Mischung erreicht. Diese Überlegungen führten zur Erkenntnis,
daß sich Misch- und Verweilzeitverteilungsvorgänge überlagern.

3.1 Verknüpfung des Segregationsgrades mit Kinetik und Verweilzeitverteilung

Ist der zeitliche Verlauf des Segregationsgrades J(t) durch die Gleichung (2) gegeben und kennt man die Verweilzeitverteilungsfunktion
entweder aus Experimenten oder aus theoretischen Berechnungen, so
kann man durch Verknüpfung beider Funktionen sowohl für den segregierten Anteil als auch für den gemischten Anteil die jeweiligen Ver-
teilungsfunktionen ermitteln. Dabei ist natürlich zu berücksichtigen,
daß beide Funktionen auf dieselbe Zeitskala bezogen werden müssen.
Für den segregierten Anteil gilt

$$f_{seg}(t) = f(t) \cdot J(t) \tag{3}$$

und für den gemischten Anteil gilt

$$f_{mix}(t) = f(t) \cdot (1-J(t)). \tag{4}$$

Die Ausgangskonzentration für den segregierten Anteil lautet:

$$c_{seg} = \int_0^\infty c(t) \cdot f_{seg}(t)dt. \tag{5}$$

Für den gemischten Anteil ist die Ausgangskonzentration c_{mix}, welche
durch Lösen der Differentialgleichung für perfekte Mischung erhalten
werden kann.
Die Gleichung lautet in diesem Falle:

$$\frac{dc}{dt} = R(c) + \frac{f_{mix}(t)}{1-F_{mix}(t)} [c(t) - c_o(t)]. \tag{6}$$

Die Ausgangskonzentration für das gesamte System ist dann

$$c_{Ausgang} = c_{seg} + c_{mix}. \tag{7}$$

3.2 Exemplarische Vorgangsweise zur Berechnung der Ausgangskonzentration unter Berücksichtigung des Segregationsgrades

Zuerst wird der zeitliche Verlauf des Mischvorganges (Abb. 5a) aufgenommen und die Einhüllenden an die Maxima bzw. Minima gelegt. Dann wird aus den Einhüllenden nach Gleichung (2) der Segregationsgrad J(t) gebildet (Abb. 5b). Anschließend wird jeder Funktions-

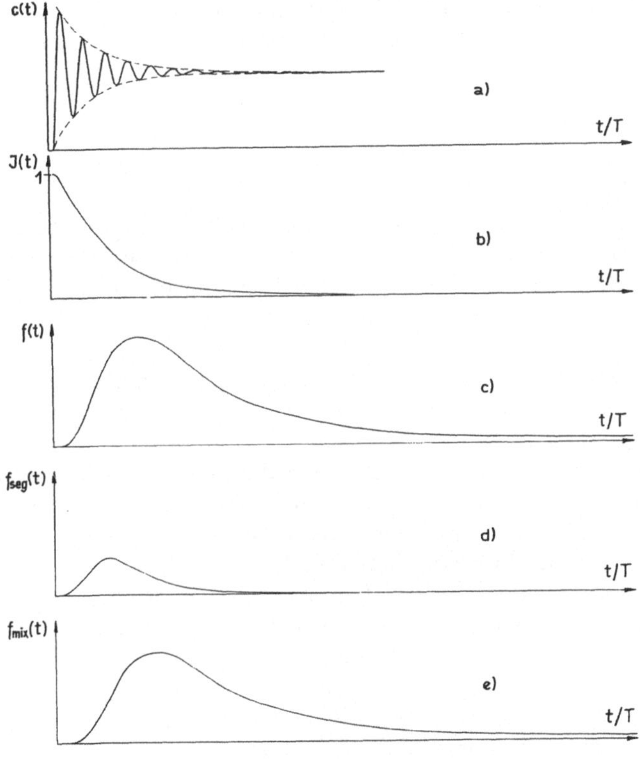

Abb. 5. Vorgang zur Bestimmung der Funktionsverläufe für den segregierten und den gemischten Anteil. *a* Zeitlicher Verlauf des Mischvorganges *c(t)*, *b* Zeitlicher Verlauf des Segregationsgrades *J(t)*, *c* Zeitlicher Verlauf der Verweilzeitverteilung *f(t)*, *d* Zeitlicher Verlauf der Verteilungsfunktion $f_{seg}(t)$ für den segregierten Anteil, *e* Zeitlicher Verlauf der Verteilungsfunktion $f_{mix}(t)$ für den gemischten Anteil, *t* Zeit, *T* mittlere Verweilzeit

wert f(t) einer gemessenen oder berechneten Verweilzeitverteilungskurve (Abb. 5c) mit dem dazugehörigen Wert J(t) multipliziert. Daraus ergibt sich die Funktion für den segregierten Anteil $f_{seg}(t)$ (Abb. 5d). In Analogie dazu wird die Funktion für den gemischten Anteil durch die Multiplikation von f(t) mit [1−J(t)] gebildet (Abb. 5e). Mit Hilfe der

Funktionsverläufe $f_{seg}(t)$ und $f_{mix}(t)$ wird, wie im Abschnitt 3.1 bereits gezeigt, die Ausgangskonzentration unter Zuhilfenahme der Gleichungen (5) und (6) nach Gleichung (7) berechnet.

4. Schlußfolgerungen

Der wesentliche Vorteil der vorgeschlagenen Methode über die Einhüllenden von Mischkurven liegt einerseits in der experimentell leichten Durchführbarkeit auch in großtechnischen Anlagen und anderseits in der generellen Anwendbarkeit der Methode bei den verschiedensten Reaktortypen und beliebiger Kinetik. Ein weiterer Vorteil dieser Bestimmungsmethode liegt darin, daß man gleichzeitig auch eine Abklinggeschwindigkeitskonstante dieser Einhüllenden bestimmen kann, mit welcher dann nach Khang und Levenspiel (1976) eine dimensionslose Mischgeschwindigkeitskennzahl definiert werden kann. Diese dimensionslose Kennzahl wird in Relation zur Reynoldszahl und zur Leistungskennzahl gesetzt. Mit Hilfe dieser Korrelation ist es dann möglich, entweder die Mischzeit oder den Leistungsbedarf von Querblatt- bzw. Propellerrührern für einen bestimmten Grad der Vermischung vorauszuberechnen.

Wie schon Zwietering (1959) festgestellt hat, gilt für Reaktionsordnungen über eins, daß unter erhöhten Segregationsbedingungen der Umsatz größer ist als unter gemischten Bedingungen. Für Reaktionsordnungen unter eins sind gemischte Bedingungen von Vorteil und bei einer Reaktionsordnung von eins ist man vom Segregationsgrad unabhängig. Obwohl sich für Wachstumsprozesse gezeigt hat, daß sich auf Grund der Kinetik hinsichtlich der VZV bei höheren Bodenstein- bzw. Äquivalentstufenzahlen bessere Umsätze erzielen lassen, ist jedoch darauf zu achten, daß die Segregationsbedingungen nicht zu groß sind. Würden hohe Segregationsbedingungen vorherrschen und kein Inokulum kontinuierlich zugeführt werden, könnte keine Reaktion stattfinden, weil alle Mikroorganismenzellen ausgewaschen würden. Auch bei Fermentationen mit mycelbildenden Organismen ist zu trachten, daß das Mycel nicht zusammenklumpt und dadurch keine Stofftransportlimitation auftritt. Man kann daher für fast alle Fermentationsprozesse die Forderung aufstellen, daß hinsichtlich der Mikrovermischung keine Segregationsbedingungen herrschen sollen.

Solange man sich mit einem geringeren Endabbau des Substrates zufriedengibt und sich im Bereich nullter Ordnung befindet, erreicht man diese Bedingungen praktisch am besten in einem Rührkessel. Ob in einem Rührkessel perfekte Mischung herrscht oder wie man durch Positionsänderung der Rühreinrichtungen das Mischverhalten verbessern kann, darüber kann in der Praxis die Intensitätsfunktion geeignete Auskünfte geben. Ist man aber aus wirtschaftlichen Gründen oder aus gesetzlichen Verpflichtungen wie z. B. beim Abwasser interessiert, das Substrat möglichst vollständig abzubauen, so trachtet man auf Grund der Reaktionsordnung eins einen Reaktortyp auszuwählen, der hohe Pfropfenströmung aufweist und gleichzeitig gute Mikrovermischung gewährleistet. In der Praxis kommen hier entweder eine Rührkesselkaskade oder ein realer Rohrreaktor mit Rückführung, welcher durch zusätzliche Rührorgane hinsichtlich der Mikrovermischung verbessert wird, in Frage. Um das Mischverhalten in bestehenden Anlagen zu optimieren, scheinen die in der Regelungstechnik verwendeten Kriterien, wie das betragslineare Kriterium, das Kriterium der quadratischen Regelfläche bzw. das „integral of time-multiplied absolute-value of error" (ITAE-)Kriterium, auch für Mischvorgänge sehr gut geeignet (Graham und Lathrop 1953). Weiters soll noch bedacht werden, daß das Mischverhalten auch einen entscheidenden Beitrag zur Regelbarkeit eines Fermentationsprozesses leistet. Einerseits erhält man durch günstige Mischbedingungen unverfälschte Meßergebnisse mit Sonden, wie z. B. pH-Sonden, Sauerstoffsonden, Redoxsonden, und andererseits wird durch gute Durchmischung der kürzeste Einschwingvorgang auf den Sollwert erreicht. Wird diesen oben erwähnten Tatsachen nicht genügend Rechnung getragen, so entstehen bei der Erfassung von Meßwerten Fehler, und es können daraus Fehlinterpretationen resultieren.

Von diesem speziellen Beispiel des Mischverhaltens ausgehend, kann ganz allgemein geschlossen werden, daß die Charakterisierung von Bioreaktoren einen wesentlichen Beitrag zur Entwicklung und Optimierung von Prozessen und zu dem Betrieb von Bioreaktoren leisten kann.

Literatur

1. Chen, M. S. K.: The theory of micromixing for unsteady state flow reactors. Chem. Eng. Sci. *26*, 17–28 (1971).
2. Chen, M. S. K., Fan, L. T.: A reversed two-environment model for micromixing in a continuous flow reactor. Can. J. Chem. Eng. *49*, 704–708 (1971).
3. Danckwerts, P. V.: Continuous flow systems (Distribution of residence times). Chem. Eng. Sci. *2*, 1–13 (1953).
4. Danckwerts, P. V.: The effect of incomplete mixing on homogeneous reactions. Chem. Eng. Sci. *8*, 93–102 (1958).
5. Einsele, A.: Maßstabsvergrößerung von Reaktoren für mikrobielle Wachstumsprozesse. Habilitationsschrift, ETH-Zürich, 1976.
6. Falch, E. A., Gaden, E. L., jr.: A continuous multistage tower fermentor II: Analysis of reactor performance. Biotech. Bioeng. *12*, 465–482 (1970).
7. Fiechter, A.: Regulatory aspects of yeast metabolism and their consequences for cell mass production. Proc. IV. Internat. Symp. on Yeasts (Klaushofer, K., Sleytr, U. B., Hrsg.), Part II, S. 17–33, Vienna/Austria, July 8–12, 1974.
8. Gorbach, G.: Die kontinuierliche Dünnschichtfermentation. Monatsschrift f. Brauerei *22*, 49–52 (1969).
9. Graham, D., Lathorp, R. C.: The synthesis of "optimum" transient response: Critera and standard forms. Trans. AIEE (Applic. and Ind.) *73*/II, 273–288 (1953).

5*

10. Heinzle, E.: Umsatzberechnungen kontinuierlicher Fermentationsprozesse bei Verwendung verschiedener makrokinetischer Wachstumsmodelle und bei verschiedenen Verweilzeitverteilungen. Diplomarbeit, TU Graz.
11. Kafarow, W. W.: Kybernetische Methoden in der Chemie und chemischen Technologie. Weinheim/Bergstraße: Verlag Chemie. 1971.
12. Khang, S. J., Levenspiel, O.: The mixing rate number for agitator-stirred tanks. Chem. Eng. *1976*, 141–143.
13. Lafferty, R. M., Moser, A., Steiner, W., Saria, A., Weber, J.: Gas-Flüssigkeitsstrahl-Schlaufenreaktor. Vortrag Jahrestreffen VDI-Ges. Stuttgart 28.–30. 9. 1977. VDI-Ber. Nr. *315*, 257–267 (1978).
14. Lafferty, R. M., Steiner, W.: Die Gewinnung und Anwendung von Biopolymeren. Vortrag VÖCh.-Chemietage, Österr. Chemiezeitschr. *10*, 214 (1979).
15. Lehnert, J.: Berechnung von Mischvorgängen in schlanken Schlaufenapparaten. Dissertation, TU Stuttgart, 1972.
16. Monod, J.: Recherches sur la croissance des cultures bactériennes. Paris: Hermann & Cie. 1942.
17. Moser, A., Steiner, W.: Verweilzeitverteilung und Mischverhalten eines Rohrreaktors mit Rückführung. Vortrag GVC-Jahrestreffen der Verfahrensingenieure München 17.–20. September 1974. VDI-Ber. Nr. *232*, 259–265 (1975).
18. Moser, A., Steiner, W.: The influence of the term k_d for endogeneous metabolism on the evaluation of Monod kinetics for biotechnological processes. Europ. J. Appl. Microbiol. *1*, 281–289 (1975).
19. Ng, D. C. J.: The effect of incomplete mixing on conversion in homogeneous reactions. PhD-Thesis, Imperial College, London, 1965.
20. Ng, D. C. J.: The effect of incomplete mixing on conversion in homogeneous reactions. Proc. Third Europ. Symp. on Chem. Reaction. Eng., Amsterdam, September 1964, S. 161–166. New York: Pergamon Press. 1965.
21. Prokop, A., Erickson, L. E., Fernandez, J., Humphrey, A. E.: Design and physical characteristics of a multistage continuous tower fermentor. Biotech. Bioeng. *11*, 945–966 (1969).
22. Schreier, K.: Neuer Hochleistungsreaktor nach dem Tauchstrahlverfahren. Chemiker-Zeitung *99*, 328–331 (1975).
23. Steiner, W., Moser, A., Saria, A., Lafferty, R. M.: Mixing problems in a deep jet aeration bioreactor. Vortrag, Vienna FEMS Symp. 28. 3. bis 1. 4. 1977. 1979.
24. Steiner, W., Häubl, G., Lafferty, R. M.: Mikrobielle Produktion von Dextranen. Vortrag VÖCh., Chemietage 1979, Österr. Chemiezeitschr. *10*, 222 (1979).
25. Weinstein, H., Adler, R. J.: Micromixing effects in continuous chemical reactors. Chem. Eng. Sci. *22*, 65–75 (1967).
26. Zwietering, N. T.: The degree of mixing in continuous flow systems. Chem. Eng. Sci. *11*, 1–15 (1959).

Grundoperationen in der Fermentation

D. A. Sukatsch[*]

Abt. Pharma-Mikrobiologie, Hoechst A.G.,
D-6230 Frankfurt a. Main, Bundesrepublik Deutschland

Mit 26 Abbildungen

Summary

The sequence of "unit operations" for a biotechnological process, from the preparation of the fermentation unit to methods for product separation is explained on the basis of an aerobic process. The manner in which the process is carried out, that is as a batch-fermentation, a fed-batch fermentation, a repeated fed-batch fermentation, a semi-continuous or continuous fermentation will influence the carrying out of the basic unit operations in biotechnology.

Zusammenfassung

Der sequentielle Ablauf der Grundoperationen eines biotechnologischen Prozesses von der Vorbereitung der Fermentationsanlage bis zu den Methoden der Produkternte wird an Hand einer aeroben Fermentation aufgezeigt. Die Art der Prozeßführung, ob „batch"-Fermentation, fed-batch-Fermentation, wiederholte fed-batch-Fermentation, semikontinuierliche oder kontinuierliche Fermentation, spiegelt die Hauptgrundoperationen der Biotechnologie wider.

Der Terminus technicus „unit operations" oder Grundoperationen wurde erstmals 1915 von A. D. Little vorgeschlagen und allgemein in den verfahrenstechnischen Bereich 1923 von Walter *et al.* in dem Buch „Principles of Chemical Engineering" eingeführt.

Da bei allen Grundoperationen ein Energieaustausch stattfindet, erfolgte die Einteilung der chemisch-verfahrenstechnischen Grundoperationen nach E. Wicke in 3 Hauptgruppen (Abb. 1).

Daß in der Fermentationstechnik, die ja aus historischer Sicht betrachtet, wesentlich älter ist als die chemische Verfahrenstechnik, der Begriff Grundoperationen quasi bis zum heutigen Tag nicht oder nur vereinzelt gebraucht wird, mag vielleicht daran liegen, daß dem klassisch ausgebildeten Mikrobiologen technische Begriffe und Begriffsbildungen artfremd erscheinen, wenn nicht gar suspekt sind.

---

[*] Herrn Prof. Dr. K. Weissermel zum 60. Geburtstag.

D. A. Sukatsch:

Grund-operationen	mechanisch	elektrisch-magnetisch	thermisch
Trennen der Stoffe	sedimentieren filtrieren auspressen zentrifugieren zerkleinern klassieren sortieren flotieren	elektroabscheiden magnetscheiden elektroscheiden Elektrodialyse Elektroosmose Elektrophorese	kondensieren verdampfen kristallisieren trocknen destillieren extrahieren sorbieren permeieren dialysieren
Vereinigen der Stoffe	versprühen rühren homogenisieren kneten vermengen formen		auflösen extrahieren sorbieren

Abb. 1. Systematik der Grundoperationen (nach Vauck–Müller)

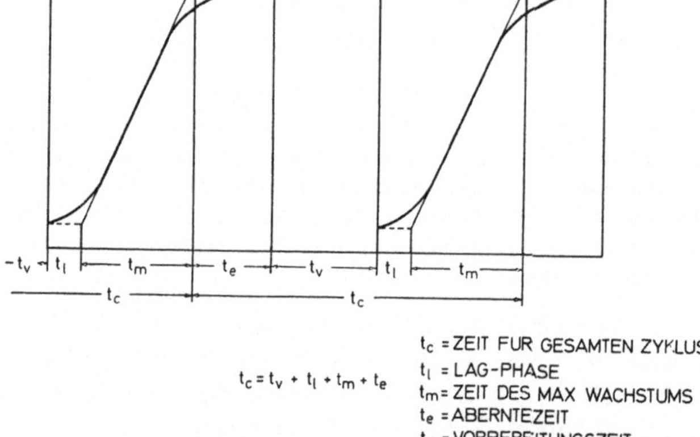

Abb. 2. Batch-Fermentationenzyklus. T_C Zeit für gesamten Zyklus, T_L Lag-Phase, T_M Zeit des maximalen Wachstums, T_E Aberntezeit, T_v Vorbereitungszeit

Im biotechnologischen, interdisziplinären Sprachgebrauch sollen jetzt die wichtigsten Grundoperationen der Fermentationstechnik vorgestellt werden, d. h. Grundoperationen, denen sowohl in der Fermentation als auch in der Produktaufarbeitung und chemischen Verfahrenstechnik gemeinsam ist, daß sie nach gleichen wissenschaftlichen, technischen Gesetzmäßigkeiten verlaufen und mit prinzipiell gleichen verfahrenstechnischen Einrichtungen vorgenommen werden können, mit dem verbindenden Ziel, die Gleichmäßigkeit, Wirtschaftlichkeit und Sicherheit eines Herstellungsprozesses und das daraus resultierende Produkt sicherzustellen.

Abb. 2 zeigt einen batch-Fermentationszyklus, der sich in 3 Abschnitte gliedert. Während der einzelnen Abschnitte Vorbereitung, Wachstum, Abernte werden dann die Grundoperationen durchgeführt.

Die technisch etablierten Grundoperationen in der Fermentation sind nachfolgend in Abb. 3 schematisch dargestellt und zusammengestellt und im einzelnen charakterisiert.

I. Kesselreinigung	
II. Mediumansatz	: batch
	: kontinuierlich
III. Mediumsterilisation	: batch
	: kontinuierlich: thermisch
	: Filtration
IV. Kesselsterilisation	: leer
	: gefüllt
V. Eichung der Meßinstrumente (vor und nach dem Sterilisieren/Prozeß)	: pH, pO_2*
	: O_2*, CO_2
VI. Beimpfung	: Monokultur
	: Mischkultur
VII. Fermentation	: batch / kontrolliert
	: fed batch
	: repeated fed batch
	: semikontinuierlich
	: kontinuierlich
VIII. Belüftung*	: Zuluft
	: Abluft
IX. Rührung	: mechanisch
	: pneumatisch
	: hydrodynamisch
X. Parameterkontrolle	: on line
	: off line
XI. Probenahme	: automatisch
XII. Abernte	: total
	: semitotal
	: partiell
XIII. Produktgewinnung	: Vor Behandlung
	: ANREICHERUNG
	: REINIGUNG

Abb. 3. Aerobe fermentative Grundoperationen

Anaerobe Fermentationen (Gärungen) beinhalten grundsätzlich die gleichen Grundoperationen, die bei aeroben Fermentationssystemen angewandt werden, jedoch entfallen bei Gärungsprozessen die O_2-Belüftung und die damit zusammenhängenden Eichungen von O_2-bestimmenden Geräten sowohl in der Flüssig- als auch in der Gasphase.

1. Kesselreinigung (Abb. 4)

Neben einer ständig aufrechtzuerhaltenden äußeren Kesselreinigung muß in regelmäßigen Zeitabständen eine innere Kesselreinigung vorgenommen werden. Unumgänglich wird eine gründliche innere Kesselrei-

Mechanische Reinigung	Thermisch-chemische Reinigung
Reinigung mit Bürsten	Reinigung durch Auskochen
Reinigung mit Wasser	A. Wasser
	B. Wasser + Lauge
Reinigung mit Druckwasser (Hydrojet)	C. Wasser + Säure
	D. Wasser + Netzmittel
Reinigung durch Zusatz von abrasiven Stoffen	Reinigung mit spezifischen Lösungsmitteln

Reinigung mit Hochdruckdampf

Abb. 4. Anlagenreinigung

nigung, wenn das herzustellende Produkt – was meist mit einem Stamm- und Milieuwechsel parallel geht – gewechselt wird, um verkrustete Nährmedienreste oder alten mikrobiellen Wandbewuchs von vorhergehenden Chargen aus dem Spritzzonenbereich zu entfernen.

Folgende Kesselreinigungen kommen zur Anwendung:

a) mechanisch/hydraulische Strahlreinigung,

b) Auskochen mit alkalisiertem Wasser und

c) Auskochen mit Formaldehyd.

Eine z. T. manuell durchführbare und sehr wirksame Methodik, einen hohen inneren Kesselreinigungseffekt zu erzielen, besteht in dem Einsatz von Hydrojetgeräten, die mit einem kombinierten hydraulisch-mechanisch-chemischen Effekt bei niedrigen oder hohen Temperaturen arbeiten.

Strahlreinigungen mit speziellen, in ihrer Umdrehungsgeschwindigkeit regulierbaren, rotierenden Hydrojetreinigungsköpfen werden hydraulisch angetrieben und erzeugen in Misch- und Druckkammern heftige Wirbel, die eine optimale Mischung zwischen heißem oder kaltem Wasser und zugesetztem Lösungsmittel oder Detergenz bewirken. Durch das Aufprallen der Reinigungslösung auf die zu reinigenden Flächen im Inneren eines Kessels kann eine generelle und effektvolle Reinigung von hartnäckigen Verschmutzungen (auch in sonst konstruktionsbedingten schwer zugänglichen Bereichen) erreicht werden.

Eine weitere Methode, eine Kesselinnenreinigung vorzunehmen, besteht im Auskochen des Kessels mit Wasser, dem z. B. NaOH und Na_3PO_4 zu gleichen Teilen zugegeben wird, wobei eine maximale bzw. totale Füllung des Kessels anzustreben ist.

Unter Erhitzung der Lösung bis zu $+95\,°C$ und mäßiger Rührung werden im Fermenterkopf bzw. in der Spritzzone des Kessels die dort befindlichen Reste losgelöst und abgewaschen. Nach dem Waschvorgang wird die Flüssigkeit teilweise abgekühlt und mit verdünnter H_2SO_4 neutralisiert und kanalisiert. Der Kessel wird nochmals mit Wasser nachgewaschen und steht sodann sauber für einen neuen Ansatz bereit.

Wurden in einem Fermentationskessel hintereinander mehrere kontaminierte Chargen gefahren, reinigt man den Kessel, indem statt des Gemisches $NaOH/Na_3PO_4$ dem Wasser Formaldehyd (bis zu 0,1%) zugesetzt wird und dann ebenfalls eine Auswaschung unter Temperatursteigerung und Rührung stattfindet. Nach dieser Prozedur muß jedoch sehr gründlich mehrmals mit reinem Wasser nachgewaschen werden, um restlos alle Spuren Formaldehyd zu beseitigen, die sonst bei Nichtentfernung toxisch auf das mikrobielle Wachstum der folgenden Prozeßcharge einwirken.

2. Mediumansatz (Abb. 5)

Der Ansatz des Nährmediums kann als Grundoperation in der Fermentationstechnologie grundsätzlich so vorgenommen werden, daß die einzelnen, vorweg abgewogenen Substrate des einzusetzenden Mediums direkt im Fermenter in eine bestimmte vorgelegte Wassermenge eingebracht und vorgelöst (bei sich nichtlösenden Substraten aufgeschwemmt) werden und danach auf die berechnete Gesamtmenge (Arbeitsvolumen) – unter Berücksichtigung des noch entstehenden und hinzuzurechnenden Kondensates bei Dampfsterilisationen – aufgefüllt wird. Eine andere Ansatzmethode bedient sich eines eigens dafür vorgesehenen Ansatzkessels mit Rührorgan, in dem der Gesamtansatz separat angesetzt, gelöst bzw. homogenisiert und dann in den Bioreaktor gepumpt wird. Der Vorteil dieser Methode liegt vor allem darin, daß der Transport der Substrate zum Bioreaktor und eine äußere Verschmutzung durch Staubentwicklung am Fermenter beim Einfüllen der Substrate in den Bioreaktor unterbleibt. Bei beiden Methoden müssen gewisse Vorkehrungen getroffen werden, hinsichtlich (hitze)empfindlicher Substrate bzw. Nährbodenkomponenten (Glukose, Vitamine, Wuchsstoffe), die nicht dem Hauptansatz zugegeben werden dürfen, sondern separat abgewogen und sterilisiert dem Gesamtansatz im Reaktor vor Beimpfung zugeführt werden müssen.

Diese umständliche und zeitraubende Verfahrensweise – die auch gewisse Gefahren in sich birgt – kann bei einem kontinuierlichen Ansatz des Mediums ausgeschlossen werden, weil kontinuierlichen Mediumansätzen in der Regel kontinuierliche Sterilisationen folgen, die eine schonende Behandlung thermolabiler Substrate garantieren. Kontinuierliche Nährmedienansätze finden vor allem Anwendung bei kontinuierlichen Fermentationen, aber auch in der zyklischen Großproduktion eines mikrobiellen Naturstoffes (Antibiotikum, Enzym, Aminosäure u. a.) unter Einsatz zahlreicher Bioreaktoren, die in einem ausgeklügelten Zeitplan ökonomisch alle Grundoperationen der Fermentation durchlaufen.

Batch

Vorlage von Wasser

+ Zugabe der abgewogenen Substrate

+ Nachgabe von Wasser

+ Kondensat von Sterilisation mit Direktdampf

+ Zugabe von getrennt sterilisierten Substraten

= vorgegebene Ansatzgröße

Kontinuierlich

A. Kontinuierliche Zugabe der flüssigen Substrate über Pumpen, Ovalradzähler, Rotameter.

B. Kontinuierliche Zugabe der festen Substrate über Dosierbandwaagen.

C. Nährlösung mit geeigneten Pumpen zur Sterilisationsstrecke oder Vorlagebehälter.

% Gehalt = 1 kg Substrat / 100 kg Nährlösung

Abb. 5. Nährlösungsansatz

3. Mediumsterilisation (Abb. 6)

Die Sterilisation des Mediums in der Fermentation ist eine wichtige Grundoperation und muß mit großer Sorgfalt durchgeführt werden. Grundsätzlich können Nährmedien thermisch, durch Filtration oder durch Zugabe geeigneter Chemikalien (β-Propiolakton, Äthylenoxid) keimfrei gemacht werden. Am gebräuchlichsten ist die thermische Sterilisation in der Fermentation, die batch-weise oder kontinuierlich durchgeführt werden kann. Bei der batch-weisen Sterilisation der Nährlösung kann diese als auch der Kessel erhitzt und sterilisiert wer-

Batch

Kessel + Nährlösung

A. Über Mantelheizung (Dampf, Ölumlaufheizung)

B. Mit Direktdampf Aufheizung auf 121 °C/1 bar, Sterilisationszeit abhängig von Art der Nährlösung.

Kontinuierlich

Nährlösung

A. Sterilisationsstrecke mit ausreichender Verweilzeit bei Sterilisationstemperatur (Röhren- oder Plattenwärmetauscher)

B. Filtration der Kulturlösung (KL muß echte Lösung sein)

Abb. 6. Nährlösungssterilisation

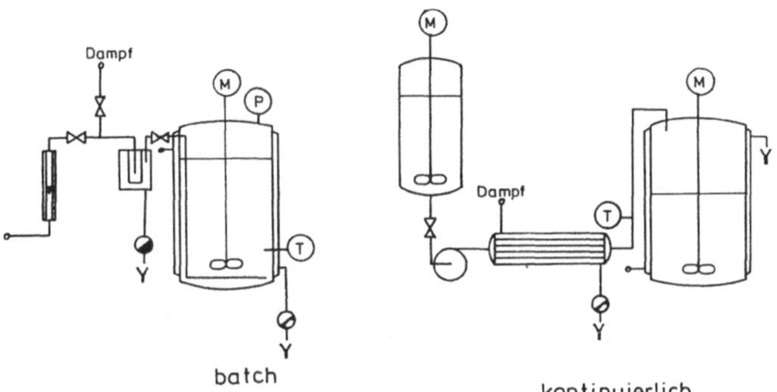

Abb. 7. Sterilisation

den, indem direkt Dampf in das Medium eingeblasen wird, wobei das sich bildende Kondensat dem Kesselhaus verlorengeht, beim Ansatz des Mediums – was das Endvolumen anbetrifft – aber berücksichtigt werden muß; oder durch indirekte Beheizung des Mediums mittels einer im Kessel montierten Heizdampfschlange oder -Coils durch den außenliegenden Kühlmantel des Kessels. Bei der direkten Dampfeinblasmethode ist die Aufheizzeit – bis zur festgelegten Endtemperatur von 120 °C – relativ klein, wohingegen dieselbe bei indirekter Beheizung erheblich verlängert wird.

Während die Haltezeit unabhängig von irgendwelchen Faktoren bei der direkten und indirekten Beheizung ist, ist die Abkühlzeit auf Betriebstemperatur funktionell und zeitlich sehr abhängig von der zur Verfügung stehenden Kühlfläche am/im Kessel, von dem verwendeten Kühlmittel und dessen Zirkulation (Kühlwasser + 16 °C oder Kaltwasser + 9 °C) sowie von der Mediumzusammensetzung, der Viskosität und der Rührgeschwindigkeit im Kessel (Abb. 7).

Aus ökonomischen Gründen ist eine kontinuierliche Sterilisation des Nährmediums einer batch-Sterilisation stets vorzuziehen. Es werden nicht nur Einsparungen von Dampf und Kühlwasser in der Größenordnung von 70–80% eingestellt, sondern durch eine höhere Temperatur (135 °C) wird eine Sterilisationszeit von nur 5–8 min benötigt, was einer schonenden Behandlung der thermolabilen Substrate und Komponenten im Medium, die nicht mehr vom Gesamtansatz zu eliminieren sind, zugute kommt (Abb. 8).

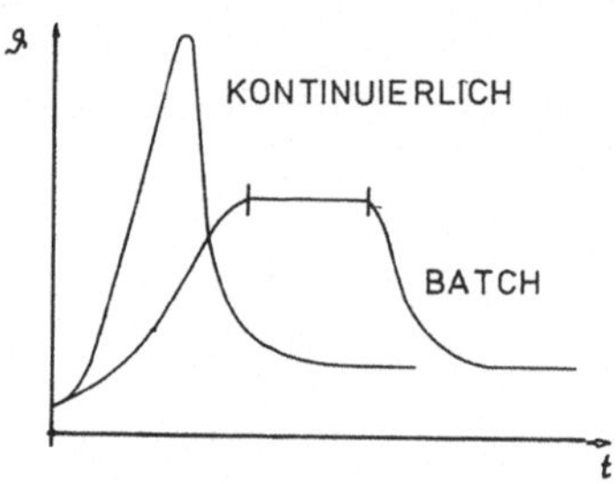

Abb. 8. Sterilisationskurven

Thermische Sterilisation in batch-Ansätzen werden vor allem bei Medien mit hohen unlöslichen Feststoffanteilen vorgenommen, während kontinuierlich-thermische Mediensterilisationen bevorzugt bei synthetischen bzw. komplexen Medien – mit vollständig löslichen Substratanteilen – eingesetzt werden. Hier tritt dann als Alternative die Sterilisation auf, die ebenfalls kontinuierlich oder batch-weise durchgeführt wird, unter der Voraussetzung, daß sterilfiltriertes Nährmedium durch sterile Leitungen einem sterilen, leeren oder teilweise mit Wasser gefüllten Kessel zugeführt werden kann.

Eine chemische Sterilisation wird selten in der Produktion eingesetzt. Kosten des chemischen Agens und eventuelle nachwirkende Beeinträchtigungen des Wachstums des hochgezüchteten Produktionsstammes durch Abbauprodukte des chemischen Agens lassen den Einsatz in der Großfermentation als fraglich erscheinen.

4. Kesselsterilisation (Abb. 9)

Eine Kesselsterilisation wird im gefüllten Zustand vorgenommen, wenn Nährmedium, Kessel, Filter, diverse Stutzen, Zuleitungen und Probenahmen zusammen und synchron dem Sterilisationszyklus unterworfen werden. Dieses klassische Verfahren wird und muß überall dort angewandt werden, wo Bedingungen wie Kosten, Gerät, Substrate u. a. eine andere Verfahrensweise nicht erlauben.

Leere Kesselfermentersterilisationen werden überall dort Anwendung finden, wo das zu verwendende Nährmedium total lösliche Substrate enthält und entweder thermisch, kontinuierlich oder durch Filtration schnell keimfrei gemacht werden kann. Im Vergleich zu gefüllten (batch-)Fermentersterilisationen sind die getrennten Sterilisationen von Kessel (leer) und Medium (thermisch-kontinuierlich oder Filtration) wirtschaftlicher, zeitlich schneller, material- und substratschonender und leicht kontrollierbar, jedoch geringfügig personal- und geräteintensiver.

Kessel gefüllt	Kessel leer (bis 10% H_2O des Kesselvolumens)

Aufheizen auf
    Sterilisationstemperatur
	Aufheizen auf
	    Sterilisationstemperatur

A. Über Mantelheizung	A. Direktdampf (121 °C)
B. Direktdampf unter Druck	B. Heißluft (150–180 °C)
	C. Chemische Agenzien

Abb. 9. Kesselsterilisation

5. Instrumenteneichung (Abb. 10)

Fermentationen werden unter bestimmten, festgelegten Milieubedingungen für das mikrobielle Wachstum und die Biosynthese des gewünschten Produktes durchgeführt. Damit eingestellte und vorgelegte Prozeßkenngrößen kontrolliert und teilweise auch reguliert werden können, müssen (z. T.) sterilisierbare Meßsonden nach dem Sterilisationsprozeß nachgeeicht und überprüft werden, während eine große Anzahl von Meßgeräten, die für die Messung fermentativer Parameter zum Einsatz gelangen und nicht unmittelbar mit dem Sterilisationsprozeß in Berührung kommen, vor jedem neuen Ansatz auf ihre Funktionalität überprüft werden müssen.

Einer Rekalibrierung sind auf jeden Fall die mitsterilisierten pH-Elektroden und/oder pO_2-Elektroden sowie deren Verstärker zu unterziehen, die häufig nach der hohen Temperatureinwirkung veränderte Eichwerte, Steilheiten und Drifte zeigen.

Während die pH-Elektrodenüberprüfung schnell vorgenommen werden kann (Vergleich des pH-Wertes der festmontierten pH-Elektrode gegen den, der in einer steril gezogenen Mediumprobe mit einer geeichten anderen pH-Elektrode von Hand gemessen ist), ist die pO_2-Elektrodenüberprüfung umfangreich und kompliziert. Der sicherste Weg besteht darin, daß eine Entgasung mit N_2 des Mediums vorgenommen wird (Nullpunkteichung) und anschließend eine Luftbegasung bis zur Luftsättigung (100%) im Medium durchgeführt wird.

Da diese Manipulationen oft die Sterilität gefährden, trifft man bei Produktionsfermentern eine minimale Sondenbestückung an. Ungefährlicher sind z. B. die Überprüfungen von Fermentationsabgasbestimmungsgeräten für Sauerstoff- und Kohlendioxidkonzentrationsbestimmungen, die relativ einfach zu eichen sind – sofern sie auf dem paramagnetischen Verhalten des O_2 und der Infrarotabsorption des CO_2 beruhen. Alle weiteren notwendigen Eichungen, z. B. von Geräten zur Messung der Drehzahl des Rührorgans, der Temperatur, des Druckes, der Reaktorgewichte u. a., muß einer zeitlich festgelegten, täglichen Routine überlassen bleiben.

Vor Einbau in den Fermenter	Nach Einbau in den Fermenter	Eichung mit Eichgas
pH-Elektrode	PO_2-Elektrode PCO_2-Elektrode	CO_2-Messung O_2-Messung volatile Substrate
Nach der Sterilisation:	Check der eingestellten Parameter Drehzahl Temperatur Luftmenge Druck Gewicht Volumen Eichung der Geräte von Wartungspersonal	

Abb. 10. Eichung der Meßgeräte

6. Impfmaterialherstellung (Abb. 11)

Eine fermentative Impfmaterialherstellung unterscheidet sich vor allem von einer Produktfermentation dadurch, daß sie speziell dafür ausgelegt ist, eine schnelle, vegetative Vermehrung des Mikroorganismus zu erzielen. Diese Biomassevermehrung kann ein-, zwei- oder mehrstufig erfolgen, unter Verwendung von speziellen Bedingungen und Vorkulturnährmedien, die leicht metabolisierbare N- und C-Substrate in geringer Konzentration enthalten und manchmal spezifische Induktoren und Prekursoren beinhalten, um eine lange lag-Phase in der Hauptkultur zu vermeiden.

„Impfmaterial" wird in der Größenordnung von 0,5–5,0 Vol.-%, bezogen auf die zu beimpfende nächste Volumenstufe, verimpft, vorzugsweise in der logarithmischen Wachstumsphase, wo morphologische Form und physiologischer Zustand des Mikroorganismus optimal aus-

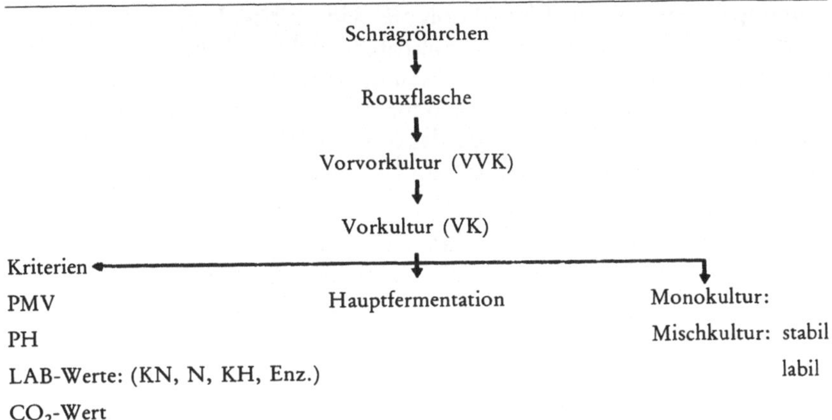

Abb. 11. Inokulation

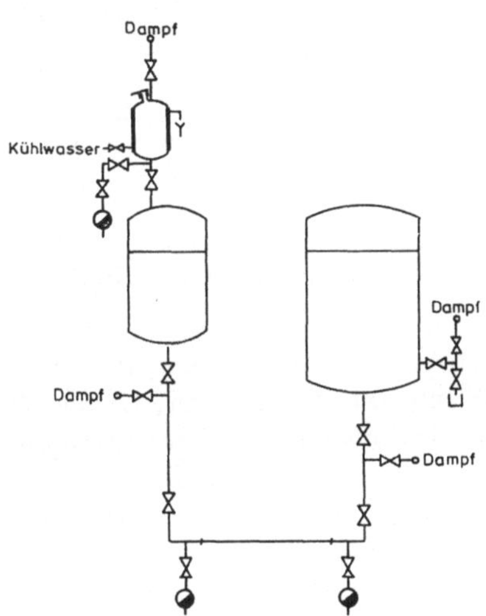

Abb. 11a. Beimpfen unter sterilen Bedingungen Probenahme unter sterilen Bedingungen

geprägt sind. Mikroorganismen können in Sporenform, in vegetativer Form als Monokultur oder als Mischkultur als Impfmaterial verwendet werden und müssen bei Verimpfung unter kontaminationsfreien Kautelen in den Hauptbioreaktor transferiert werden (Abb. 11a).

7. Fermentation (Abb. 12)

Die eigentliche Fermentation – und ihre (verschiedenen Fermentationsabarten) speziellen Fermentationstypen – spiegelt die Hauptgrundoperation in der Biotechnologie wider. Die Fermentation stellt einen aeroben bzw. anaeroben mikrobiellen Prozeß dar, der zur Gewinnung von Naturstoffen (Antibiotika, Enzyme, Aminosäure u. a.) in einem submersen, geschlossenen oder offenen Verfahren durchgeführt wird. Je nach Art und Weise, ob das System total geschlossen oder partiell periodisch oder kontinuierlich offen betrieben wird, unterscheidet man

a) batch-Fermentationen : geschlossenes System
b) fed-batch-Fermentationen : partiell offenes System
c) repeated fed-batch-Fermentationen : partiell offenes System
d) semikontinuierliche Fermentationen : partiell offenes System
e) kontinuierliche Fermentationen : offenes System

---

1. Batch
2. Fed batch
3. Repeated fed batch
4. Semikontinuierlich
5. Kontinuierlich

Abb. 12. Fermentationsprozesse (aerob)

Batch-Fermentation (Abb. 13)

Eine batch-Fermentation liegt dann vor, wenn in einem geschlossenen System (Fermenter) ein Nährboden sterilisiert wird, Fermentationsbedingungen (Drehzahl, Temperatur, Druck, Belüftung, pH, pO_2 u. a.) eingestellt und das System mit einer bestimmten Menge (% v/v) Inoculum beimpft und betrieben wird. Die spezifische Wachstumsrate der Mikroorganismen wird in einem solchen System – nach Durchlaufen der einzelnen Wachstumsphasen – zum völligen Erliegen kommen, sei es durch totale Erschöpfung des Nährbodens oder durch Anreicherung eines Produktes und dessen toxische Einwirkung auf den Mikroorganismus. Bei batch-Fermentationen erfolgen keine Korrekturen durch Zugabe irgendwelcher Agenzien oder Substrate während der gesamten Kulturdauer, ebenso erfolgt kein Abgang von Kulturlösung mit Mikroorganismen. Sie sind daher oft unterschiedlich im Verlauf und Ergebnis. Trotz dieser bekannten Unsicherheiten gründen auf der batch-Fermentation prozeßkinetische Grundtypen von Fermentationen, die in Fermentationstypen einteilbar sind:

Fermentationstyp I
Wachstums- und Produktbildung laufen parallel als Resultat des primären Energiestoffwechsels. Biosynthese einfacher Moleküle.

Fermentationstyp II

Wachstums- und Produktbildung können – müssen aber nicht – parallel gekoppelt sein. Die Reaktionsraten sind gegenüber Typ I sehr komplex.

Fermentationstyp III

Wachstums- und Produktbildung sind strikt getrennt und nicht direkt vom Energiestoffwechsel ableitbar. Biosynthese komplexer Moleküle.

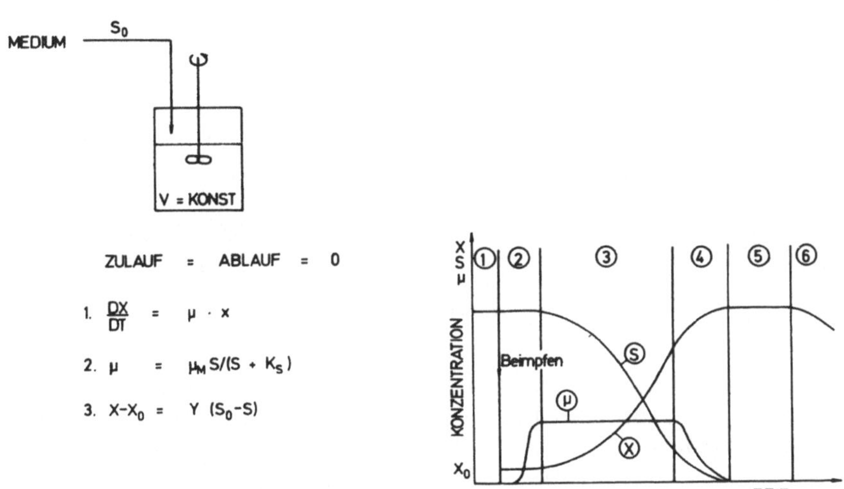

Abb. 13. Aerober batch-Prozeß

Fed-batch-Fermentation (Abb. 14)

Im Gegensatz zur klassischen batch-Fermentation wird bei der fed-batch-Fermentation in Intervallen oder kontinuierlich Nährlösung dem Fermenter steril zudosiert. Vorteile der fed-batch-Fermentation liegen vor allem darin, daß eine vermehrte Biomassebildung beobachtet werden kann, daß Katabolitrepressionen vermieden werden und daß oft kritische Sauerstoffpartialdrücke (bei konstanter Drehzahl und Belüftungsrate) durch Substratzudosierungen als Funktion metabolischer Parameter vermieden werden können.

Die spezifische Wachstumsrate μ in einer fed-batch-Kultur kann kontrolliert und als Funktion der Zuflußrate erhöht oder gesenkt werden. Fed-batch-Fermentationen mit substratlimitiertem Wachstum können ebenfalls in der Großproduktion (Penicillin- und Zephalosporinfermentationen) eingesetzt werden, weil sie technisch einfacher zu handhaben sind als Chemostatkulturen (bei denen das Volumen kon-

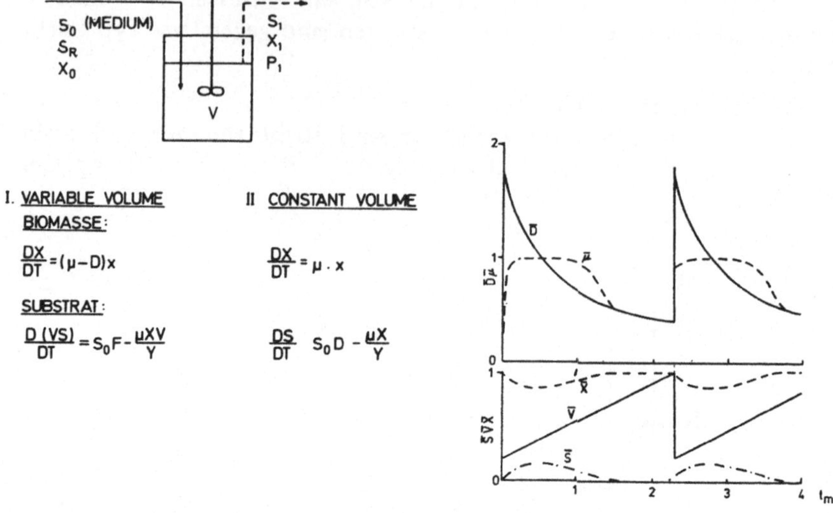

I. VARIABLE VOLUME — BIOMASSE:
$$\frac{DX}{DT} = (\mu - D)x$$

SUBSTRAT:
$$\frac{D(VS)}{DT} = S_0 F - \frac{\mu X V}{Y}$$

II CONSTANT VOLUME
$$\frac{DX}{DT} = \mu \cdot x$$

$$\frac{DS}{DT} = S_0 D - \frac{\mu X}{Y}$$

Abb. 14. Aerober fed-batch-Prozeß

stant gehalten werden muß) und sich trotzdem quasi steady-state-Bedingungen (μ = Do) einrichten lassen mit parallelgehenden hohen Produktausbeuten.

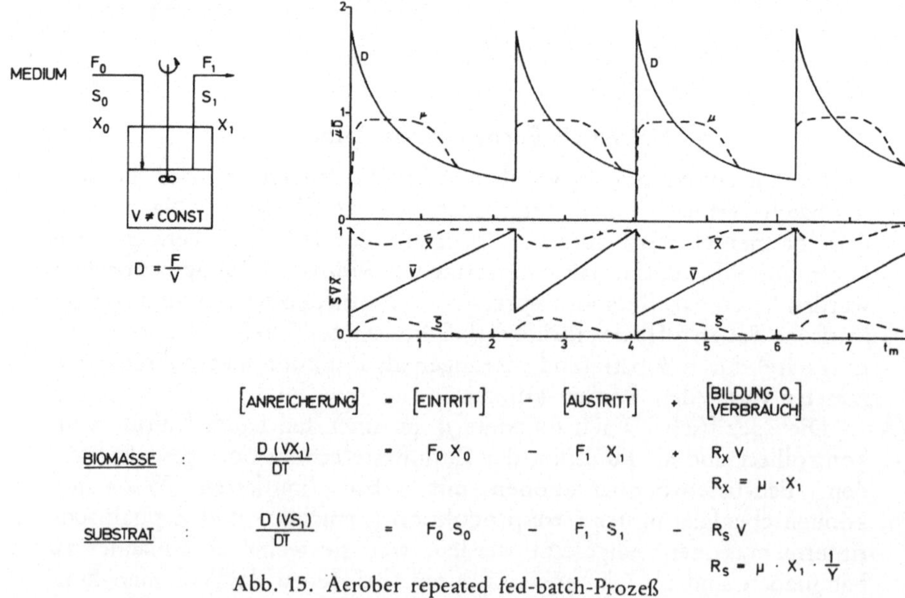

	[ANREICHERUNG]	−	[EINTRITT]	−	[AUSTRITT]	+	[BILDUNG O. VERBRAUCH]
BIOMASSE :	$\dfrac{D(VX_1)}{DT}$	=	$F_0 X_0$	−	$F_1 X_1$	+	$R_X V$
							$R_X = \mu \cdot X_1$
SUBSTRAT :	$\dfrac{D(VS_1)}{DT}$	=	$F_0 S_0$	−	$F_1 S_1$	−	$R_S V$
							$R_S = \mu \cdot X_1 \cdot \dfrac{1}{Y}$

Abb. 15. Aerober repeated fed-batch-Prozeß

Wiederholte fed-batch-Fermentation (Abb. 15)
(repeated fed-batch fermentation)

Eine wiederholte fed-batch-Fermentation zeichnet sich dadurch aus, daß Teile der Kulturlösung und des Mikroorganismus in Zeitintervallen dem System entnommen werden. Aus dem noch geschlossenen Fermentationssystem – fed-batch-Fermentation – ist ein partiell offenes Fermentationssystem entstanden, bei dem das Arbeitsvolumen, die Zuflußrate und somit die spezifische Wachstumsrate zyklischen Veränderungen unterworfen werden kann. Bei konstanten Zeitzyklen kann wieder angenommen werden, daß die Kultur quasi steady-state-Bedingungen durchläuft, sodaß Oszilationen entstehen, die jedesmal mit einer hohen, partiellen Produktausscheidung enden.

Semikontinuierliche Fermentation (Abb. 16)

Auch die semikontinuierliche Fermentation gehört zu den partiell offenen Fermentationssystemen, die unterteilbar ist in eine zyklisch-kontinuierliche Fermentation und in ein semikontinuierliches Zellrecyc-

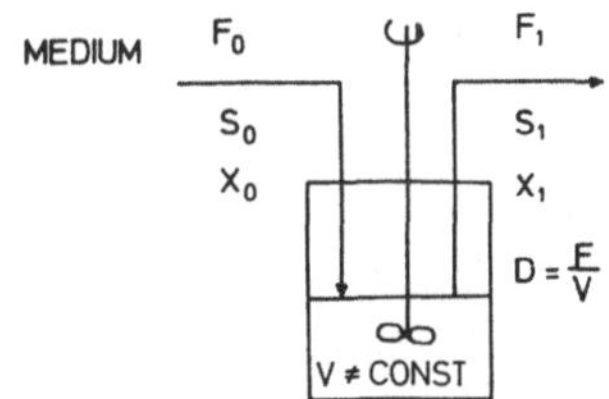

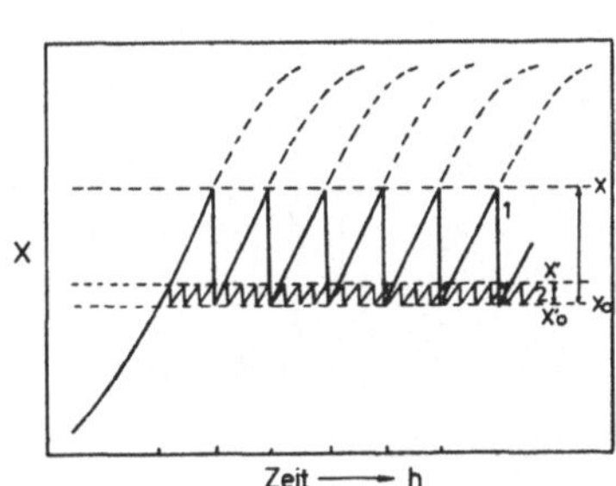

BIOMASSE : $X = X_0 \, E^{\mu} \, (1 - \frac{D}{N})^N$

N = ZAHL DER ZUGABEN UND ABZÜGE

SKP : ZUDOSIERUNG KONZENTRIERTER SUBSTRATE UND ENTLEERUNG, WENN EINE HOHE BIOMASSEKONZENTRATION ERREICHT IST.

ODER : ZUDOSIERUNG VERDÜNNTER SUBSTRATE UND ENTLEERUNG, WENN DER REAKTOR SEINE VOLUMETRISCHE KAPAZITÄT ERREICHT HAT.

Abb. 16. Aerober semikontinuierlicher Prozeß (SKP)

ling. Der Grund für die Durchführung von semikontinuierlicher Fermentation besteht darin, die langfristige und hohe Ausnutzung der mikrobiellen Biosynthesepotenz durch periodische Zuführung neuer, steriler Nährlösung und unter Austragung der gleichen Menge Kulturlö-

6*

sung, wobei der verbleibende Rest als Inokulum in dem Kessel verbleibt, auszunutzen. Die ausgetragene Kulturlösung kann zur Aufarbeitung des Naturstoffes verwandt werden bzw. für andere Fermenter mit gleichen Bedingungen und Nährmedien als Inokulum dienen. Semikontinuierliche Fermentationen sind weniger ökonomisch als voll kontinuierliche, sie haben jedoch gegenüber batch-Fermentationen beachtliche verfahrenstechnische Vorteile, Vereinfachungen und verbesserte Kapazitätsauslastungen aufzuweisen.

Das semikontinuierliche Zellrecycling wird praktisch nur bei aseptisch betriebenen Fermentationen angewandt. Die gesamte Zellmasse einer Fermentationscharge wird separiert und als Inokulum für einen neuen Ansatz verwandt. Aseptisch verlaufende Chargen machen von diesem Verfahren Gebrauch.

Kontinuierliche Fermentation (Abb. 17)

Eine kontinuierliche Fermentation – als offenes System – ist darauf abgestellt, daß bei konstantem Arbeitsvolumen und konstanter spezifischer Wachstumsrate des Mikroorganismus frisches Medium, das ein Substrat limitiert enthält, mit konstanter Zuflußrate dem System steril zudosiert und gleichzeitig die gleiche Menge Kulturlösung mit dem Mi-

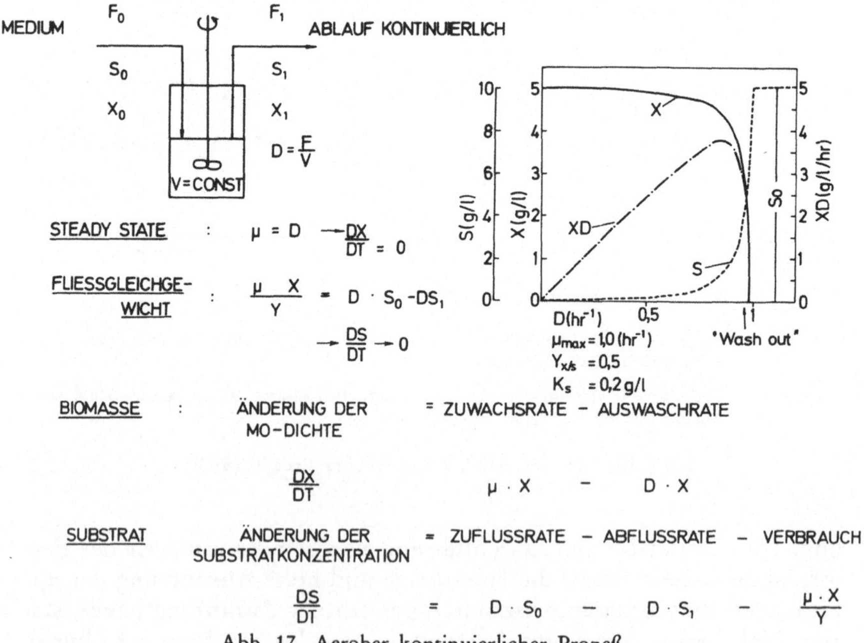

Abb. 17. Aerober kontinuierlicher Prozeß

kroorganismus abgeführt wird. Kontinuierliche Fermentationsprozesse
können systematisch unterteilt werden (Abb. 18):

a) nach der Art ihres End*produktes,* z. B. Biomasse oder biochemische Substanzen,

b) nach dem Prozeß- oder *Operationstyp,* z. B.
homogene/heterogene Systeme,
offene/geschlossene Systeme,

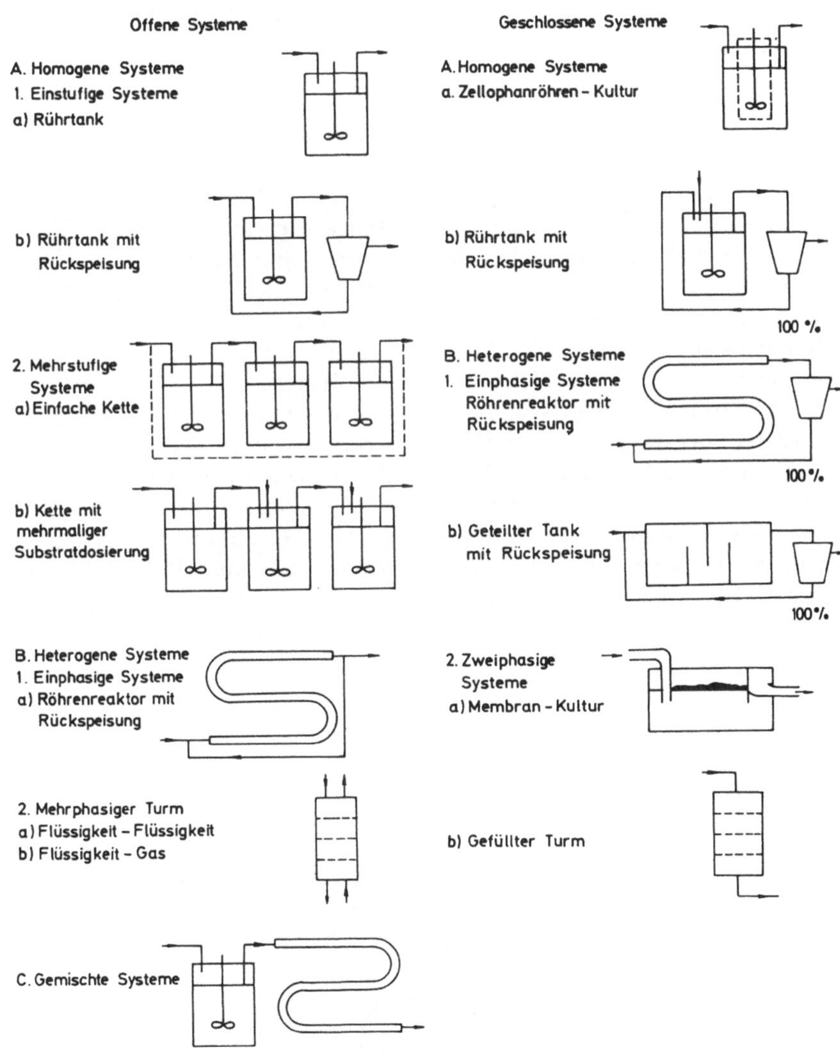

Abb. 18. Kontinuierliche Verfahren (nach Hollo und Nyeste)

einfach-/mehrfach-Systeme und Systeme mit und ohne Mikroorganismenrückführung sowie

c) nach der *Kontrollmöglichkeit,* d. h. nach dem Chemostat- bzw. Turbidostatprinzip.

Welches Prozeßprinzip auch immer in der kontinuierlichen Fermentation zur Anwendung kommt, typische Vorteile gegenüber der klassischen batch-Fermentation führen zu einer besseren, ökonomischen Ausbeute, die zusätzlich noch durch mathematische Ableitungen für Mikroorganismenwachstum und Produktbildung kontrollierbar und vorausberechenbar sind.

8. Belüftung (Abb. 19)

Die fermentative Grundoperation Belüftung, zur O_2-Versorgung der Mikroorganismen, wird grundsätzlich mit durch Filtration steril gemachter Luft in strikt aeroben Systemen unter Druck angewandt. Die benötigte Luftmenge kann über eine Mengenmessung durch Meßblenden, Schwebekörper u. a. bestimmt werden und durch verschiedene Typen von Belüftungsverteilern, die meist am Boden des Bioreaktors angebracht sind, in das Medium verteilt werden. Der Sauerstoffbedarf einer Fermentation hängt häufig vom Substrat und vom Mikroorganismus ab und läßt sich berechnen. Die Belüftungsrate, d. h. die ausreichende ökonomische O_2-Versorgung des Mediums und des Mikroorganismus über die Zeit läßt sich exakt und genau mit O_2-analysierenden Sonden und Geräten in der Flüssig- und/oder Gasphase messen und regeln. Da die Atmungsrate der meisten Mikroorganismen unabhängig von der gelösten O_2-Konzentration ist, reicht es aus, in aeroben Fermentationen, den kritischen O_2-Partialdruck stets über 10% des Sättigungswertes zu halten.

Zuluft	Abluft
Ansaugung	Kühlung, Kondensation
Kompression	Filtration
Mengenmessung (Regelung)	Mengenmessung (Regelung)
Befeuchtung	Analyse $\frac{CO_2}{O_2}$ – andere volatile Substrate
Filtration	bzw. Produkte
	Verbrennung / Waschung
Verteilung im Kessel	

Abb. 19. Aeration

9. Rührung/Mischung (Abb. 20)

Die Rührung als Grundoperation der Fermentation kann mechanisch, pneumatisch oder hydrodynamisch erfolgen. Gemeinsam ist die-

Mechanische Rührung	Pneumatische Rührung	Hydrodynamische Rührung

Antrieb der Rührer axial
  A. Elektrisch
  B. Pneumatisch
Obenantrieb/Untenantrieb
	Tauchstrahlantrieb	Externer Pumpenantrieb

Abb. 20. Rührung / Antrieb

sen drei Antriebssystemen eine optimale Umwälzung und Mischung aller Bestandteile innerhalb des Mediums als 3- oder 4-Phasengemisch zu erzielen, ständig neue Phasengrenzflächen für den Stoff- und Energieaustausch zu bilden und Mikroturbulenzen zu erzeugen, d. h. der Rühr- und Mischvorgang beinhaltet folgende Aufgaben:

a) die Dispergierung der einströmenden und aufsteigenden Luftblasen,

b) die homogene Durchmischung des Nährmediums,

c) die Erzeugung genügend hoher Turbulenzen für den Wärmeübergang,

d) die Aufrechterhaltung von hohen Relativgeschwindigkeiten zwischen Luftblasen, Substrat und Mikroorganismenzelle für den optimalen Stoffaustausch. Die vielseitige Terminologie und Analyse der Rühr- und Mischvorgänge ist wie folgt zusammengestellt:

Bezeichnung	Zweck	Charakterisierung Meßmethode
Rühren	Bewegen der Flüssigkeit	P/V; Geschwindigkeitsprofil
Mischen (Rühreffekte)	Suspendieren fester Partikel	Homogenität (statische Messung)
	Mischen mischbarer Flüssigkeiten	Mischzeiten (dynamische Messung)
	Dispergieren von Gasen	k_La, a, OTR
	Dispersion nicht mischbarer Flüssigkeiten	Emulgierungsgrad
	Wärmeaustausch	Temperatur

Belüftung und Rührung werden in der aeroben Fermentationstechnologie gern zusammen betrachtet, da sie sich ergänzende Grundoperationen darstellen und darüber hinaus als kosten- und energieaufwendige Methoden einen Fermentationsprozeß determinieren.

10. Prozeßkontrolle (Abb. 21)

Die Kenntnis und Bestimmung von spezifischen Parametern in der Fermentation, die z. B. die Milieubedingungen, das Mikroorganismenwachstum und die Produktbildung beinhalten sowie weiterhin Berechnungen von zusätzlichen, übergeordneten Leitparametern erlauben, die ihrerseits auf Regulationen und Eingriffe in den Prozeß abzielen, ist heute eine nicht wegzudenkende Grundoperationseinheit in der Biotechnologie.

Kontinuierlich	Diskontinuierlich
Temperatur	Zellwachstum: PMV
Drehzahl	O. D.
Belüftungsrate	T. G.
Druck	Zellzahl
pH-Wert	Produkt- und Nebenproduktbildung
Schaumbildung	Verbrauch von Substraten
gelöster Sauerstoff	Viskosität
Sauerstoffverbrauch	Morphologie
CO_2-Bildung	Aseptischer Zustand
Zugaben: Substrate	
Säure	
Lauge	
Antischaum	
Gewicht des Reaktors	
Leistungsaufnahme	
Wärmebildung } zeitweise	
Redoxpotential	

Abb. 21. Parameterbestimmung während einer aeroben Fermentation (Routine)

Eine effektive Prozeßkontrolle kann automatisch on-line und/oder nicht automatisch off-line durchgeführt werden, und sie kann darüber hinaus im, am und außerhalb des Fermenters erfolgen.

Wichtige automatische (on-line) Kontrollen im und am Fermenter sind z. B. die Temperaturregulierung, die pH-Messung und die Schaumkontrolle, während wichtige, z. T. automatisch und nicht automatisch vorgenommene Parameterkontrollen, außerhalb des Fermenters, die Abgasanalytik und alle Produkt- und Mediumanalysen aus Fermenterproben im Laboratorium darstellen.

Die Prozeßkontrolle macht sich eine Vielzahl von physikochemischen Bestimmungsmethoden zunutze und kann wirkungsvoll durch den Einsatz von Prozeßrechnern soweit unterstützt werden, daß Fermentationen automatisch kontrolliert und programmiert ablaufen können.

11. Probenahme (Abb. 22)

Die Probenahme ist ein wichtiger Vorgang in der Fermentation. Nur aus steril genommenen homogenen Proben kann im Labor die zur Verfolgung des Prozesses nötige Analytik vorgenommen und die Sterilität getestet werden. Je nach technischer Ausrüstung des Fermenters wird die Probe über ein sterilisierbares Probenahmeventil oder über ein kontinuierlich arbeitendes Probenahmesystem entnommen.

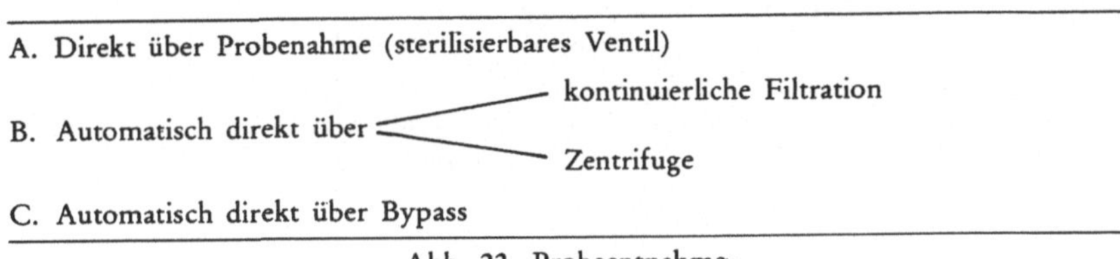

Abb. 22. Probeentnahme

12. Abernte (Abb. 23)

Die Abernte oder der Zeitpunkt des Abbruches eines Fermentationsprozesses und das Transferieren der produkthaltigen Kulturlösung in die Aufarbeitung kann nach verschiedenen Gesichtspunkten und Überlegungen eingeleitet und festgelegt werden, z. B.:

a) Bestimmung der Aberntezeit, um das maximale Produkt zu erhalten,

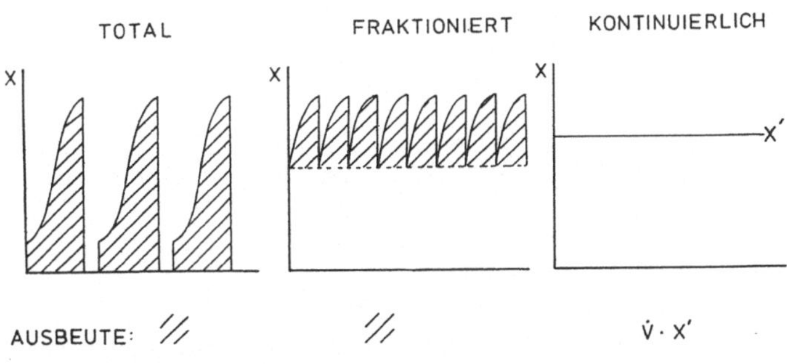

Abb. 23. Abernte

b) Bestimmung der Aberntezeit, um die geringsten Kosten für die Charge und das Produkt zu erhalten, und

c) Bestimmung des Aberntezeitpunktes, um den maximalen Profit aus der Charge zu erhalten.

Diese Aberntekriterien werden vor allem bei klassischen batch-Fermentationen angewandt. Für semi- und vollkontinuierliche Fermentationen wird ausschließlich das Produkt $D \cdot X$ aus Zuflußrate und Biomasse, d. h. die eigentliche Produktivität für den ständigen Ausfluß (Abernte) gewertet und zugrunde gelegt.

Vorbehandlung	Anreicherung	Reinigung
Heizen, Kühlen	Feststoffabtrennung durch Sedimentation, Filtration	
Flockung physikalisch chemisch		fest-flüssig- flüssig-flüssig- Extraktion
pH-Änderung	Verdampfung, Destillation	
		Fällung Kristallisation
Zellaufschluß physikalisch chemisch biologisch	Trocknung	
	Adsorptions- Ionenaustausch Gel Affinitäts- Verteilungs	Chromatographie
		Ultrafiltration Reverse Osmose Dialyse
	Elektroflockung Elektroflotation	
		Elektrodekantation Elektrodialyse

Abb. 24. Methoden zur Isolierung von Fermentationsprodukten

13. Produktgewinnung (Abb. 24—26)

Die Gewinnung der verschiedenen Fermentationsprodukte erfolgt aus der abgeernteten Kulturlösung, indem primär, in den meisten Aufarbeitungsfällen, eine Feststoffabtrennung (Filtration) und sekundär verschiedenartige flüssig-flüssig-Extraktionen erfolgen. Weitere, in der chemischen Verfahrenstechnik gängige und in die Aufarbeitungstechnik übernommene mechanische und thermische Grundoperationen wie Fällen, Kristallisation, Trocknung u. a. sind oft notwendig, um zur gewünschten Reinheit des fermentierten Produktes zu kommen.

TV	Unit operation	Apparate
Konzentration	Verdampfen	Rotationsdünnschichtverdampfer
	Destillieren	Fallfilmverdampfer (Umlaufverdampfer, Plattenverdampfer)
Fällung–Kristallisation	Salz-, Komplexbildung	Kessel, Kühlung
	Aussalzen Löslichkeitsreduktion	Zugabe eines Fremdstoffes, evtl. Elektrolyten; $(NH_4)_2SO_4 Na_2SO_4$
		Zugabe von Polymeren, organischen Lösemitteln (Aceton, Isopropanol)
Trocknung	Trocknen im Vakuum	Vak.-Trockenschrank Gefriertrocknung Walzentrocknung
	Trocknen in Kurzzeittrocknern	Zerstäubungstrockner (z. B. für KL) a) Einstoffdüse: Gröbere Partikel b) Zweistoffdüse: Sehr feine Partikel c) Zerstäuberscheiben: Mittlere bis gröbere Partikel
		Fließbett-Trockner
	Trocknen auf Kontakttrocknern	Walzentrockner

Abb. 25. Trennverfahren (TV)

Die biotechnologische Grundoperation Produktgewinnung nimmt, allein betrachtet, einen ebenso hohen wissenschaftlichen und technischen Rang ein wie die Gesamtheit der Grundoperationen Fermentation, sodaß oft die Produktaufarbeitung von mikrobiell-fermentativ erzeugten Naturstoffen als separater Teilbereich der Biotechnologie betrachtet werden kann.

TV	Unit operation	Apparate

Fest/Flüssig	Flockulieren
	Sedimentieren
	Auspressen
	Zerkleinern
	Filtrieren
	Zentrifugieren
		Kessel Flockungsmittel
		Mühlen
		Filterpressen:
		  Kammerfilterpresse
		  Rahmenfilterpresse
		  Nutschen
		  Drehfilter
		  Trommeldruckfilter
		Düsenseparator
		Tellerseparator
		Schlammseparator
		Dekanter
		(Vollmantelschnecken-
		  zentrifuge)

Extraktion	Extrahieren, diskontinuierlich Extrahieren, kontinuierlich	Kessel, Rührer, Lösemittel Flüssige Ionenaustauscher Westfalia Mischer und Separatoren Gegenstromzentrifugalextraktor (Podbielniak)

Adsorption	Adsorbieren
	  aus Lösung
	  diskontinuierlich
	  kontinuierlich
		Kessel: batch-Kohle,
		      Kunstharze
		Säulen: (Glas, Metall) $Al_2O_3SiO_2$
		      Ionenaustauscher
		      Adsorptionsharze
		      Spezialharze als
		      Komplexbildner
		      (Affinitätsharze)

Abb. 26. Trennverfahren (TV)

Literatur

1. Aiba, S., Humphrey, A. E., Millis, N. F.: Biochemical engineering. Academic Press. 1973.
2. Rehm, H. J.: Industrielle Mikrobiologie, 2. Aufl. Berlin-Heidelberg-New York: Springer. 1980.
3. Solomons, G. L.: Materials and methods in fermentation. Academic Press. 1969.
4. Vauck, W. R. A., Müller, H. A.: Grundoperationen der chemischen Verfahrenstechnik, 3. Aufl. Theodor Steinkopff. 1969.

Instrumentierung von Bioreaktoren und Weiterentwicklung einer Fluorometer-Sonde

A. Einsele

ETH Zürich*, Schweiz

Mit 4 Abbildungen

Summary

This paper reports the problems and the improvements of probes for the *in situ* measurement in bioreactors. In the first part the determination of the oxygen partial pressure will be discussed in view of the inhomogeneities in the tank.

Secondly, a further improved design of the fluorometer is used for the on-line determination of the biomass.

Zusammenfassung

In dieser Arbeit wird über die Problematik sowie über die Weiterentwicklung von Sonden zur *in situ* Erfassung von Meßgrößen berichtet. Im ersten Teil wird der Einfluß von Inhomogenitäten im Reaktor auf das Meßresultat erläutert. Dazu dienen Messungen des Sauerstoffpartialdruckes in der flüssigen Phase.

Der zweite Teil beinhaltet die Verbesserungsvorschläge für das Fluorometer. Es wird die Möglichkeit aufgezeichnet, damit on-line die Zelldichte messen zu können.

Forschung und Entwicklung auf dem Gebiet der Bioreaktor-Instrumentierung haben in den letzten 10 Jahren niemals den gleichen Erfolg gehabt wie etwa die Neuentwicklungen des Bioreaktors selbst. Als Paradebeispiel sei die Messung des gelösten Sauerstoffs in der Kultivationslösung erwähnt. Obwohl die kritischen Probleme einer pO_2-Sonde bereits vor 20 Jahren veröffentlicht worden sind (Phillips und Johnson 1961), kranken die auf dem Markt erhältlichen Produkte noch an den gleichen schwachen Punkten, wie etwa Langzeitstabilität oder Nacheichung. Dies ist umso erstaunlicher, als die Elektronik einen unerhörten Aufschwung erlebt hat. Offensichtlich hat die Entwicklung der Meßtechnik im Bioreaktor damit nicht Schritt gehalten.

Auch die euphorische Verwendung des Prozeßrechners ist relativiert worden. Es ist verführerisch, die Unzulänglichkeiten der Meßwertgeber durch geschickte Modelle mit dem Computer zu beheben. Handelt es

---

* Neue Anschrift: Sandoz AG., CH-4002 Basel, Schweiz.

sich aber dabei nicht um ein Vertuschen der tatsächlichen Problematik am Meßfühler selbst?

Vor 2 Jahren wurde in den USA eine Zusammenstellung der forschungsförderungswürdigen aktuellen Instrumentierungsprobleme präsentiert (National Science Foundation 1978). Da diese Liste auch heute noch ihre Gültigkeit hat, sei sie auszugsweise dargestellt. Als förderungswürdig werden betrachtet:

die Entwicklung eines Systems zur kontinuierlichen Erfassung der aktiven Biomasse, insbesondere für fädige Mikroorganismen in Anwesenheit von festen Bestandteilen;

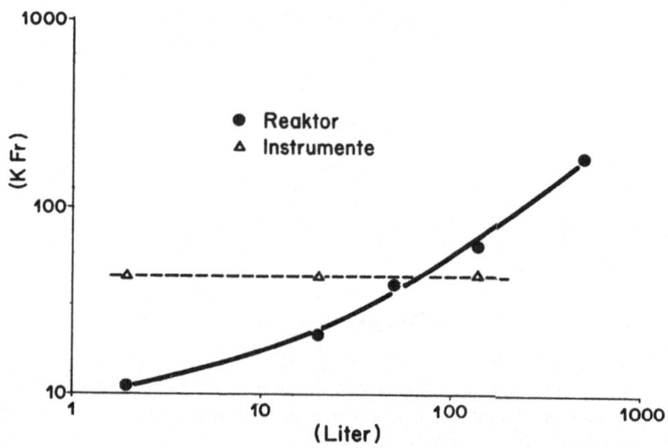

Abb. 1. Vergleich der Investitionskosten für den Reaktor (inklusive Temperaturregulierung) mit denjenigen für die übrige Instrumentierung als Funktion des Reaktorvolumens

die kontinuierliche on-line Erfassung von Substraten wie Zucker, Zellulose, Äthanol, Methanol, Paraffine oder BOD;

die Entwicklung von neuen Methoden zur Erfassung von Zellaktivitäten oder Zellstrukturen (z. B. DNA; RNA; Methoden wie Mikrofluorometrie oder Makrokalorimetrie);

schließlich die vermehrte Entwicklung von zuverlässigen, billigen, „ab Stange kaufbaren" Geräten zur Erfassung von biologischen Systemparametern wie z. B. die O_2-Aufnahme; derartige Systeme sollten keine großen Rechnerkapazitäten verschlingen, vielmehr sollten Mikroprozessortechniken verwendet werden.

Die Komplexität der Bioreaktorinstrumentierung äußert sich u. a. darin, daß die Instrumentierung eines Bioreaktors mit prohibitiven Kosten verbunden sein kann. Abb. 1 zeigt die Investitionskosten für den Reaktor rsp. für die Instrumentierung in 1000 sFr. (logarithmisch dargestellt) als Funktion der Reaktorgröße (in Liter, ebenfalls logarith-

Tabelle 1. *Kostenstruktur der Instrumentierung eines Bioreaktors Kostenzusammenstellung* (Angaben in sFr.)

Meßgröße	Sonde	Verstärker	Regler	Stellglieder	Summe
pH	1000	1800	890	3500	7190
pO_2	1200	1640	1200	800	4840
Antischaum	360		1880	1750	3990
Druck	1000	1000			2000
Luftmenge		5000			5000
Gasanalyse		10000			10000
Schreiber					8000
					41020

Tabelle 2. *Terminologie der Meßverfahren unter Berücksichtigung der Bioreaktor-Instrumentierung*

Variable	Alternativen	
Zeit	real kontinuierlich	nicht real diskontinuierlich
Signalverarbeitung	on-line	off-line
Ort	am Ort in situ in tank	im by-pass am Austritt
Methode	direkt	indirekt (Ersatzgröße) „Gateway"

misch dargestellt). Den Berechnungen für die Instrumentierung wurde die Messung und Regelung von pH, pO_2 und Schaumbildung zugrunde gelegt. Die detaillierte Kostenstruktur ist in Tab. 1 dargestellt. Diese Zahlen sind in Schweizerfranken wiedergegeben. Die einzelnen Preise sind natürlich fabrikatabhängig, jedoch sind die Größenordnungen vergleichbar. Für die Gasanalyse wurde angenommen, daß sie gleichzeitig für drei Bioreaktoren eingesetzt wird. Die Temperaturregelung wird üblicherweise zu den Reaktorkosten gerechnet. Unter der Annahme, daß die Instrumentierungskosten mit zunehmendem Volumen des Reaktors konstant bleiben, werden die Instrumentierungsinvestitionen erst für Reaktoren mit mehr als 1000 l Inhalt kleiner als die eigentlichen Reaktoraufwendungen.

Die Terminologie der Meßverfahren für die gebräuchlichsten Bioreaktormeßinstrumente ist in Tab. 2 zusammengefaßt. Der Unterscheidung dieser Verfahren bei der Betrachtung von Meßergebnissen kommt nicht immer die benötigte Beachtung zu. Anzustreben sind *in situ* Messungen, welche direkt und zeitkontinuierlich die gesuchte Information liefern.

Inhomogenitäten im Reaktor

In den folgenden Ausführungen soll gezeigt werden, daß selbst bei Meßsonden, welche direkt im Reaktor eingesetzt werden, dem Meßort große Bedeutung zukommt. Damit ist explizit auch gesagt, daß der Meß- und Regeltechniker auch die Überlegungen des Stoff- und Ener-

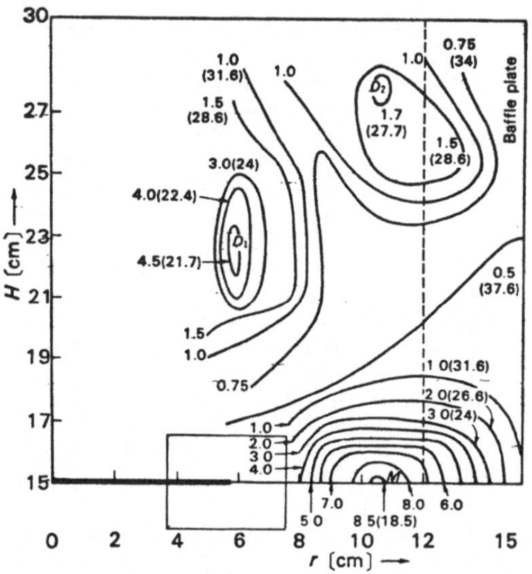

Abb. 2. Darstellung der Energiedissipationsdichte-Verteilung in einem gerührten Reaktor (aus Nagata, 1975)

gietransportes mitberücksichtigen muß. Insbesondere in Systemen mit höheren Viskositäten oder mit nichtnewtonischen Fließverhalten konnte nachgewiesen werden, daß es im Bioreaktor aktive und weniger aktive Zonen gibt (Finn, Swallow und Einsele 1978; Swallow 1979). Die experimentelle Bestimmung dieser beiden Zonen sowie die Korrelation mit dem Sauerstoffübergangskoeffizienten k_La zeigten schließlich, daß die inhomogene Verteilung des Gas-hold-up unbedingt in die Berechnungen miteinbezogen werden muß. Theoretisch läßt sich dies an Hand der Verteilung der Energiedissipationsdichte E in einem Reaktor begründen. Eine übersichtliche Darstellung befindet sich in Nagata (1975); auszugsweise ist Abb. 2 wiedergegeben. Sie zeigt die Verteilung der kleinsten Turbulenzballen rsp. die Energiedissipationsdichte in Abhängigkeit des Abstandes vom Rührer in einem Scheibenrührsystem. In diesem Falle sind die größten Turbulenzen etwa 2–3 cm horizontal vom Rührer entfernt. Daß dies in einem Gas-flüssig-Dispersionsvorgang einen Einfluß auf den aktuellen pO_2 in der Flüssigphase haben wird, konnte bestätigt werden (Gschwend 1980). In einem durch Xanthan verdickten mikrobiellen Wachstumssystem wurden mittels pO_2-Sonde Sauerstoffprofile in der wäßrigen Lösung gemessen. Obwohl diese Ermittlungen in einem sterilen Bioreaktor meßtechnisch nicht einfach zu handhaben sind, konnten auf einer horizontalen Strecke von 5–7 cm immerhin pO_2-Unterschiede von annähernd 20% der Luftsättigung festgestellt werden. Diese Aussagen sind Indizien, daß der Plazierung einer Meßsonde vermehrt Beachtung zu schenken ist.

Weiterentwicklung der Fluorometer-Sonde

Die Bestimmung der Fluoreszenz als Mittel zur Aufklärung von Stoffwechselwegen ist bekannt. Beispielsweise haben Harrison und Chance (1970) die Veränderungen von NADH als Folge von externen Einflüssen auf die Zelle beschrieben. Weniger bekannt sind die Verwendungen der *in situ* Fluorometrie direkt im Bioreaktor. Wesentliche Arbeiten gehen auf *in situ* Fluoreszenzmessungen an der University of Pennsylvania zurück (Zabriskie und Humphrey 1978, Ristroph *et al.* 1977). Die Fluoreszenzmessung einer Nährlösung ist eine Methode, die eine sofortige direkte kontinuierliche Erfassung von bestimmten Vorgängen im Bioreaktor erlaubt. Die Kulturfluoreszenz gibt das Oxidations-Reduktions-Potential der Zellen an, und zwar durch Erfassung des Pyridinnukleotidgleichgewichtes (NADH und NADPH).

Prinzipiell stehen durch die *in situ* Fluoreszenzmessung die folgenden Möglichkeiten offen:

a) Bestimmung des Oxidations-Reduktions-Potentials von wachsenden Zellen;

b) Feststellen von Kohlenstofflimitierungen, insbesondere im Zusammenhang mit Fed-batch-Züchtungen;

c) Bestimmen der aktiven Biomasse;

d) Bestimmen der Wachstumsrate von Zellkulturen;

e) Bestimmung von Mischzeiten;

f) Bestimmung von Substrataufnahmemechanismen;

g) Bestimmung von k_La-Werten.

Der prinzipielle Aufbau des Instrumentes ist in Abb. 3 dargestellt. Das Gerät ist normalerweise in einem Schauglas des Bioreaktors angebracht. Die Anordnung sollte zumindest so sein, daß der Lichtstrahl unter der Oberfläche in die Kulturflüssigkeit dringt. Der Rest der Bioreaktorverkleidung muß dunkel sein, damit das übrige Licht die Meß-

A. Einsele:

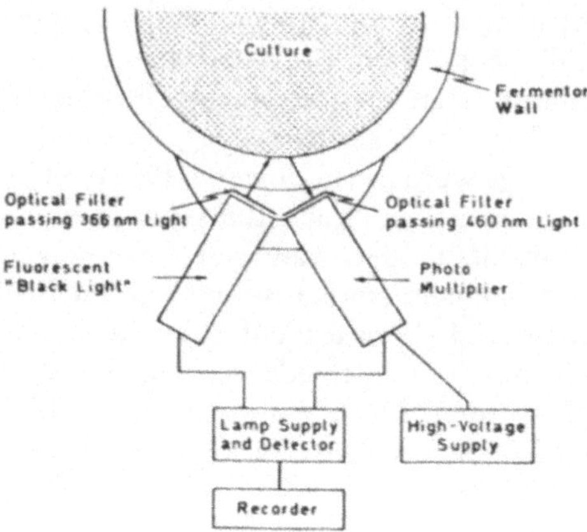

Abb. 3. Prinzipieller Aufbau des Fluorometers (vgl. Zabriskie und Humphrey 1978)

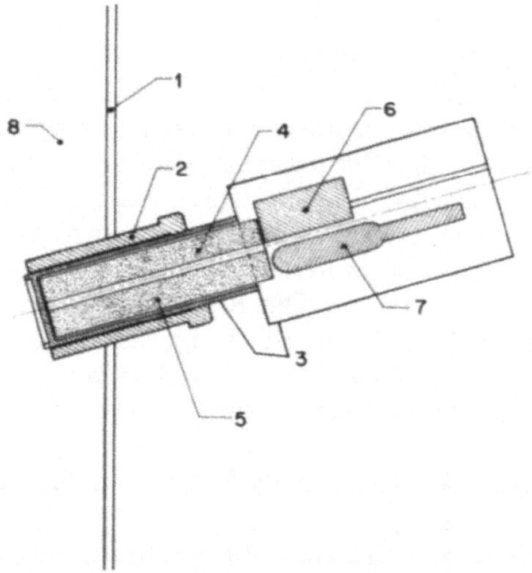

Abb. 4. Prinzipskizze des weiterentwickelten Fluorometers. *1* Wand des Bioreaktors, *2* Stutzen Ø 25 mm, *3* Umhüllung des Fluorometers, *4* Lichtleiter zur Erfassung der Fluoreszenz, *5* Lichtleiter zur Projektion des UV-Lichtes, *6* Optischer Lichtverstärker, *7* Inhalt des Bioreaktors

anordnung nicht stört. Die Nährlösung resp. die Mikroorganismen werden mittels einer UV-Lampe, die 366 nm Licht aussendet, bestrahlt. Die so angeregten Stoffe (NADH und NADPH) emittieren Licht von 460 nm, welches über ein Filter- und Sensorsystem aufgefangen und verstärkt wird.

In einer kürzlich erfolgten Weiterentwicklung konnte das optische System miniaturisiert werden (vgl. Abb. 4). Dieses Fluorometer läßt sich nun ähnlich einer pH-Sonde in den Bioreaktor einbauen. Damit ist diese Meßtechnik für jeden Bioreaktor anwendbar, der über einen Einlaßstutzen von 25 mm Durchmesser verfügt. Das Licht wird über einen optischen Leiter in den Reaktor geführt. Das dort emittierte Licht wird über einen anderen Lichtleiter dem Photoverstärker zugeleitet. Das Fluorometer ist *in situ* sterilisierbar. Die noch mit dem ursprünglichen Instrument gemessenen Resultate (vgl. Einsele *et al.* 1978 und 1979) konnten mit dem neuen Gerät reproduziert werden. Allerdings hat die Miniaturisierung verschiedene Probleme aufgezeigt.

So ist die Führung der Lichtleiter speziell zu beachten (Beyeler 1980). Insbesondere sind die Abstrahlungswinkel des Lichtleiters zur Projektion des UV-Strahles sowie desjenigen zur Erfassung der Fluoreszenz derart zu konzipieren, daß beide Lichtquellen eine möglichst große gemeinsame Fläche im Bioreaktor überdecken. Die Intensität sowie die Stabilität der UV-Lampen ist nach wie vor als kritisch zu bezeichnen. Die Stabilität ist u. a. durch den Einbau einer Thermostatisiervorrichtung zu gewährleisten. Die Intensität sollte möglichst groß sein, damit die Fluoreszenz verstärkt werden kann. Bisherige Versuche zeigten, daß eine minimale Menge an Trockensubstanz von 1 g/l notwendig ist, um optimale Signale am optischen Lichtverstärker zu messen. Allerdings ist noch offen, bis zu welcher Strahlentiefe die Fluoreszenzmessung aktiv ist. In Anlehnung an frühere Arbeiten (Harrison und Chance 1970) sind Versuche geplant, mit dem weiterentwickelten Fluorometer den kritischen Sauerstoffpartialdruck im Bioreaktor *in situ* zu messen (Beyeler 1980).

Literatur

1. Beyeler, W.: Persönliche Mitteilung, 1980.
2. Einsele, A., Ristroph, D. L., Humphrey, A. E.: Biotechnol. Bioeng. *20*, 1487 (1978).
3. Einsele, A., Ristroph, D. L., Humphrey, A. E.: Eur. J. Appl. Microbiol. Biotechn. *6*, 335 (1979).
4. Finn, R. K., Swallow, B., Einsele, A.: First Europ. Congr. Biotechnol., Interlaken, 1978.
5. Gschwend, K.: Persönliche Mitteilung, 1980.
6. Harrison, D. E. F., Chance, B.: Appl. Microbiol. *19*, 446 (1970).
7. Nagata, S.: In: Mixing, principles and applications. New York: J. Wiley. 1975.
8. National Science Foundation Report No. NSF-WS-BE-1, December 12–14, 1978.
9. Phillips, D. H., Johnson, M. J.: J. Biochem. Microbiol. Technol. Eng. *3*, 261 (1961).
10. Ristroph, D. L., Watteneeuw, C. M., Arminger, W. B., Humphrey, A. E.: J. Ferment. Technol. *55*, 599 (1977).
11. Swallow, B.: Thesis Cornell University, Ithaca, N. Y., 1979.
12. Zabriskie, D. W., Humphrey, A. E.: Appl. Environ. Microbiol. *35*, 337 (1978).

7*

Cephalosporinbestimmung mittels einer Enzymelektrode

R. Bender und **G. Blume**

VR-Mikrobiologie, H 780, Hoechst A.G.,
D-6230 Frankfurt a. Main, Bundesrepublik Deutschland

Mit 16 Abbildungen

Summary

The determination of Cephalosprin C (CPC) in culture liquid is described using a potentiometric enzyme electrode. CPC is hydrolyzed by cephalosporinase enriched from *Enterobacter cloacae* and the hydrogen ions delivered in this reaction are measured by a pH-electrode. The enzyme has been immobilized on a carrier and is attached by means of a dialysis membrane to the top of the elektrode. A linear response of $\triangle$ pH versus CPC-concentration results in an assay system containing 100 ml phosphate buffer 5 mM pH 7.5 supplied with $\leqq$ 2 ml of culture liquid.

Because of the short incubation time ($<$ 5 min) and the stability of the enzyme preparation (several weeks) this enzyme probe allows a simple and convenient determination of product in CPC-fermentation.

Zusammenfassung

Die Messung von Cephalosporin C (CPC) in Kulturfiltraten per Enzymelektrode wird beschrieben. CPC wird durch die Cephalosporinase aus *Enterobacter cloacae* gespalten und die dabei freigesetzten Wasserstoffionen werden über eine pH-Elektrode registriert. Das Enzym ist – an ein Trägermaterial fixiert und mittels einer Dialysemembran gehalten – auf den Elektrodenkopf aufgetragen. Bei Verwendung eines 5 mM Phosphatpuffers pH 7,5 und Zugabe des Kulturfiltrats $\leqq$ 2 ml in 100 ml Testansatz besteht eine lineare Beziehung von CPC-Konzentration und pH-Wertänderung.

Wegen der kurzen Meßdauer von $<$ 5 min und langdauernder Stabilität des Enzyms (mehrere Wochen) erlaubt diese Meßsonde eine leicht durchzuführende Produktmessung bei der CPC-Fermentation.

Im Jahre 1948 wurde Cephalosporin C als Ausscheidungsprodukt des Pilzes *Cephalosporium acremonium* entdeckt. Es handelt sich dabei um eine β-Laktamverbindung mit nur schwach antibiotischer Wirkung. Derivatisierungen der Substanz führten in der Folgezeit zu hochwirksamen Antibiotika, zu deren Eigenschaften Penicillinasestabilität, ein breites Wirkungsspektrum und gute Verträglichkeit gehören.

Cephalosporin C (CPC) wird durch Fermentation gewonnen. Die Produktbildung im Fermenter kann mittels mikrobiologischer, chromatographischer (HPLC) und chemischer Methoden registriert werden.

Die mikrobiologische Testung ist zeitaufwendig; daher sind chemische Methoden wegen kurzzeitiger Ergebnisfindung vorzuziehen. Unter diesen kommt der enzymatischen Analytik wegen ihrer Spezifität die größte Bedeutung zu. Sie beruht auf der hydrolytischen Spaltung der β-Laktambindung durch das Enzym Cephalosporinase (Abb. 1). Die Spaltungsreaktion kann titrimetrisch oder spektrophotometrisch nachgewiesen werden.

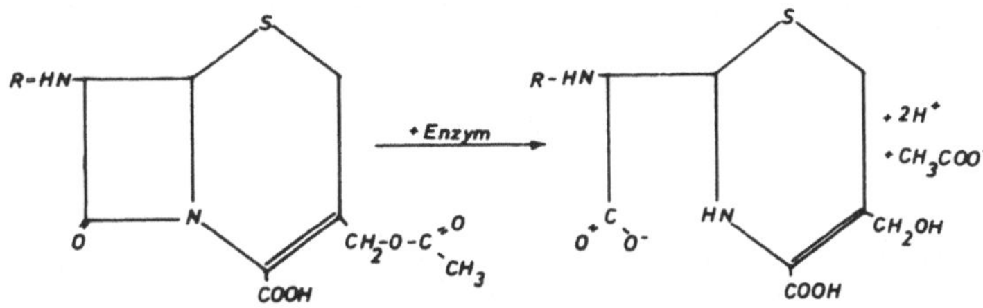

Abb. 1

A. Titrimetrische Bestimmung

Bei der enzymatischen Spaltung entstehen aus einem Mol CPC u. a. zwei Mole Wasserstoffionen. Um den pH-Wert der Probelösung konstant zu halten, wird eine der CPC-Konzentration proportionale Alkalimenge verbraucht.

$$V_{NaOH} \sim C_{CPC}$$

B. Photometrische Methode

CPC besitzt ein Absorptionsmaximum bei $\lambda = 260$ nm, für welches das mesomere System im Kern unter Einbeziehung der β-Laktambindung verantwortlich ist (Abb. 2). Bei der Aufspaltung des β-Laktamringes durch Cephalosporinase wird dieses System zerstört und die Absorption weitgehend aufgehoben. Die Differenz der Extinktionen bei $\lambda = 260$ nm vor und nach der enzymatischen Spaltung ist ein Maß für den CPC-Gehalt.

$$\Delta_{Extinktion} \sim C_{CPC}$$

Bei beiden vorgestellten Methoden ist der Meßbereich eingeschränkt (die Probe muß z. B. vorverdünnt werden), und das für jeden Test eingesetzte Enzym geht verloren. Die Analysenzeit beträgt mindestens 15 min.

Der Trend in der enzymatischen Analytik geht zunehmend dahin, trägergebundene Enzyme zu verwenden [1]. Dabei erscheint die Kombination von Enzym und Meßsonde (potentiometrische oder amperometrische Elektroden) als Meßinstrument besonders vorteilhaft. In der

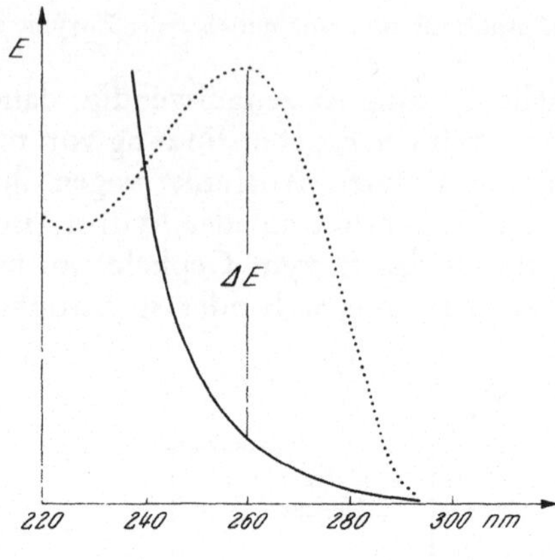

Abb. 2

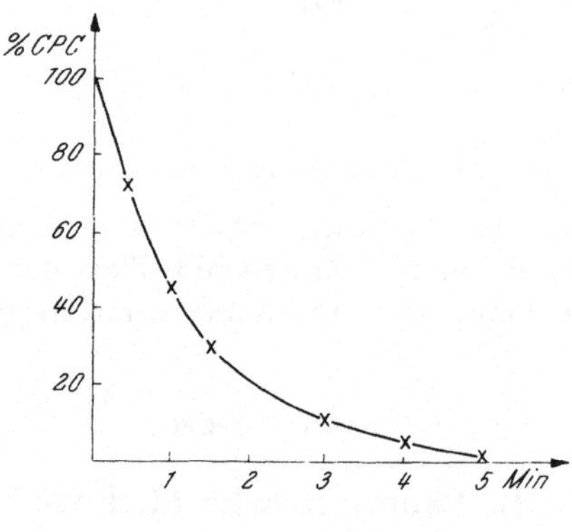

Abb. 3

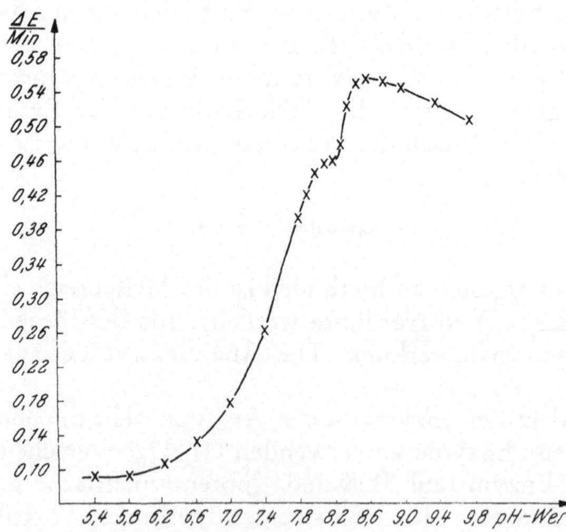

Abb. 4

klinischen Chemie sind Enzymelektroden für die Bestimmung von Glukose und Harnstoff beschrieben [2–5]. Im Falle der Cephalosporinbestimmung ist das Konzept naheliegend, die Cephalosporinase auf den Kopf einer pH-Elektrode zu fixieren. Da bei der CPC-Spaltung Wasserstoffionen freigesetzt werden, kann die der Substratkonzentration proportionale pH-Wertänderung gemessen werden. Eine solche Enzymelektrode sollte eine ständig verfügbare Meßanordnung zur schnellen Messung der CPC-Konzentration in Kulturfiltraten darstellen.

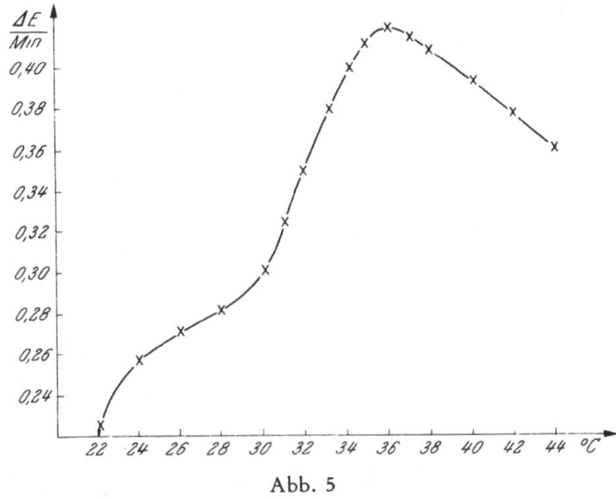

Abb. 5

Das Enzym Cephalosporinase wird aus *Enterobacter cloacae* gewonnen. Nach Fermentation des Stammes in 10-l-Fermentern werden die abzentrifugierten Zellen gewaschen und mit Ultraschall aufgeschlossen. Das Enzym wird mittels Dodigen-Fällung und Ionenaustauscherchromatographie angereichert. Die spezifische Aktivität guter Präparate liegt bei 144 U/mg Protein.

Einige biochemische Merkmale des Enzyms sollen dargestellt werden. Die Gleichgewichtslage der Spaltungsreaktion wurde in folgendem Reaktionsansatz überprüft. Zu einer 2%igen Natrium-CPC-Lösung (in Phosphatpuffer) wurde Cephalosporinase in der Endkonzentration 0,05% zugesetzt. Zu den angegebenen Zeiten wurden Proben entnommen und der CPC-Gehalt photometrisch bestimmt (Abb. 3). Bei der hohen Dosierung des Enzyms ist die Umsetzung nach 5 min praktisch beendet. Nach 24 Stunden Reaktionszeit wurde mittels HPLC auf nichtgespaltenes CPC geprüft; der Restgehalt lag bei $< 10^{-3}\%$, was auf eine quantitative Spaltung des Cephalosporins hinweist.

Abb. 4 und 5 zeigen die Abhängigkeit der CPC-Spaltung vom pH-Wert des Puffers und von der Temperatur. Die anfängliche Reaktionsrate wurde photometrisch gemessen. Da CPC bei pH-Werten oberhalb 8 nicht stabil ist, kann für den Reaktionsansatz nicht das pH-Optimum des Enzyms von 8,5 zugrundegelegt werden. Die Temperaturabhängigkeit der Spaltung wurde bei einem pH-Wert von 7,5 gemessen. Das Optimum liegt bei 36 °C; CPC ist allerdings bei längerer Einwirkungszeit unter dieser Temperatur nicht stabil. Als Konse-

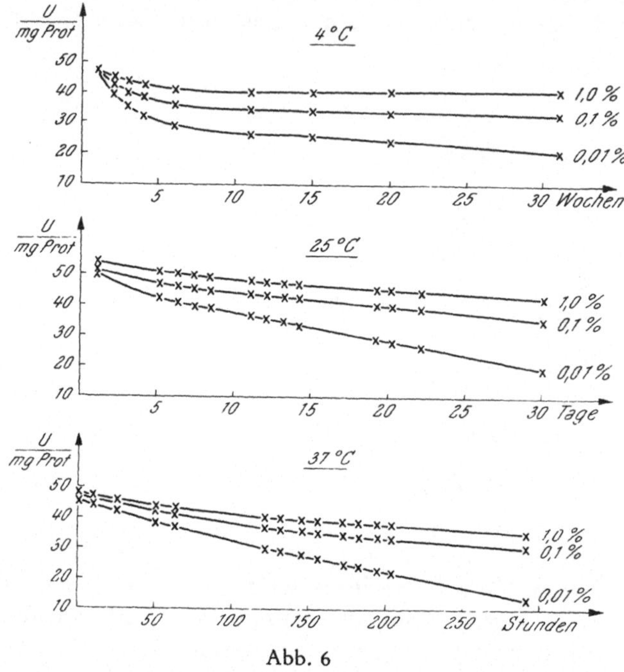

Abb. 6

quenz aus diesen Untersuchungen sollte die CPC-Hydrolyse mit einem Puffer von pH 7,5 und Temperaturen < 30 °C durchgeführt werden.

Die Stabilität des Enzyms unter verschiedenen Aufbewahrungsbedingungen ist ein wichtiges Kriterium für den angestrebten Verwendungszweck. Dazu wurde Enzym zu drei verschiedenen Konzentrationen in den Lösungsmitteln Wasser und 0,1 M Phosphatpuffer pH 7,5 gelöst. Als Lagerungstemperaturen wurden 4 °C, 25 °C und 37 °C gewählt. In geeigneten Zeitabständen wurde die Enzymaktivität photometrisch bestimmt. Wasser stellte sich als ungeeignetes Lösungsmittel für das Enzym heraus; nach 3 Tagen konnte keine Aktivität des Enzyms mehr festgestellt werden. Abb. 6 zeigt den Aktivitätsverlust bei den unterschiedlichen Lagerungstemperaturen unter Verwendung von Phosphatpuffer als Lösungsmittel für das Enzym. In 1 %iger Lösung ist die Cephalosporinase bei 4° C-Lagerung monatelang stabil.

Das Enzym ist nun, an ein geeignetes Trägermaterial fixiert, auf den Kopf einer pH-Elektrode aufzutragen. Drei Trägermaterialien bzw. Variationen wurden auf Eignung geprüft.

A. Fixierung an Oxiranacrylharzperlen

Oxiranacrylharzperlen entstehen aus der Polymerisation von Acrylamid und Glycidylacrylat. Sie haben einen Durchmesser von 50–100 μm. Auf Grund der porösen Beschaffenheit bieten sie eine große Angriffsfläche für die Enzymbindungen. Die bindungsaktive Glycidylgruppe reagiert mit freien Aminogruppen des Enzyms (Abb. 7). Die Bindungsausbeute wurde titrimetrisch bestimmt; sie beträgt 50–60%.

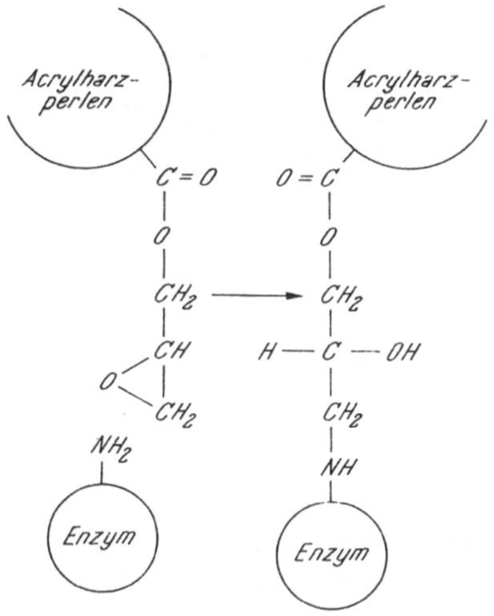

Abb. 7

B. Fixierung an Oxiranacrylharzperlen vernetzt mit „Controlled Pore Glass" (CPG)

Die Vernetzung von Oxiranacrylharzperlen mit den Glasteilchen soll die Stabilität des Trägermaterials auf der Elektrodenoberfläche gegen mechanische Einwirkungen vergrößern. Diese Vernetzungsprozedur erfordert einen großen Arbeitsaufwand. Die vernetzten Oxiranacrylharzperlen wiesen eine Bindungsausbeute von 45–50% auf.

C. Fixierung an Mikrogelperlen

Die aus Polyacrylamid bestehenden Mikrogelperlen haben einen Durchmesser von 5–50 nm. Nach Fixierung zeigte sich, daß 40–50% des eingesetzten Enzyms an das Mikrogel gebunden waren.

Trotz der geringeren Bindungsausbeute im Vergleich zum Oxiran-acrylharz erweist sich das Mikrogel aus mehren Gründen am vorteilhaftesten:

1. Nach Zentrifugation des mit Enzym beladenen Mikrogels liegt eine Paste vor, die sich gut auf den Elektrodenkopf auftragen läßt.

2. Auf Grund des geringeren Perlendurchmessers kann auf den Elektrodenkopf eine wesentlich größere reaktive Fläche aufgetragen werden.

3. Die Auftragsfläche ist im Verhältnis zu den anderen Trägermaterialien dünner und gewährleistet somit eine bessere Diffusion des CPC.

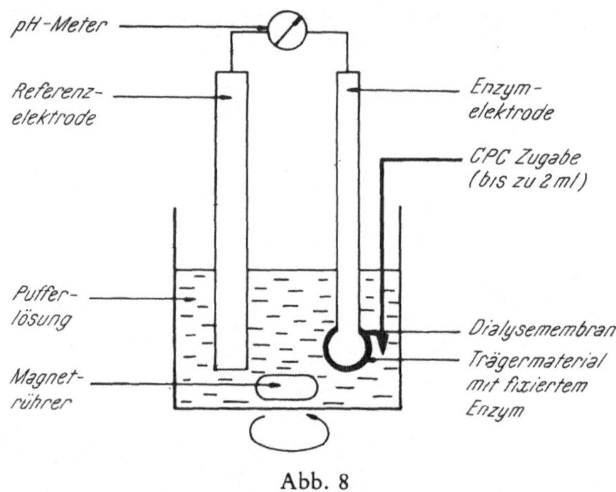

Abb. 8

Der Träger mit dem fixierten Enzym wurde auf den Elektrodenkopf aufgetragen und mit einer Dialysemembran festgehalten. Die Messung erfolgte über eine Zweistabmeßkettenanordnung (Enzymelektrode und Referenzelektrode). Das Substrat (reine CPC-Lösungen oder Kulturfiltrat im Volumen ≤ 2 ml) wird in eine vorgelegte Pufferlösung von 100 ml gegeben. Mittels magnetischer Rührung wird gemischt. Die enzymatische Umsetzung beginnt nach Diffusion der CPC-Moleküle durch die Dialysemembran in das Trägermaterial. Die dabei entstehende Änderung des pH-Wertes wird über die Elektroden registriert (Abb. 8). Der Testansatz (Puffermolarität, pH-Wert) ist für die CPC-Bestimmung geeignet, wenn eine lineare Beziehung zwischen Substratkonzentration und Änderung des pH-Wertes besteht. Natriumphosphatpuffer pH 7,5 sowie destilliertes Wasser wurden getestet. In Abhängigkeit von der Zeit ergab sich folgender pH-Abfall bei den verschiedenen CPC-Konzentrationen (Abb. 9 und 10). Nach 5 min Reaktionszeit ändern sich die pH-Werte praktisch nicht mehr. In Abb. 11 ist der pH-Wert nach 5 min Reaktionszeit gegen die CPC-Konzentra-

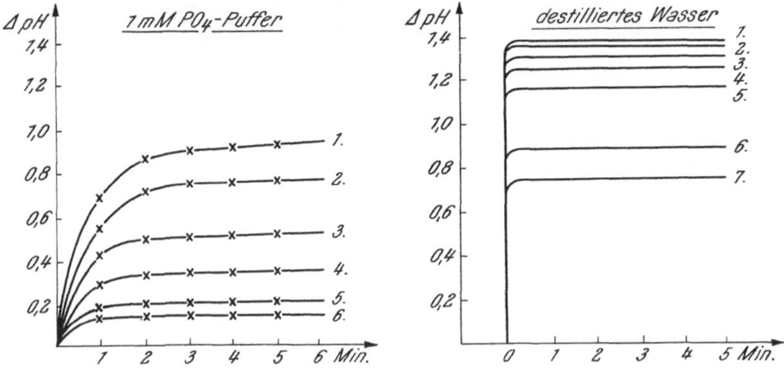

Abb. 9. *1.* 2,00 ml 100 mM CPC-Lösung, *2.* 1,50 ml 100 mM CPC-Lösung, *3.* 1,00 ml 100 mM CPC-Lösung, *4.* 0,75 ml 100 mM CPC-Lösung, *5.* 0,50 ml 100 mM CPC-Lösung, *6.* 0,25 ml 100 mM CPC-Lösung, *7.* 0,125 ml 100 mM CPC-Lösung

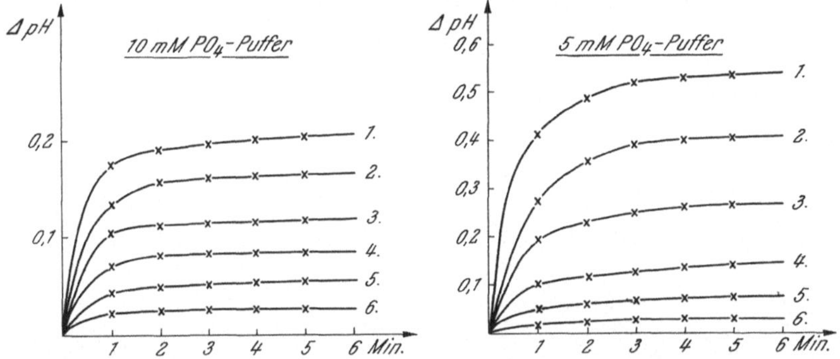

Abb. 10. *1.* 2,00 ml 100 mM CPC-Lösung, *2.* 1,50 ml 100 mM CPC-Lösung, *3.* 1,00 ml 100 mM CPC-Lösung, *4.* 0,75 ml 100 mM CPC-Lösung, *5.* 0,50 ml 100 mM CPC-Lösung, *6.* 0,25 ml 100 mM CPC-Lösung

tion im Ansatz aufgetragen. Es zeigt sich, daß nur bei Verwendung des 5 mM Phosphatpuffers eine Linearität von CPC-Konzentration und $\triangle$ pH besteht. Der Einfluß des Puffer-pH-Wertes ist in Abb. 12 dargestellt. Eine lineare Beziehung von C_{CPC} und $\triangle$ pH wird nur bei pH 7,5 erhalten. Die empirische Untersuchung des Testansatzes zeigt also, daß sowohl Konzentration als auch pH-Wert des Puffers ausbalanciert sein muß, um eine direkte Proportionalität von CPC-Konzentration und pH-Wertänderung zu erreichen.

Im Kulturfiltrat einer Fermenterprobe sind u. a. Phosphate, Proteine und Aminosäuren enthalten, die sich im Testsystem meßwertverfälschend auswirken können. In einem Simulationsexperiment wurde der Einfluß unterschiedlicher Phosphat- und Rinderserumalbumin-

                    R. Bender und G. Blume:

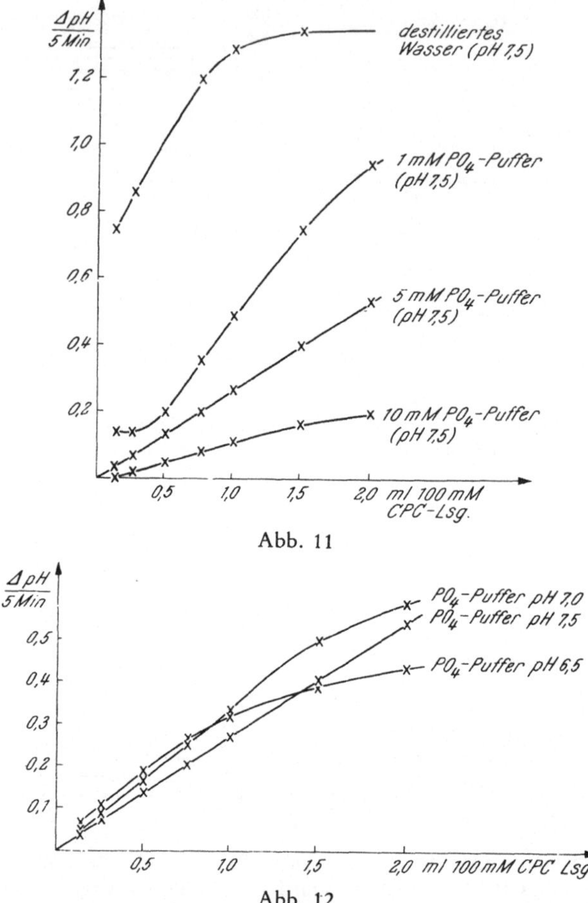

Abb. 11

Abb. 12

Konzentrationen im Testansatz überprüft. Es zeigt sich, daß hohe Phosphatkonzentrationen die Pufferkapazität im Testansatz erheblich beeinflussen, was zu einem hyperbolischen Verlauf der Kurve $\triangle$ pH = f (C_{CPC}) führt. Rinderserumalbumin beeinflußt dagegen nur die Lage der Geraden (Abb. 13). Abb. 14 zeigt die Testung eines CPC-enthaltenden Kulturfiltrats, dessen pH-Wert auf den des Testansatzes (pH 7,5) eingestellt wurde. Es ergibt sich eine direkte Proportionalität von Änderung des pH-Wertes zum Volumen des Kulturfiltrats. Im Vergleich zu reiner CPC-Lösung hat die Gerade eine andere Steigung. Der unterschiedliche Proportionalitätsfaktor weist auf die Abhängigkeit der Messung vom Lösungsmittel hin.

Bei CPC-Fermentationen wird der pH-Wert geregelt, üblicherweise auf Werte < 7. Wird ein Kulturfiltrat von pH 6,5 bzw. CPC gelöst im

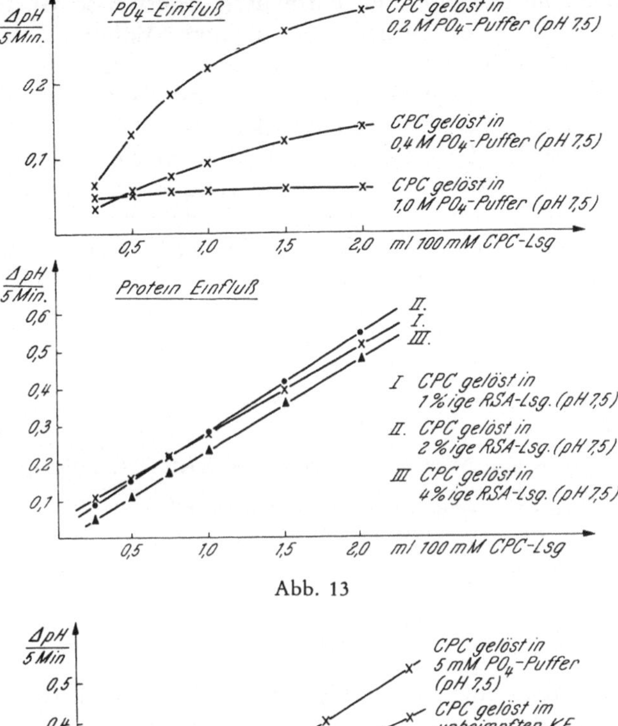

Abb. 13

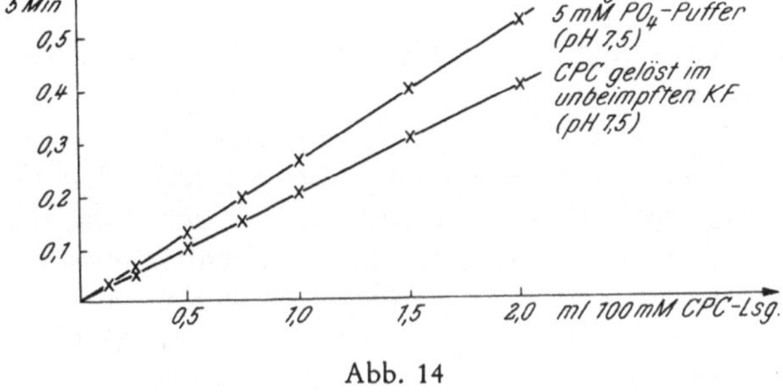

Abb. 14

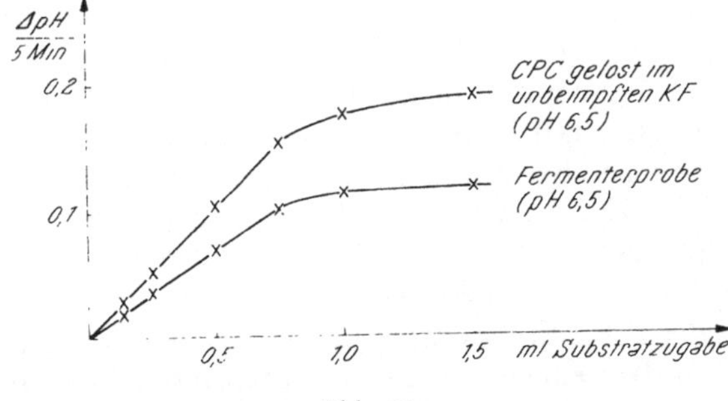

Abb. 15

Kulturfiltrat eines unbeimpften Fermenters getestet, so ist der lineare Meßbereich in beiden Fällen auf kleinere Volumina beschränkt (Abb. 15). Kulturfiltrate können daher nur bis zu einem Volumen von max. 0,75 ml vorgelegt werden, wenn der Aufwand einer pH-Justierung des Kulturfiltrats vermieden werden soll.

Die Berechnung der CPC-Konzentration im Kulturfiltrat aus dem Meßwert $\triangle$ pH ist auf die pH-Wertänderung von CPC-Lösungen bekannter Konzentration zu beziehen. Die Berechnungsformel ist in Abb. 16 angegeben. Die Reproduzierbarkeit der Messung wurde durch Mehrfachmessung einer Probe untersucht, die eine pH-Wertänderung von 0,36 erzeugte. Der erhaltene Variationskoeffizient von 1,3% weist auf eine gute Reproduzierbarkeit der Messung hin.

$$C_{CPC} = \frac{\triangle pH_{Probe} \cdot c_{Eichlösung}}{V_{Probe} \cdot m_{Eichgerade}}$$

$\triangle pH_{Probe}$: Änderung des pH-Wertes durch CPC-Spaltung

V_{Probe}: eingesetztes Probenvolumen (ml)

$c_{Eichlösung}$: CPC-Konzentration in der Eichlösung

$m_{Eichgerade}$: Steigerung der Eichgeraden $(\frac{1}{ml})$

Abb. 16

Wichtiges Kriterium für die Eignung der Enzymelektrode als Meßinstrument ist die Stabilität des fixierten Enzyms. Zur Überprüfung wurde die Elektrode in 5 mM Phosphatpuffer bei 4° C gelagert. Jede Woche wurde mittels CPC-Lösung die Steigung der Geraden bestimmt. Es ergab sich, daß im Verlauf von 4 Wochen die Änderung der Steigung so minimal war, daß für die Konzentrationsberechnung die Steigung der ersten Woche zugrundegelegt werden kann.

Die Produktmessung im Fermenter über eine Meßsonde ist eine Idealvorstellung der Fermentologen. Der Einsatz der Elektrode im Fermenter scheitert allerdings an der thermischen Inaktivierung des Enzyms während des Sterilisationsprozesses. Weiterhin ist die erforderliche Regenerierung der Elektrode, d. h. Einstellung des Ausgangs-pH-Wertes im Fermenter, nicht möglich. Eine theoretische Lösung wäre eine Bypass-Anordnung unter Verwendung einer von Zabriski und Humphrey beschriebenen Dialysevorrichtung im Fermenter [6]. Das im Puffer rezipierte CPC würde per Pumpe der Elektrode zugeführt. Alternierende Perkolation der Meßanordnung mit Puffer würde die Elektrode wieder regenerieren.

Im Falle der Penicillinbestimmung beschrieben Rusling *et al.* [7] ein Meßsystem, in dem eine Säule mit immobilisierter Penicillinase gekoppelt mit einer potentiometrischen Elektrode verwendet wird. Mittels einer automatisierten Probeentnahme aus dem Fermenter sollte das System eine on-line-Produktanalytik ermöglichen. Die Anwendungsrelevanz solcher Systeme muß sich noch erweisen.

Literatur

1. Horvath, C., Petersen, H.: In: Advances in Automated Analyses, Vol. 1, S. 86. Tarrytown, N.Y.: Mediad Inc. 1977.
2. Nagy, G., *et al.*: Anal. Chim. Acta *66*, 443−455 (1973).
3. Satoh, I., *et al.*: Biotechnol. Bioeng. *18*, 269−272 (1976).
4. Guiltbault, G. G., Montalvo, G. J.: J. Amer. Chem. Soc. *91*, 2164−2165 (1969).
5. Nilson, H., *et al.*: Biotechnol. Bioeng. *20*, 527−539 (1978).
6. Zabriski, D. W., Humphrey, A. E.: Biotechnol. Bioeng. *20*, 1295−1301 (1978).
7. Rusling, J. F., *et al.*: Anal. Chem. *48*, 1211−1215 (1976).

Neuartige Screening-Platte zur Isolierung von wirkstoffproduzierenden Mikroorganismen

E. Breuker

Asta-Werke A.G.,
D-4800 Bielefeld, Bundesrepublik Deutschland

Mit 8 Abbildungen

Summary

A device for screening of microorganisms is described. It consists mainly of a membrane filter that can be coated on both sides. It is mounted in a holding device in such a way that a layer of agar can be applied to the top side as well as to the bottom side of the filter, wherein one layer of agar is used to receive the effective substance-producing microorganisms, while the other layer of agar contains the test bacilli.

The effective substances, produced by the microorganisms or artificially applied in one layer, diffuse from the one layer of agar into the second layer of agar and become effective there.

The device is especially suitable in basic screening of organisms that produce effective antibiotic substances or that produce amino acids.

Other applications are for example detection of auxotrophs in genetic research, detection of DN-ase-active staphylococci in food industry and medicine, screening of high performance mutants for fermentation in antibiotic and amino acid industry.

Zusammenfassung

Eine Anordnung für das Screening von Mikroorganismen wird beschrieben. Diese besteht in der Hauptsache aus einem Membranfilter, welches von beiden Seiten beschichtet werden kann. Die Membran ist in der Halterung so fixiert, daß eine Agarschicht auf die obere Seite gebracht werden kann und eine zweite Agarschicht auf die untere Seite, wobei die obere Schicht zum Beispiel die wirkstoffproduzierenden Mikroorganismen aufnimmt und die untere Schicht die Testorganismen.

Die Wirkstoffe, die von den Organismen produziert werden oder die auch künstlich aufgebracht werden, diffundieren von einer Agarschicht in die andere und werden dort wirksam.

Diese Anordnung ist besonders für das grundlegende Screening von Mikroorganismen geeignet, die Antibiotika und Aminosäuren produzieren.

Andere Anwendungen bestehen zum Beispiel beim Nachweis von auxotrophen Organismen in der Genetik, beim Nachweis von DN-ase aktiven Staphylokokken in der Nahrungsmittelindustrie und in der Medizin und beim Screening von Hochleistungsmutanten für die Fermentation in der Antibiotika- und Aminosäureindustrie.

Das Auffinden von Wirkstoffen, die von Mikroorganismen produziert werden, kann der Start für eine neue Fermentation sein. Es wird aber zunehmend schwieriger, wirklich neue Stoffe, z. B. mit therapeutischem Nutzen, zu finden. Ein entsprechendes Beispiel ist die Suche nach neuen Antibiotika.

Die Notwendigkeit zur Suche nach neuen Antibiotika ergibt sich bekanntlich aus der epidemiologischen Situation bei der antibakteriellen Chemotherapie. Der Selektionsdruck der eingesetzten Antibiotika begünstigt Arten, die früher medizinisch als weitgehend apathogen galten.

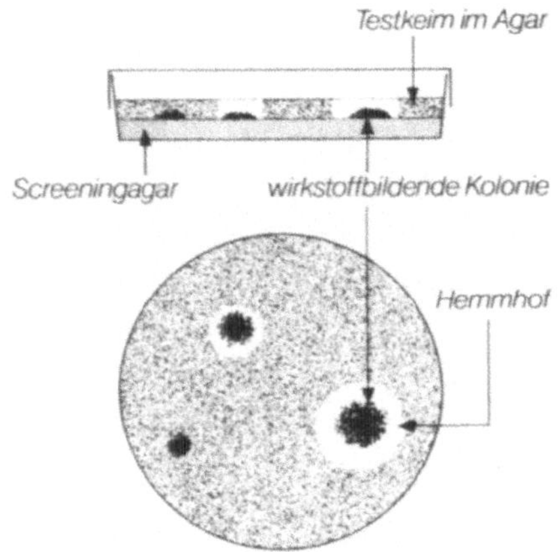

Abb. 1. Überschichtungsmodell

Bei massivem Auftreten werden sie dann oft zu einem therapeutischen Problem. Bei längerem Einsatz der Antibiotika fördert der Selektionsdruck außerdem das Auftreten von resistenten Formen. Beide Erscheinungen sind im wesentlichen die Ursache des Hospitalismus.

Bei der Suche nach neuen Antibiotika hängt die Natur des Wirkstoffes von mehreren Parametern des Screeningmodelles ab. Die wesentlichsten sind:
1. Der Nährboden: Zusammensetzung, fest, flüssig.
2. Die Kultivierungsbedingungen.
3. Die Stämme, die in der Probe enthalten sind.
4. Die Methode zum Wirkstoffnachweis.

In der Vergangenheit sind verschiedene Anordnungen für diese Parameter realisiert worden. Vom Konzept sind sie oft einfach und elegant; in der Praxis zeigten sie aber häufig Nachteile, die ihren Einsatz stark einschränken.

Bei einer neuen Anordnung wurde der Versuch unternommen, diese Nachteile auszuschließen. Zunächst werden kurz die wichtigsten bisher eingesetzten Anordnungen beschrieben, die alle auf dem Diffusionsprinzip beruhen:

1. Die Überschichtung mit einem Testkeim + Agar (Abb. 1).
2. Das Übersprühen mit einem Testkeim ohne Agar (Abb. 2).
3. Der Agarblöckchentest (Abb. 3). Hiebei wird aus der Umgebung der wirkstoffproduzierenden Kolonien ein Agarblock herausgestanzt und auf einen Testkeimagar gegeben.

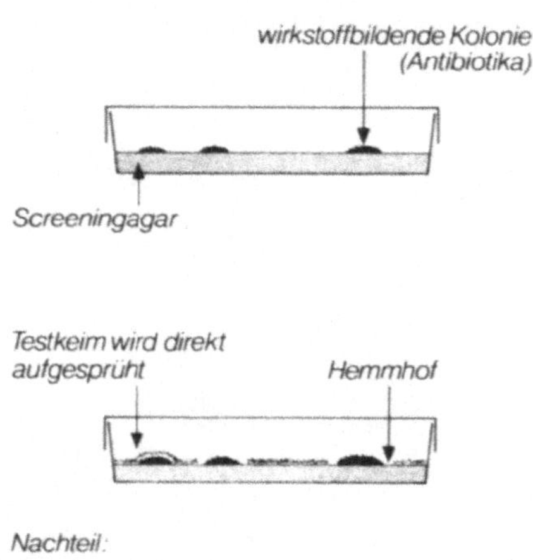

Abb. 2. Aufsprühmodell

Mit diesen Methoden lassen sich in einem Screening in kurzer Zeit viele Stämme durchtesten. Schnelligkeit ist ja ein wesentliches Argument bei Screeninganordnungen, da die Trefferquote gerade bei verwertbaren Antibiotikabildnern nicht sehr hoch ist.

Die Nachteile sind im wesentlichen folgende:

Zu 1. Beim Überschichtungsprinzip wird die Anordnung durch den Schmiereffekt beim Überschichten und durch die schlechte Isolierbarkeit der wirkstoffproduzierenden Kolonien beeinträchtigt.

Zu 2. Das Übersprühmodell erlaubt nur die Verwendung desselben Nährbodens für den Wirkstoffbildner und den Testkeim. Dieser Umstand schränkt die Verwendungsmöglichkeiten dieser Anordnung ebenfalls stark ein.

Zu 3. Das Agarblocksystem ist vom Prinzip sehr elegant; praktisch zeigen sich aber Nachteile hinsichtlich der Empfindlichkeit und der Handhabung. Der Zeitaufwand ist größer als bei den anderen Methoden.

Bei einer neuen Anordnung sollten daher folgende Forderungen erfüllt werden:

a) Leichte Isolierbarkeit der wirkstoffproduzierenden Kolonien;

b) kein Ineinanderwachsen von Testkeim und Wirkstoffproduzent;

c) kein Schmiereffekt durch Überschichten;

d) der Wirkstoff muß durch Diffusion ohne Übertragung auf eine andere Platte an den Testkeim gelangen.

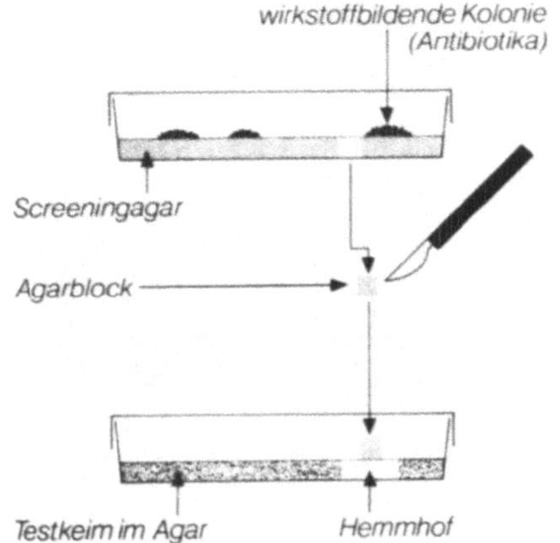

Abb. 3. Agarblocktest

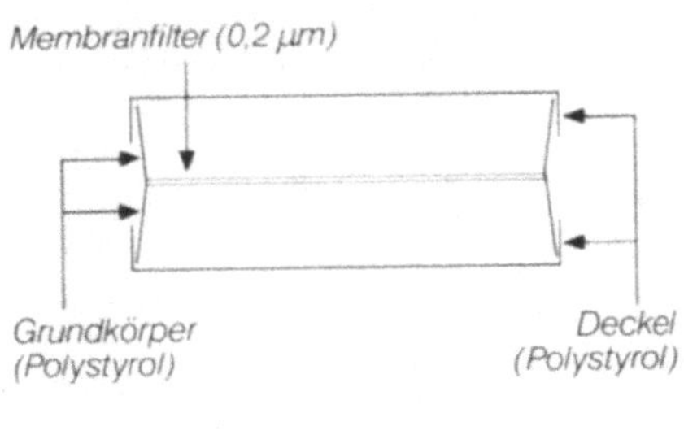

Abb. 4. Zweiseitig beschichtete Screeningplatte

Im wesentlichen werden diese Forderungen durch eine Anordnung erfüllt, die in dem Schema „*Screeningplatte*" dargestellt ist (Abb. 4). Es handelt sich hiebei um eine zweiseitig beschichtbare Petrischale, die

8*

eine bakteriendichte Membran als Auftragfläche bzw. Trennschicht besitzt. Durch diese Anordnung ist es möglich, zwei Nährböden – Agarschichten – physikalisch durch Wasserkontakt miteinander zu verbinden, gleichzeitig aber mikrobiologisch mit Hilfe der bakteriendichten Membran voneinander zu trennen. Dieses System hat folgende Eigenschaften:

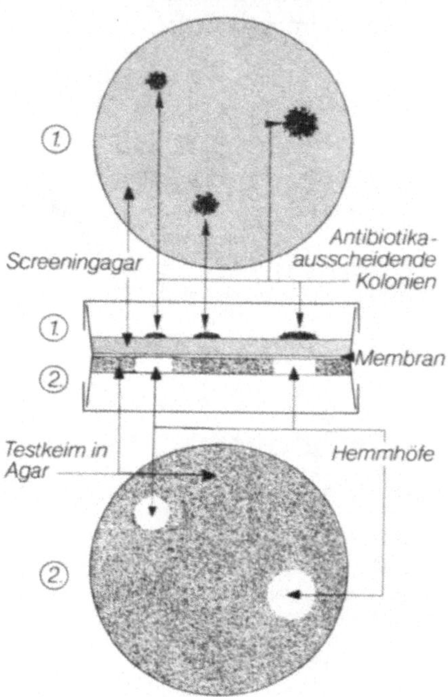

Abb. 5a. Beispiel: Antibiotika-Screening

1. Ein Stofftransport durch Diffusion von einer Schicht in die andere ist möglich. Es können Stoffe, die von Mikroorganismen in einer Schicht gebildet werden, in die andere Schicht diffundieren. Umgekehrt ist es ebenfalls möglich, daß Stoffe aus der zweiten Schicht in die erste Schicht diffundieren.

2. Die bakteriendichte Membran von $\sim 0,2\,\mu$ Porendurchmesser trennt die beiden Schichten und somit den Wirkstoffbildner von dem Testkeim.

3. Das Auftragen der einzelnen Schichten kann gleichzeitig oder nacheinander erfolgen, je nach mikrobiologischer Notwendigkeit, d. h. ein Nährboden kann zuerst allein aufgetragen werden. Haben die darauf wachsenden Keime genügend Wirkstoff gebildet, kann der Testorganismus zu dem als optimal angesehenen Zeitpunkt mit der zweiten Schicht aufgetragen werden (Abb. 5).

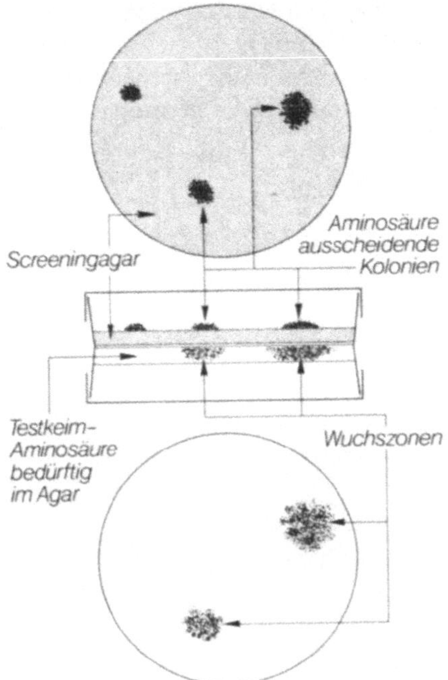

Abb. 5b. Beispiel: Aminosäure-Screening

4. Als Nachweis für ausgeschiedene und diffundierte Wirkstoffe kann in der zweiten Schicht ein Teststamm oder ein biochemisches Nachweissystem eingesetzt werden (z. B. Nachweis von verschiedenen Enzymen).

Im Prinzip sind auch Anwendungen in umgekehrter Richtung denkbar, d. h. es werden keine Stoffe nachgewiesen, sondern mit verschiedenen Stoffen werden bestimmte Stämme gefördert. Dies sieht dann so aus, daß Stoffe aus der zweiten Schicht in die erste diffundieren und dort Wirkungen bei Mikroorganismen hervorrufen.

Ein praktisches Beispiel in diesem Zusammenhang ist z. B. der Nachweis von auxotrophen Mutanten (Abb. 6).

Bei Untersuchungen zur Stoffwechselregulation von Mikroorganismen ist dieser Nachweis oft erforderlich. In der ersten Schicht wird in diesem Fall Minimalagar mit einer Mutantensuspension aufgetragen und inkubiert.

Wenn die prototrophen Zellen zu Kolonien herangewachsen sind, gibt man die zweite Schicht mit einer bestimmten Aminosäure auf die andere Seite. Dies ermöglicht das Wachstum der entsprechenden auxotrophen Zellen, d. h. die nach entsprechender Inkubation hinzugekommenen Kolonien sind dann als Kolonien auxotropher Zellen anzusehen (analog Lederberg-Technik).

Für andere Bereiche sind ebenfalls Anwendungen dieser Screeningplatte denkbar. Die folgende Übersicht möge dies verdeutlichen:

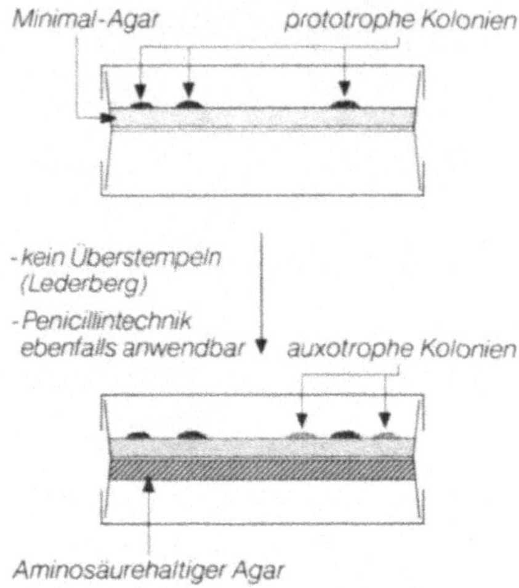

Abb. 6a. Beispiel: Auxotrophe Mutanten

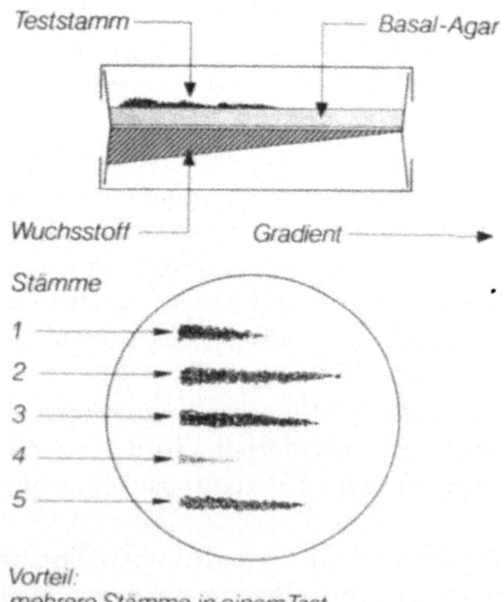

Abb. 6b. Beispiel: Wuchsstoffuntersuchung

1. *Screening mit Wirkstoffbildnern:* Antibiotika, Aminosäuren, Vitamine, Enzyme und andere Metaboliten mit Wirkstoffcharakter.

2. *In der Genetik:*

a) Auxotrophie (Amestest, Aminosäurebildner).

b) Transfer von genetischem Material von einer Population in eine andere.

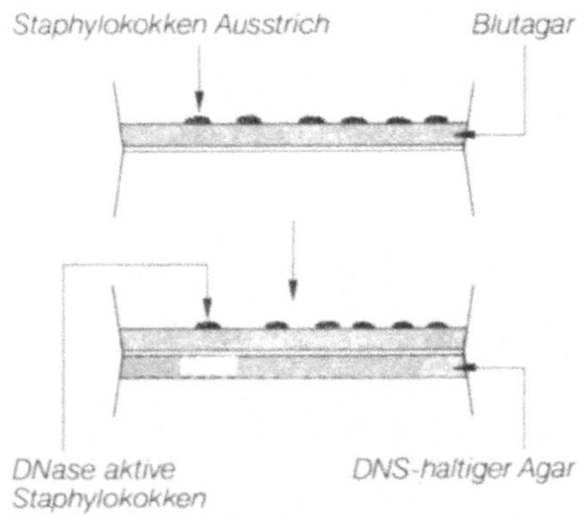

Abb. 7. Beispiel: Staphylokokkenidentifizierung

Anmerkung: Denkbar ist eine Versuchsanordnung in der Form, daß die Zellen der Populationen direkt auf die Membran von beiden Seiten aufgetragen werden. Durch Überschichtung mit einer dünnen Agarschicht können die Zellen auf beiden Seiten der Membran fixiert werden und mit entsprechendem Nährboden (Minimalmedium) nachgewiesen werden (z. B. Prototrophie nach genetischem Transfer).

3. In der *medizinischen Mikrobiologie* Identifizierung von Krankheitserregern, z. B. Staphylokokken-Nachweis auf der Blutplatte in Kombination mit DN-ase-Aktivität (Abb. 7).

Allgemein kann festgehalten werden, daß diese Anordnung im Prinzip bei folgenden mikrobiologischen Themen eingesetzt werden kann (Abb. 8):

1. Einfluß von Verbindungen auf ein mikrobiologisches System.

a) Wirkung auf Wachstum: Hemmung/Förderung.

b) Wirkung auf Ausscheidung von Metaboliten.

c) Wirkung auf DNA (Mutation).

2. Die gegenseitige Beeinflussung von zwei gleichzeitig oder nacheinander wachsenden Mikroorganismenarten, mikrobiologisch getrennt auf zwei verschiedenen Nährböden.
a) Wirkung auf Wachstum: Hemmung/Förderung.
b) Wirkung auf Ausscheidung von Metaboliten.
c) Wirkung auf DNA (Mutation).

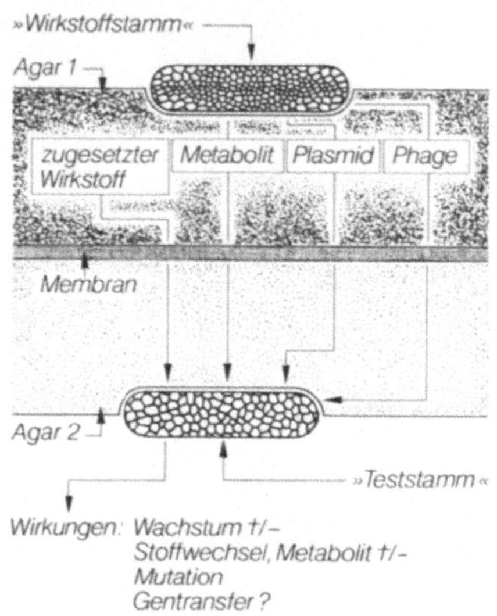

Abb. 8. Screeningplatte: Wirkstoffstamm/Teststamm

3. Nachweis von verschiedenen Metaboliten, die von bestimmten Mikroorganismen gebildet werden.

Die beschriebene Anordnung ist zum Patent angemeldet (Deutsches Patent P 2932694.1).

Literatur

1. Rehm, H. J.: Industrielle Mikrobiologie, 2. Aufl. Berlin-Heidelberg-New York: Springer. 1980.
2. Waksman: The actinomycetes. Waltham, Mass.: 1950.
3. Zähner, H.: Biologie der Antibiotika. Berlin-Heidelberg-New York: Springer. 1968.

Nukleotid-Fermentationen
mit *Brevibacterium ammoniagenes*

H. Diekmann

Institut für Mikrobiologie, Universität Hannover,
D-3000 Hannover, Bundesrepublik Deutschland

Summary

During the production of nucleotides with *Brevibacterium ammoniagenes* abnormally shaped elongated cells are induced by depletion of manganese ions. Proteins including enzymes for the biosynthesis of nucleotides are released into the medium. Cells have a lowered phospholipid content under manganese deficient conditions. In particular the phosphatidyl glycerol and cardiolipin content was increased. The inhibition of DNA synthesis can be reversed by the addition of manganese ions. From inhibition experiments it may be concluded that the reduction of ribonucleotides to deoxyribonucleotides is the primary target of manganese starvation.

Zusammenfassung

Bei der Produktion von Nukleotiden mit *Brevibacterium ammoniagenes* treten unter Manganmangelbedingungen abnorm geformte verlängerte Zellen auf. Extrazellulär ist Protein nachzuweisen, darunter Enzyme der Nukleotidbiosynthese. Bei der Untersuchung von Lipidgehalt und -zusammensetzung stellte sich heraus, daß unter Manganmangel bei insgesamt reduziertem Gehalt an Phospholipiden insbesondere der Gehalt an Phosphatidyl-inosit-mannosid vermindert, der von Phosphatidylglyzerin und Kardiolipin erhöht ist. Die Hemmung der DNS-Synthese läßt sich durch Zugabe von Manganionen aufheben. Aus den Ergebnissen der Hemmstoffstudien kann man schließen, daß die Reduktion von Ribonukleotiden zu Desoxyribonukleotiden den primären Angriffspunkt des Manganmangels darstellt.

Bei der Auswahl von Medien zur Herstellung mikrobieller Produkte sind immer noch empirische Reihenversuche ausschlaggebend, da bei den für technische Verfahren benutzten Mikroorganismen der Stoffwechsel selbst oder der spezifische Effekt von Medienbestandteilen auf den Stoffwechsel nicht hinreichend bekannt sind. Wir haben versucht, auf zellbiologischer Ebene die Abhängigkeit eines Produktionsverfahrens von der exakten Einhaltung der Konzentration eines Metallions im Medium zu klären.

Nachdem es gelungen war, Glutaminsäure durch Anzucht von *Corynebacterium glutamicum* unter geeigneten Bedingungen zu produzieren, hat man seit 1960 intensiv nach Möglichkeiten gesucht, geschmacksintensivierende Nukleotide wie IMP und GMP durch Fermentation herzustellen. Da nukleotide Zellmembranen nur schwer permeiren und durch Nukleotidasen hydrolysiert werden, hat man zunächst Inosin-produzierende Mikroorganismen (vor allem *Bacillus subtilis*) untersucht. Bald gelang es jedoch, auch Adenin-auxotrophe Mutanten zu finden, die IMP ausscheiden. Stämme der Gattungen *Brevibacterium, Corynebacterium* und *Streptomyces* unterschieden sich von *Bacillus subtilis* dadurch, daß sie geringere Nukleotid-abbauende Aktivitäten aufwiesen [1]. Furuya *et al.* [2] isolierten eine Adenin-,,leaky"-Mutante von *Brevibacterium ammoniagenes* ATCC 6872, die 12,8 mg IMP/ml anhäufte. Sie beobachteten, daß die Nukleotidausscheidung durch den Stamm ATCC 6872 und seine Mutanten durch die Konzentration von Mn^{++} im Medium entscheidend beeinflußt wird: Sie erfolgt optimal nur im engen Bereich von 5–15 μg Mn^{++}/l bei reduziertem Wachstum. Das Bedürfnis der Zellen zu normalem Wachstum für Manganionen kann nicht durch Kalzium-, Nickel-, Kobalt-, Eisen-, Zink- und Strontiumionen ersetzt werden. Andere notwendige Kulturbedingungen waren: hohe Konzentrationen von KH_2PO_4, K_2HPO_4 und $MgSO_4 \cdot 7\,H_2O$ (je 1%), Zusatz von Thiamin und Pantothensäure sowie Kaseinhydrolysat oder ein Gemisch einzelner Aminosäuren [3]. Hefeextrakt enthält die benötigten Vitamine und Aminosäuren [4].

Die Morphologie der Zellen verändert sich während der Fermentation auffällig, und parallel dazu werden bis zu 2 mg Protein/ml an das Medium abgegeben.

Die Schwierigkeit, derart geringe Mangankonzentrationen auch bei Verwendung komplexer Medien nicht einhalten zu können, hat man dadurch umgangen, daß einerseits bei Zusatz von Antibiotika oder oberflächenaktiven Substanzen [5], anderseits bei Einsatz Mangan-insensitiver Mutanten [6] die Mangankonzentration nicht mehr kritisch ist.

Das extrazelluläre Proteingemisch enthält viele der für Nukleotidsynthesen benötigten Enzyme [7]. Daneben wird auch PRPP (bis zu 10 mg/l) angehäuft. Daher wird verständlich, daß bei Zugabe von Adenin oder Guanin die entsprechenden Nukleotide [8] und bei Zusatz von Adenin und Nikotinamid NAD produziert werden [9]. Wir haben die Bedingungen der NAD-Produktion eingehend untersucht [10, 11]. Während die Nikotinamidase zellgebunden ist, waren hohe Aktivitäten der übrigen Enzyme der NAD-Biosynthese und der AMP-Pyrophosphorylase im extrazellulären Proteingemisch nachzuweisen.

Insbesondere haben wir uns dafür interessiert, wie die Manganlimitierung die beobachteten Veränderungen der Zelle bewirkt. Es war zu vermuten, daß durch die Begrenzung des Manganangebotes Veränderungen an Zellwand oder -membran verursacht werden und dadurch die Permeabilität beeinflußt wird. Das erinnert an die Bedingungen der Glutaminsäurefermentation, bei der durch die Biotinkonzentration die Phospholipidsynthese reguliert und eine erhöhte Permeabilität für Glutaminsäure hervorgerufen wird. Zwar ist der Stamm ATCC 6872 auch Biotin-abhängig, bei Manganmangel wird aber (im Gegensatz zu *C. glutamicum* bei Biotinlimitierung) die Menge der Fettsäuren erhöht [12]. So war anzunehmen, daß der Mechanismus der Permeabilitätsänderung bei *Brevibacterium* von dem gut untersuchten Fall bei *Corynebacterium* verschieden war.

Zunächst war zu klären, ob die Zellen nicht einfach lysieren. Das ist in den ersten 3 Tagen nicht der Fall, denn zu keinem Zeitpunkt bis 72 Stunden konnten Nukleinsäuren im Kulturfiltrat nachgewiesen werden. Weiter wurde die Verteilung von drei Enzymen intra- und extrazellulär bestimmt. Von der Gesamtaktivität der G6PDH waren auch nach 72 Stunden nur 2,8% extrazellulär nachzuweisen, von der Glukonat-6PDH nach 72 Stunden 77% intrazellulär und 23% extrazellulär, anderseits von der NaMN-pyrophosphorylase intrazellulär 32 und extrazellulär 68% [13].

Wenn die extrazellulären Enzyme nicht durch Lyse in das Medium gelangen, müssen sie die Membran passieren. Daraus ist zu schließen, daß bei Manganmangel grundlegende Unterschiede in der Struktur der Membranen auftreten, die auf Veränderungen der Fettsäure-, Lipid- oder Proteinzusammensetzung zurückgeführt werden können. Wir haben Lipidgehalt und -zusammensetzung von Zellen aus Fermentationen mit und ohne Manganzusatz untersucht. Dabei zeigte sich, daß in Gegenwart von Manganionen der Lipidgehalt in der frühen stationären Phase ein Maximum durchläuft, das bei Anzucht in Abwesenheit von Mangan nicht zu beobachten ist. Die Fraktionierung der Gesamtlipide durch selektive Elution von Kieselgel zeigte, daß vor allem die durch Azeton eluierbare Glykolipidfraktion in Abwesenheit von Mangan stark vermindert ist. Mit dieser Methodik ist nicht eindeutig zu klären, ob die Abwesenheit von Mangan das Verhältnis der Phospholipide zu Gesamtlipiden verändert. Durch Einbau von ^{32}P konnten wir aber zeigen, daß der Phospholipidgehalt sowohl bezogen auf Gesamtlipide als auch bezogen auf Zelltrockenmasse in Abwesenheit von Mangan stark reduziert ist. Die quantitative Zusammensetzung der Phospholipidfraktion wird durch Ausmessen im Szintillationszähler nach Trennung durch DC durchgeführt. Ergebnis: Die wichtigste Veränderung erfolgt im Gehalt an Phosphatidyl-glyzerin (PG), das in beiden Fermentationen in der zweiten Hälfte der logarithmischen Wachstumsphase abnimmt. Ist Mangan im Medium vorhanden, nimmt dementsprechend der Gehalt an Phosphatidyl-inosit-mannosid (PIM) und Kardiolipin zu. Bei Manganmangel dagegen ist während der ganzen Fermentationszeit der PIM-Gehalt sehr niedrig, der Kardiolipin-Gehalt entsprechend hoch [14].

Die Abnahme von PG und ein dementsprechend hoher Gehalt an Kardiolipin scheint demnach für Manganmangelbedingungen typisch zu sein. Dieser Austausch der zwei Phospholipide wurde auch unter ganz anderen Bedingungen beobachtet (bei glyzerinauxotrophen Mutanten von *B. subtilis* und Temperatur-sensitiven Mutanten von *E. coli*), wenn Septenbildung nicht mehr stattfindet und die Zellen zu langen Filamenten auswachsen. Es wurde daher schon vermutet [15], daß das Verhältnis dieser beiden Phospholipide ein Signal für die Koordination zwischen Zellwachstum und Septenbildung darstellt. Für dieses Argument spricht auch, daß die gleiche Veränderung im Verhältnis der zwei Phospholipide beim Übergang von der logarithmischen zur stationären Wachstumsphase zu beobachten ist.

Aus diesen und anderen Überlegungen zur Funktion des PIM muß geschlossen werden, daß der Manganmangel die Membranstruktur nicht primär beeinflußt, sondern daß eine zentrale Zellfunktion betroffen ist, in deren Folge dann Sekundäreffekte wie Zelldeformation und Veränderung von Gehalt und Zusammensetzung der Phospholipide auftreten, wodurch wiederum die Struktur der Membranen mit der Folge der veränderten Permeabilität für Nukleotide gestört wird und Enzymproteine in den Extrazellularraum abgegeben werden können.

Es bleibt also die Frage nach dem Primäreffekt des Manganmangels. Oka *et al.* [16] hatten bereits den Gehalt der Zellen an Protein, RNS und DNS untersucht. Sie stellten fest, daß der Protein- und RNS-Gehalt in Zellen mit und ohne Manganzusatz unverändert ist. Der DNS-Gehalt ist dagegen bei Zellen, die ohne Manganzusatz gewachsen sind, ab 10 Stunden nach Fermentationsbeginn stark reduziert. Die Lebendkeimzahl sinkt auf etwa 1% der Gesamtkeimzahl ab [10]. Wir haben die Ergebnisse von Oka *et al.* bestätigt und darüber hinaus nachweisen können, daß die Zellwandsynthese wie die von Protein und RNS unter den beschriebenen Bedingungen nicht beeinträchtigt wird [13, 17]. Wie und wo Manganionen in die DNS-Synthese eingreifen können, blieb unklar. Experimentell wird die Untersuchung in *Brevibacterium* dadurch erschwert, daß angebotenes Thymin oder Thymidin nicht in die DNS-Fraktion eingebaut wird. Dagegen wird Adenin in die DNS eingebaut, und so wurde der umständliche Weg beschritten, den Verlauf der DNS-Synthese über den Einbau von Adenin in die KOH-stabile Fraktion zu messen. Bei Pulsmarkierung mit 8-^{14}C-Adenin fällt die Einbaugeschwindigkeit in Manganmangelzellen nach 8 Stunden sehr steil ab. Die Fähigkeit zur DNS-Synthese kann durch Zugabe von Manganionen bis 20 Stunden nach Fermentationsbeginn wieder hergestellt werden [17, 18].

Das eröffnete die Möglichkeit, durch Zusatz spezifischer Hemmstoffe herauszufinden, welche Enzymreaktionen bei Manganmangel blockiert sind und ob nach Zugabe von Mn^{++} eine Neusynthese von Protein und RNS erfolgt. In sehr ausführlichen Arbeiten über den Nukleotidstoffwechsel von *Brevibacterium ammoniagenes* und *Micrococcus sodonensis* durch G. Auling [18] stellte sich heraus, daß bei Manganmangel die Ribonukleotidreduktaseaktivität stark vermindert ist und dadurch die DNS-Synthese zum Erliegen kommt. Das Enzymprotein ist sogar in erhöhter Aktivität vorhanden, wie es kürzlich auch in anderen Fällen der Hemmung der DNS-Synthese beobachtet wurde [19]. Die Ribonukleotidreduktase aus *Brevibacterium ammoniagenes* erwies sich als ein Mn^{++}-Enzym und repräsentiert damit einen neuen Enzymtyp neben den bekannten Vitamin B_{12}- bzw. Eisen-abhängigen Enzymen [20].

Mein Dank gilt den Mitarbeitern, die an den angeführten eigenen Arbeiten beteiligt waren: Dr. G. Auling, G. Christner, Dr. M. Thaler und Dr. H.-O. Viereck. Die Untersuchungen wurden durch Sachbeihilfen der Deutschen Forschungsgemeinschaft und der Stiftung Volkswagenwerk unterstützt.

Literatur

1. Misawa, J., Nara, T., Nakayama, K.: J. Agric. Chem. Soc. Japan *38*, 167 (1964).
2. Furuya, A., Abe, S., Kinoshita, S.: Appl. Microbiol. *16*, 981 (1968).
3. Nara, T., Komuro, T., Misawa, M., Kinoshita, S.: Agric. Biol. Chem. *33*, 1030 (1969).
4. Nara, T., Misawa, M., Kinoshita, S.: Agric. Biol. Chem. *32*, 561 (1968).
5. Nara, T., Misawa, M., Komuro, T., Kinoshita, S.: Agric. Biol. Chem. *33*, 1198 (1969).
6. Kato, F., Furuya, A., Abe, S.: Agric. Biol. Chem. *35*, 1061 (1971).
7. Nara, T., Misawa, M., Komuro, T., Kinoshita, S.: Agric. Biol. Chem. *33*, 358 (1969).
8. Tanaka, H., Sato, Z., Nakayama, K., Kinoshita, S.: Agric. Biol. Chem. *32*, 721 (1968).
9. Nakayama, K., Sato, Z., Tanaka, H., Kinoshita, S.: Agric. Biol. Chem. *32*, 1331 (1968).
10. Viereck, H.-O.: Dissertation, Universität Tübingen, 1975.
11. Christner, G.: Diplomarbeit, Universität Tübungen, 1974.
12. Furuya, A., Abe, S., Kinoshita, S.: Agric. Biol. Chem. *34*, 210 (1970).
13. Thaler, M.: Dissertation, Universität Tübingen, 1977.
14. Thaler, M., Diekmann, H.: European J. Appl. Microbiol. Biotechnol. *6*, 379 (1979).
15. Vanderwinkel, E., de Vlieghere, M., Fontaine, M., Charles, D., Denamur, F., Vandevoorde, D., de Kegel, D.: J. Bacteriol. *127*, 1389 (1976).
16. Oka, T., Udagawa, K., Kinoshita, S.: J. Bacteriol. *96*, 1760 (1968).
17. Auling, G., Thaler, M., Diekmann, H.: Arch. Microbiol. *127*, 105 (1980).
18. Auling, G.: Habilitationsschrift, Universität Hannover, 1981.
19. Filpula, D., Fuchs, J. A.: J. Bacteriol. *139*, 694 (1979).
20. Auling, G., Follmann, H.: Hoppe-Seyler's Z. Physiol. Chem. *361*, 214 (1980).

Methangärung zur Abwasserreinigung

G. Brune und H. Sahm

Institut für Biotechnologie I, Kernforschungsanlage Jülich,
D-5170 Jülich, Bundesrepublik Deutschland

Mit 12 Abbildungen

Summary

In the pulp and paper industry large amounts of an acetic acid (0.1–0.4 mol/l) and furfurol (0.005–0.03 mol/l) containing wastewater with high organic load (COD up to 20.000 mg O_2/l) are produced by concentration of sulfite-spent liquor.

The continuous anaerobic digestion of this wastewater to biogas ($CH_4 + CO_2$) was examined in a laboratory scale fermentor under mesophilic (37 °C) and thermophilic (60 °C) conditions. A carbon elimination of more than 90% and a COD-reduction of about 85% were obtained at a retention time of 12–14 days.

As typical microorganisms *Methanosarcina* was detected in mesophilic and thermophilic enrichment cultures by the fluorescence microscope.

These results indicate that most of the organic material in this wastewater can be eliminated by anaerobic digestion and the biogas formed can be used as a fuel.

Zusammenfassung

In der Zellstoffindustrie fallen beim Einengen der Sulfitablauge große Mengen eines Kondensates an, das organisch hoch mit Essigsäure (0,1–0,4 mol/l) und Furfurol (0,005–0,03 mol/l) belastet ist (CSB bis über 20.000 mg O_2/l).

In Laborfermentern wurde die kontinuierliche anaerobe Vergärung dieses Kondensates zu Biogas ($CH_4 + CO_2$) untersucht. Wir erreichten sowohl unter mesophilen (37 °C) als auch unter thermophilen (60 °C) Bedingungen eine Kohlenstoffeliminierung von mehr als 90% und eine CSB-Reduktion von zirka 85% bei einer Verweilzeit von 12–14 Tagen.

Als typische Mikroorganismen wurden in den mesophilen und thermophilen Anreicherungskulturen im Fluoreszenzmikroskop *Methanosarcinen* nachgewiesen.

Diese Ergebnisse zeigen, daß ein weitgehender Abbau der organischen Substanz in dem Brüdenkondensat mit Hilfe einer anaeroben Gärung möglich ist, wobei das dabei anfallende Biogas unmittelbar zu Heizzwecken verwendet werden kann.

Die mikrobielle Methanbildung ist ein in der Natur weitverbreiteter Prozeß, der überall dort stattfindet, wo organisches Material in Abwesenheit von Sauerstoff (anaerob) von Mikroorganismen umgesetzt wird, wie z. B. in den Sedimenten von Flüssen, in Tümpeln, Sümpfen (Sumpfgas), Mooren oder auch im Pansen der Wiederkäuer. Im technischen Maßstab wird dieser anaerobe mikrobielle Prozeß schon seit 70

Jahren zur Stabilisierung von Klärschlamm genutzt, der bei der Reinigung von Abwässern mit Hilfe des Belebtschlammverfahrens in großen Mengen (40×10^6 t/Jahr) anfällt. Hiebei werden über 50% der organischen Bestandteile im Klärschlamm von den anaeroben Bakterien zu Biogas umgesetzt, was dazu führt, daß der Restschlamm weitgehend geruchlos ist und sich leicht entwässern läßt. Das dabei anfallende Biogas, eine Mischung aus CH_4 und CO_2, stellt ein interessantes Nebenprodukt dar; in gut geführten Kläranlagen kann damit der eigene Energiebedarf gedeckt werden [1].

Auf Grund der steigenden Energiekosten gewinnt der anaerobe mikrobielle Abbau in jüngster Zeit auch sehr großes Interesse bei der Reinigung von organisch hoch belasteten Abwässern aus der Lebensmittelindustrie, dem Brauerei- und Brennereigewerbe und den Zellstofffabriken, da hiebei im Vergleich zu dem sonst üblichen aeroben Belebtschlammverfahren

a) auf einen hohen Energieeintrag zur Sauerstoffversorgung verzichtet werden kann,

b) das organische Material überwiegend in Biogas (CH_4 und CO_2) und nur in sehr wenig Biomasse umgesetzt wird,

c) Geruchsprobleme durch geschlossene Reaktionsführung weitgehend ausgeschlossen werden können,

d) die organisch hoch belasteten Abwässer mit einem Feststoffgehalt bis zu 15% unverdünnt eingesetzt werden können [2],

e) das anfallende Biogas mit einem Heizwert von zirka $5000-6000$ kcal/m³ zu Heizzwecken genutzt werden kann.

Der Hauptgrund dafür, daß unter anaeroben Bedingungen wesentlich weniger Biomasse gebildet wird als unter aeroben, ist darin zu sehen, daß bei der Umsetzung z. B. von Essigsäure zu Methan und Kohlendioxid nur sehr wenig Energie für den Mikroorganismus frei wird.

$$CH_3COOH \rightleftharpoons CH_4 + CO_2 \qquad \triangle G' = -31 \text{ kJ}$$

Die Hauptmenge der in der Essigsäure enthaltenen Energie bleibt im Methan (zirka 95%). Unter aeroben Bedingungen wird die Essigsäure dagegen vollständig von den Mikroorganismen zu Kohlendioxid und Wasser oxidiert und entsprechend viel Energie wird hiebei für den Organismus frei.

$$CH_3COOH + 2\, O_2 \rightleftharpoons 2\, H_2O + 2\, CO_2 \qquad \triangle G' = -870 \text{ kJ}$$

Diese sehr geringe Energieausbeute unter anaeroben Bedingungen hat zur Folge, daß auch nur sehr wenig ATP pro umgesetzter Substratmenge gebildet werden kann, so daß nur sehr wenig Energie für die Synthese von neuem Zellmaterial zur Verfügung steht (Abb. 1).

Der anaerobe Mikroorganismus muß etwa 25mal soviel Substrat umsetzen wie eine aerob wachsende Bakterienzelle, um die gleiche

G. Brune und H. Sahm:

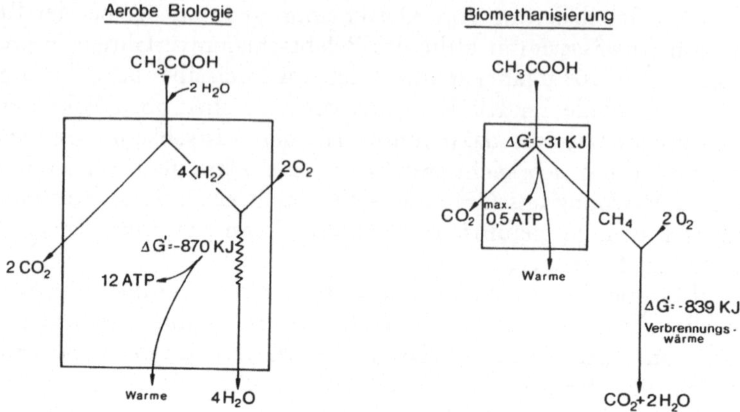

Abb. 1. Energiebilanz beim mikrobiellen Abbau von Essigsäure unter aeroben und anaeroben Bedingungen

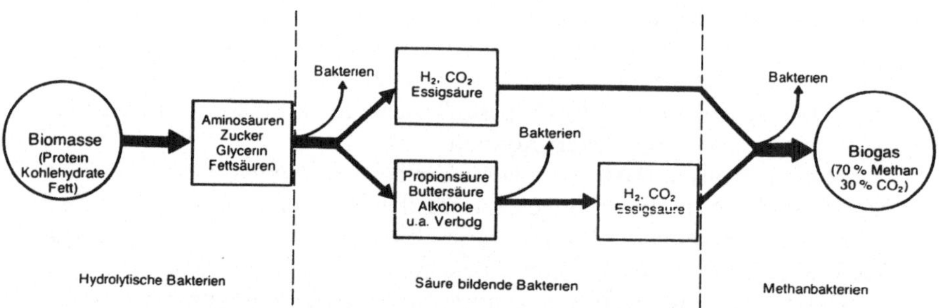

Abb. 2. Verschiedene Stufen der mikrobiellen Umsetzung von Biomasse in Methan [3]

Menge an Zellsubstanz synthetisieren zu können. Für die technische Abwasserreinigung bedeutet dies eine geringe Schlammbildung bei der Anwendung eines anaeroben Reinigungsverfahrens, womit das Entwässerungs- und Deponieproblem entscheidend verringert werden könnte.

Wie eine Reihe von Untersuchungen in den letzten Jahren gezeigt haben, erfolgt der Abbau organischer Substanzen wie Kohlenhydraten, Fetten und Proteinen unter anaeroben Bedingungen in drei Schritten, für die jeweils verschiedene Gruppen von Bakterien verantwortlich sind (Abb. 2).

Die Gruppe der hydrolytischen und säurebildenden Bakterien spalten zunächst die Polymere wie Kohlenhydrate, Fette und Proteine in die Bausteine, welche dann zu organischen Säuren, Alkoholen und Wasserstoff vergoren werden. An diesem Prozeß sind verschiedene Bakteriengattungen beteiligt, die z. T. fakultativ anaerob sind. Durch den Verbrauch des im Abwasser enthaltenen Restsauerstoffs schaffen diese Bakterien ein strikt anaerobes Milieu, das für das Wachstum der folgenden beiden Bakteriengruppen notwendig ist.

Die gebildeten Fettsäuren, Alkohole usw. werden von den „azetogenen" Mikroorganismen zu Essigsäure, Wasserstoff und CO_2 weiter abgebaut. Diese Reaktion ist aber nur dann möglich, wenn der Wasserstoffpartialdruck so niedrig ist, daß die eigentlich endotherme Bildung von H_2, CO_2 und Azetat aus den Fettsäuren exotherm wird. Dies wird dadurch erreicht, daß diese „methanogenen" Bakterien mit den „azetogenen" Bakterien eine bioenergetische Symbiose bilden [3]: Die methanbildenden Bakterien halten den H_2-Partialdruck durch die Umsetzung des Wasserstoffs mit CO_2 zu Methan niedrig und ermöglichen damit den azetogenen Bakterien den Abbau der Fettsäuren zu den Substraten für die Methanbakterien.

Da die anaeroben Mikroorganismen neben den Kohlenhydraten, Proteinen und Fetten noch eine Vielzahl weiterer organischer Verbindungen zu Biogas abbauen können, haben wir damit begonnen, Abwässer aus der Zellstoffindustrie, die einen hohen Anteil organischer Verbindungen besitzen, auf ihre anaerob-biologische Abbaubarkeit zu untersuchen.

In Europa fallen jährlich etwa 120 Millionen Tonnen Sulfitablauge an, die etwa 6–7% Ligninsulfonsäure und etwa 3–4% Zucker, organische Säuren, Methanol und Furfurol enthalten. Es gibt bis heute kein befriedigendes Verfahren zur Reinigung von Sulfitablaugen. Während in früheren Jahren die Zucker in diesen Ablaugen mit Hilfe von Hefen in eiweißhaltige Futtermittel und Äthanol umgesetzt wurden, werden die Sulfitablaugen heute vorwiegend in großen Verdampfungsanlagen eingedickt und anschließend verbrannt. Auf diese Weise können die Zellstoffabriken einen erheblichen Teil des Energiebedarfs decken. Ein großes Problem stellt jedoch das bei dem Eindicken der Sulfitablauge anfallende Kondensat dar, das erhebliche Mengen der leichtflüchtigen Substanzen

$$0,1-0,4 \text{ mol/l Essigsäure,}$$
$$0,005-0,03 \text{ mol/l Furfurol}$$

sowie in Spuren Propionsäure und Methanol enthält.

Um die Mikroorganismen anzureichern, welche dieses organisch hochbelastete Kondensat mit einem CSB bis über 20.000 mg O_2/l anaerob umsetzen können, wurden zwei 10-l-Laborfermenter (Braun, Biostat S) mit den notwendigen Meß- und Regeleinrichtungen ausgerüstet, mit Faulschlammproben bei Temperaturen von 37 °C (mesophil) und 60 °C (thermophil) inkubiert und über eine pH-auxostatische Regelung (pH 6,8) mit Eisessig als Substrat versorgt. Nach einigen Wochen zeigte der Faulschlamm eine hohe Aktivität (Biogasproduktion aus Azetat), so daß mit der Zugabe des Brüdenkondensats, das noch mit den für das Wachstum der Mikroorganismen notwendigen Mineralsalzen versetzt wurde, begonnen werden konnte. Die Fermenter wurden bei 100 UpM schwach gerührt und der pH-Wert im Medium bei 6,4–6,8 konstant gehalten. Nach einer Anlaufphase von zirka 90 Tagen stellten sich stationäre Verhältnisse bezüglich der Mikroorganismenpopulation ein.

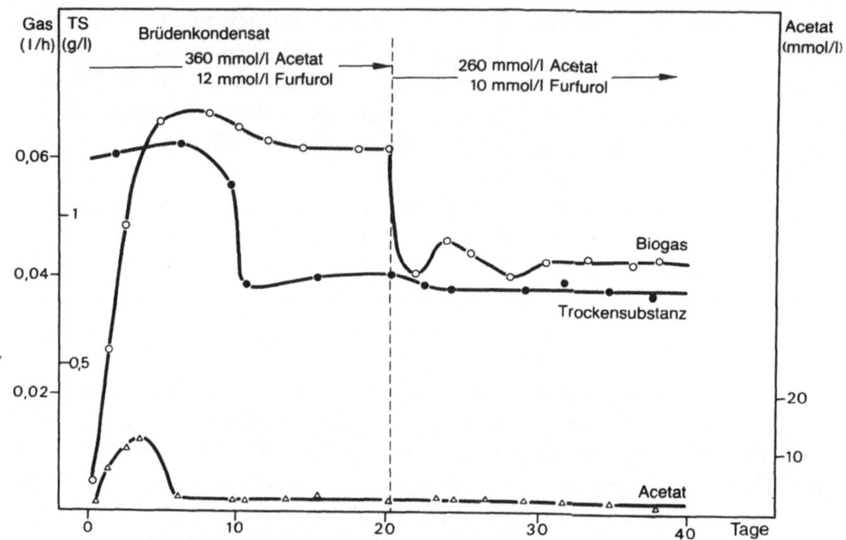

Abb. 3. Mesophile Anreicherungskultur in kontinuierlicher Kultur, 12 Tage Verweilzeit; Gasrate bezogen auf 1 l Reaktorvolumen

Für die mesophile Anreicherungskultur konnte im kontinuierlichen Betrieb eine Verweilzeit von 12 Tagen erreicht werden. Abhängig von der Azetat- und Furfurolkonzentration stellte sich eine gleichbleibende Gasproduktion mit einem Methangehalt von 50–55% ein (Abb. 3). Furfurol wurde vollständig abgebaut, während im Fermenterauslauf eine Restkonzentration von 1–3 mmol/l Azetat und geringe Mengen an Propionsäure und Buttersäure (bis 4 mmol/l) nachgewiesen wurden. Aus der C-Bilanz läßt sich erkennen, daß 90% des im Brüdenkondensat enthaltenen organischen Kohlenstoffs in Biogas umgesetzt wurden. Im Fermenterauslauf waren nur noch etwa 5% des im Brüdenkondensats enthaltenen. Aus der Differenz zwischen Ein- und Auslauf läßt sich die Kohlenstoffmenge abschätzen, die maximal in die Bakterienbiomasse eingebaut wurde; sie liegt unter 4,5%. Die CSB-Reduktion beträgt 85% (Abb. 4).

Zur Ermittlung des K_m- und V_{max}-Wertes dieser Mischkultur wurde während des kontinuierlichen Betriebes durch Zugabe von Natriumaze-

	mmol C/l · h	%	CSB (gO₂/l)
Ein: 0,26 mol/l Azetat	1,82	91	
0,01 mol/l Furfurol	0,17	9	
	1,99	100	18,0
Aus: 0,042 l/h Biogas	1,80	90,5	
0,35 g/l Kohlenstoff (gelöst)	0,10	5	
	1,90	95,5	
Differenz Ein – Aus	0,09	4,5	2,6

Abb. 4. Kohlenstoffbilanz für die anaerobe Umsetzung von Brüdenkondensat bei 37 °C.
D = 0,0035

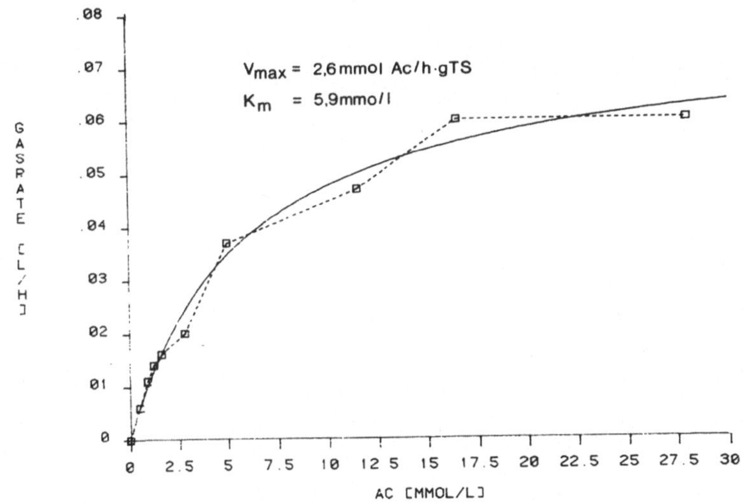

Abb. 5. Abhängigkeit der Biogasbildung von der Essigsäurekonzentration im Kulturmedium bei 37 °C

tat die Essigsäurekonzentration kurzfristig erhöht. Durch Bestimmung des Azetatabbaues bei gleichzeitiger Messung der Gasbildung konnte ein K_m-Wert von 5,9 mmol Azetat/l bzw. eine maximale Reaktionsgeschwindigkeit von 2,6 mmol Azetat/h·g Trockensubstanz bestimmt werden (Abb. 5). Die Azetatabbaurate betrug in der kontinuierlichen Kultur 1,2 mmol/h·g TS.

Besondere Bedeutung kommt dem pH-Wert zu, da das Brüdenkondensat mit einem relativ sauren pH von 2–2,5 anfällt. Da die stationäre Konzentration an Essigsäure im Fermenter während des kontinuierlichen Betriebes gering ist und andere Säuren nur in geringen Konzentrationen gebildet werden, ist eine Neutralisation des gesamten sauren

9*

　　　　　　　　G. Brune und H. Sahm:

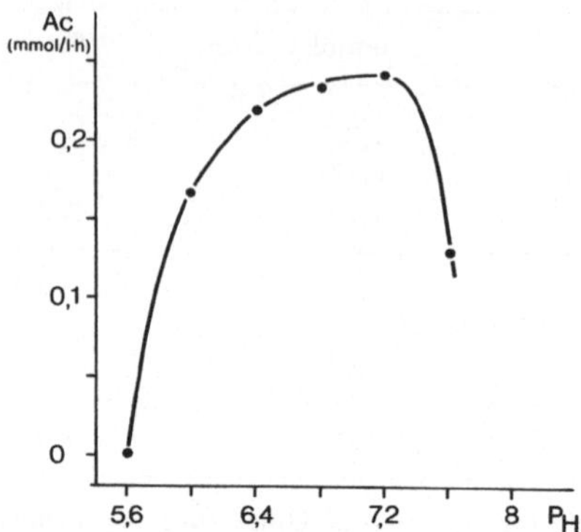

Abb. 6. Abhängigkeit der anaeroben Azetatumsetzung vom pH-Wert des Mediums

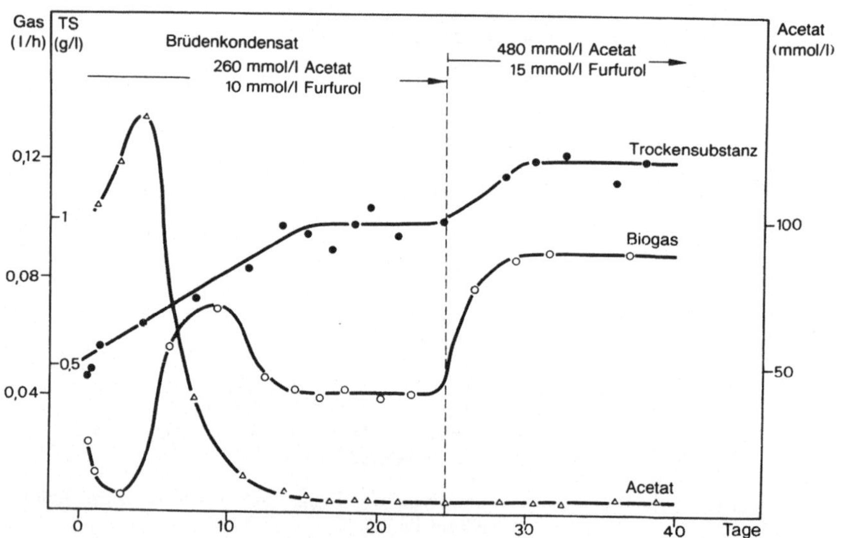

Abb. 7. Umsatz von zwei verschiedenen Brüdenkonzentrationen bei 60 °C, 14 Tage
Verweilzeit; Gasrate bezogen auf 1 l Reaktorvolumen

Abwassers nicht notwendig. Lediglich die aktuell im Fermenter vorliegenden Säuren sind auf den optimalen pH einzustellen. Abb. 6 zeigt,
daß der optimale pH-Wert bei dieser anaeroben Mischkultur unter den
genannten Bedingungen zwischen 6,8 und 7,2 liegt.

Für den thermophilen Ansatz (60 °C) konnten ähnliche Ergebnisse
erzielt werden. Bei einer Verweilzeit von 14 Tagen wurde der CSB des
Brüdenkondensats ebenfalls zu zirka 90% reduziert (Abb. 7) und die
Azetatabbaurate lag bei 1,1 mmol Ac/h.g TS. Der K_m-Wert war mit
16 mmol/l deutlich höher als in der mesophilen Anreicherungskultur.

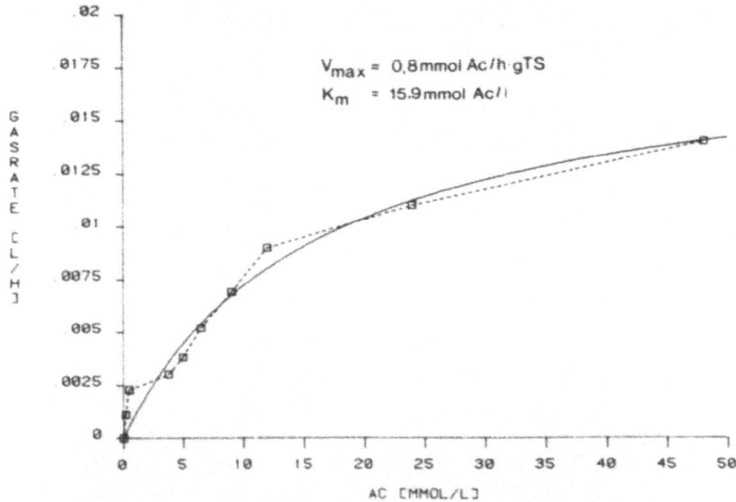

Abb. 8. Abhängigkeit der Biogasbildung von der Essigsäurekonzentration im Medium
bei 60 °C

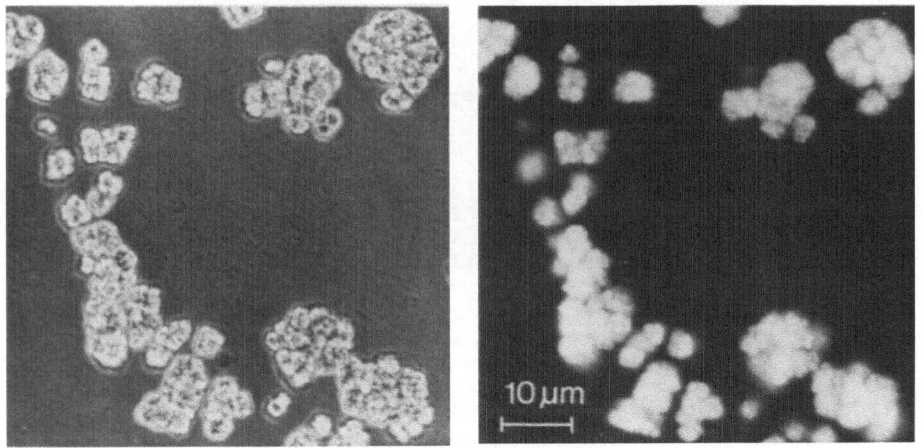

Abb. 9. Aufnahme einer thermophilen Anreicherungskultur (60 °C) im Phasenkontrast-
und Fluoreszenzmikroskop

Während des batch-Versuches wurde eine maximale Azetatabbaurate
von 0,8 mmol Ac/h.g TS bestimmt (Abb. 8).

Mikroskopische Untersuchungen ergaben, daß sowohl in der mesophilen als auch in der thermophilen Kultur Methanosarcinen, die man
durch ihre Größe und intensive Fluoreszenzstrahlung erkennen kann,

in großen Mengen vorhanden sind. Es ist bekannt, daß mesophile *Me-thanosarcina barkeri*-Stämme bei 37 °C Azetat in Methan umsetzen können [4]. Diese Stämme wachsen aber nicht mehr bei 60 °C, so daß es sich bei der 60 °C-Kultur vermutlich um einen thermophilen Methanosarcina-Stamm handelt (Abb. 9 und 10). Neben den Sarcinen treten in beiden Kulturen noch stäbchenförmige, fluoreszierende Bakterien auf. Lange, fädige Bakterien sind dagegen nur in der mesophilen Kultur zu finden. Es könnte sich dabei um *Methanobacterium söhngenii* handeln, das kürzlich Wuhrmann *et al.* [5] als weiteres essigsäureverwertendes Methanbakterium beschrieben haben.

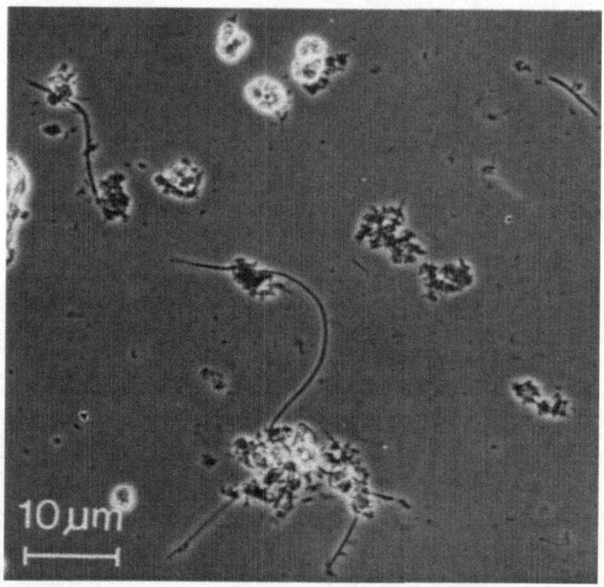

Abb. 10. Mesophile Mischkultur (37 °C), gewachsen auf azetat- und furfurolhaltigem Brüdenkondensat

Da die bei diesen Versuchen erzielten Verweilzeiten von 12–14 Tagen jedoch für eine technische Anwendung zu lang sind, wurde versucht, durch Erhöhung der Bakterien-Biomasse-Konzentration im Fermenter die Umsatzraten zu steigern und die Verweilzeiten der Flüssigphase zu reduzieren. Analog zu dem aeroben Belebtschlammverfahren wurde ein Teil der Bakterienbiomasse des Auslaufes von der Flüssigphase abgetrennt und in den Fermenter zurückgeführt. Auf diese Weise konnte das Kondensat mit einer höheren Durchflußrate den Fermenter passieren, als es sonst im Chemostaten die Wachstumsrate der Mikroorganismen erlaubt hätte. Das Auswaschen der Bakterien wurde durch diese Rückführung kontrolliert und verhindert. Wie aus

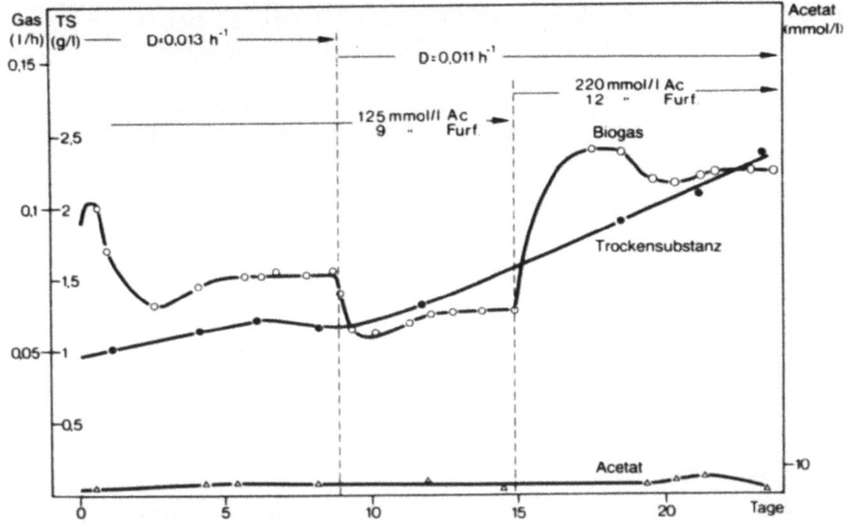

Abb. 11. Thermophile Anreicherungskultur in kontinuierlicher Kultur mit externer Rückführung der Biomasse (Sedimentation); 4 Tage Verweilzeit; Gasrate bezogen auf 1 l Reaktorvolumen

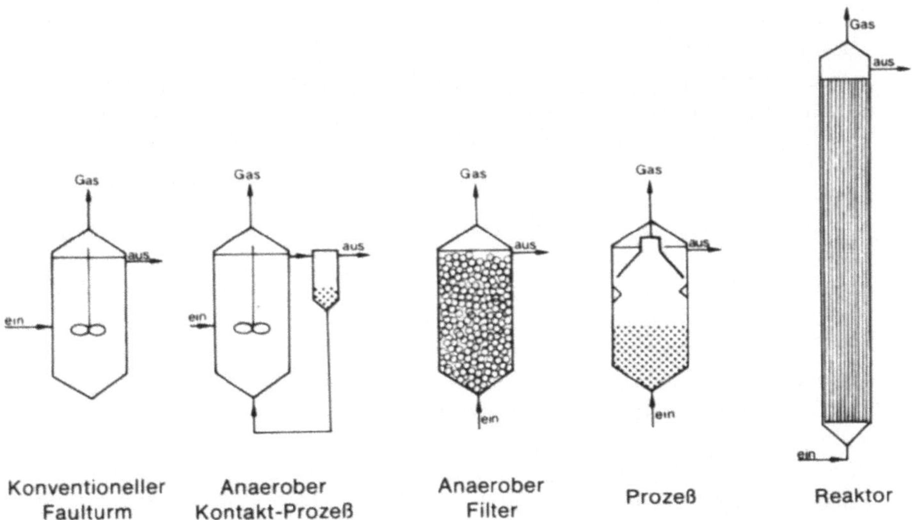

Abb. 12. Verschiedene Bioreaktoren, die zur anaeroben Reinigung organisch hochbelasteter Abwässer entwickelt wurden

Abb. 11 zu ersehen ist, konnte dadurch die Verweilzeit bei der thermophilen Kultur von 14 Tagen auf 4 Tage reduziert werden.

Da bei diesem sogenannten Kontaktverfahren [6] Probleme bei einer effektiven und zuverlässigen Abtrennung der Mikroorganismen von der Flüssigphase auftreten können, wurden in den letzten Jahren Verfahren entwickelt, die eine unmittelbare Rückhaltung der Bakterien im Fermenter ermöglichen (Abb. 12).

Im ,,anaerobic filter" [7] setzen sich die Bakterien auf und zwischen inertes Füllmaterial (Sand, Kohle, Plastikpartikel), so daß eine Ausschwemmung mit dem gereinigten Abwasser verhindert wird. Hiemit konnten Verweilzeiten unter 10 Stunden und CSB-Reduktionen von 93% erreicht werden. Dieses Verfahren eignet sich auch für gering belastete Abwässer, jedoch nicht für feststoffhaltige Abwässer.

Der ,,fixed film"-Reaktor [8] arbeitet nach einem ähnlichen Prinzip, wobei sich die Bakterien als dünner Film an den Wänden von langen Glas- oder Tonröhrchen festsetzen. Mit diesem Prozeß könnten CSB-Reduktionen von 90% bei Verweilzeiten des Abwassers von 12—24 Stunden erzielt werden.

Verweilzeiten von 3—4 Stunden wurden von Lettinga *et al.* [9] für die Reinigung verschiedener Abwässer aus der Lebensmittelindustrie im ,,upflow anaerobic sludge blanket"-Prozeß (UASB) erreicht. Die CSB-Reduktion lag zwischen 85 und 97%, wobei die Rückhaltung der Biomasse durch zwei Effekte beeinflußt wird. Die Bakterien bilden einerseits feste Kügelchen von 1—3 mm Durchmesser, die sich leicht absetzen, und anderseits werden mit Hilfe eines Trichters im oberen Teil des Reaktors die an den Bakterien anhaftenden Gasblasen abgetrennt. Der UASB-Prozeß wird inzwischen im 200-m³-Maßstab durchgeführt.

Zusammenfassend kann festgestellt werden, daß es mit Hilfe einer mesophilen (37 °C) oder einer thermophilen (60 °C) anaeroben Anreicherungskultur möglich ist, die organischen Bestandteile des Brüdenkondensats der Zellstoffabriken zu über 90% in Biogas abzubauen. Erste Ergebnisse zeigen, daß es sehr wahrscheinlich möglich sein wird, die bislang noch relativ langen Verweilzeiten (zirka 12 Tage) durch Rückführung bzw. Rückhaltung der Bakterienbiomasse erheblich zu reduzieren. So konnten bei einigen Abwässern aus der Lebensmittelindustrie Umsatzraten und Reinigungsgrade bei geeigneten Prozeßbedingungen erzielt werden, die mit denen der aeroben Belebtschlammverfahren vergleichbar sind. Es ist somit zu erwarten, daß die mikrobielle Methanbildung in Zukunft als energiesparendes Verfahren auch bei der Reinigung von hochbelasteten Abwässern eingesetzt werden wird.

Literatur

1. Haunzwickel, F.: Pers. Mitteilung, 1980.
2. Loll, U.: Dissertation, TH Darmstadt, 1974.
3. Schoberth, S.: Mikrobielle Methanisierung von Klärschlamm – Stand und Aussichten. Expertengespräch 20. 6. 1978, Jülich, 87–135 (1978).
4. Schnellen, C. G. T. P.: Dissertation, TU Delft, 1974.
5. Zehnder, A. J. B., Huser, B. A., Brock, T. D., Wuhrmann, K.: Arch. Microbiol. *124*, 1–11 (1980).
6. Van den Berg, L., Lentz, C. P.: Proc. 33rd Purdue Industrial Waste Conf., S. 185–193 (1978).
7. Young, J. C., McCarty, P. L.: Water Pollut. Control Fed. *41*, R 160 (1969).
8. Van den Berg. L., Lentz, C. P.: Proc. 34th Purdue Industrial Waste Conf., S. 319–325 (1979).
9. Lettinga, G., van Velsen, A. F. M., Hobma, S. W., de Zeeuw, W., Klapwijk, A.: Biotech. Bioeng. *22*, 699–734 (1980).

Alternative Kraftstoffe aus Biomasse

W. Held, A. König und **W. Bernhardt**

Abteilung Forschung Energietechnik und Neue Technologien,
Volkswagenwerk AG Wolfsburg,
D-3180 Wolfsburg, Bundesrepublik Deutschland

Mit 7 Abbildungen

Summary

Rapid changes with respect to the supply of energy and raw materials have resulted in changed attitudes regarding the technology of automotive energy applications. Research in the fields of energy and other new technologies carried out by the Volkswagen company is particularly connected with the production of alternative automotive fuel supplies from biomass. Both ethanol and methanol offer inherent advantages for automotive uses. With the use of new technologies and taking the specific conditions in an area into consideration it can be stated that an economic alcohol production in a number of countries can soon be realized.

Zusammenfassung

Die sich abzeichnenden Veränderungen auf dem Rohstoff- und Energiesektor bewirken ein Umdenken auf dem Gebiet der Kraftstofftechnologie. Die Forschung Energietechnik und Neue Technologien in der Volkswagenwerk AG befaßt sich daher intensiv mit Verfahren zur Herstellung von alternativen Kraftstoffen aus Biomasse. Die Alkohole Äthanol und Methanol bieten günstige Voraussetzungen für einen Einsatz im Kraftfahrzeug. Unter Berücksichtigung landesspezifischer Voraussetzungen und bei Anwendung neuester Technologien kann die Herstellung von Alkoholen in verschiedenen Ländern bald wirtschaftlich werden.

1. Einleitung

Die Vorräte an fossilen Energieträgern sind begrenzt. Unter der Voraussetzung, daß der Energiebedarf der Welt konstant bleibt, haben die jetzt wirtschaftlich förderbaren Vorräte an Erdöl und Kohle eine statistische Reichweite von zirka 30 bzw. 250 Jahren. Die Reichweite des Erdöls kann nur vergrößert werden, wenn der Verbrauch gesenkt wird und gleichzeitig alternative Energieträger aus möglichst regenerierbaren Rohstoffen gewonnen werden. Diese Herausforderung ist von der Automobilindustrie frühzeitig angenommen worden.

Das Volkswagenwerk hat durch eine gezielte Modellpolitik den Kraftstoffverbrauch der VW-Audi-Flotte in den letzten Jahren entscheidend verringern können. Parallel dazu werden von der Forschung der VW AG Möglichkeiten und Wege zur Erzeugung von alternativen Kraftstoffen aus Biomasse aufgezeigt und entwickelt.

2. Alternative Energieträger

Seit dem 2. Weltkrieg ist der Erdölverbrauch stetig angestiegen, so daß jetzt fast 50% der erforderlichen Primärenergie auf der Welt durch Rohöl gedeckt werden.

Die begrenzte Reichweite des Erdöls und der starke Preisanstieg beschleunigen die Suche nach Alternativen. Tab. 1 zeigt verschiedene alternative Primärenergien und Sekundärenergieträger.

Tabelle 1. *Alternative Primärenergien und Sekundärenergieträger*

Primärenergien	Sekundärenergieträger
Ölschiefer u. Teersande	Synth. Benzin u. Dieselöl
Erdgas u. Erdölgas	Methanol
Kohle	Äthanol
Abfälle (städtische und landwirtschaftliche)	LPG
Kernenergie	Methan (LNG)
	Wasserstoff
Sonnenenergie	Elektr. Energie

Aus der Sicht der Automobilindustrie werden besonders gasförmige und flüssige Kraftstoffe bevorzugt, da hiebei die erforderlichen Änderungen an heutigen Kraftfahrzeugen leichter durchführbar sind und die flüssigen alternativen Kraftstoffe im bestehenden Verteilungssystem gehandhabt werden können. Für LPG und LNG gibt es zur Zeit noch kein ausreichendes Verteilungssystem in der Bundesrepublik Deutschland. Wasserstoff und elektrische Energie sind zwar prinzipiell zum Antrieb von Kraftfahrzeugen geeignet, jedoch ist die schlechte Speicherbarkeit für diese Energieträger ein Hemmnis für ihre Nutzung.

Die Sonnenenergie kann indirekt durch Biomasse, in der die Sonnenenergie gespeichert ist, genutzt werden. Geeignete Prozesse zur Umwandlung von Biomasse in alternative Sekundärenergieträger werden schon zum Teil angewendet bzw. befinden sich in der Entwicklungsphase.

Das Potential der Biomasse wird durch Abb. 1 verdeutlicht. Es zeigt den gesamten Rohöl- und Weltenergieverbrauch im Vergleich zu der jährlich durch Photosynthese gebildeten und tatsächlich genutzten Biomasse. Es wird deutlich, daß der Weltenergieverbrauch nur etwa 10% des Energieinhalts der jährlich gebildeten $200 \cdot 10^9$ t Biomasse $(114 \cdot 10^9$ t SKE) beträgt.

Für Nahrungsmittel, Futtermittel und industrielle Rohstoffe werden nur zirka $4,5 \cdot 10^9$ t ($2,5 \cdot 10^9$ t SKE) beansprucht, von denen etwa 1,4 bis $1,8 \cdot 10^9$ t Biomasse als Rückstand verbleiben. Wird hiebei ein unterer Heizwert von 17 GJ/t angenommen, dann entsprechen die Verarbeitungsrückstände etwa einer Milliarde t SKE. Dies sind etwa 10% des Weltenergieverbrauchs. Durch verbesserte Verarbeitungstechnologie und Ertragssteigerungen sollte die Menge an nutzbarer Biomasse gesteigert werden können.

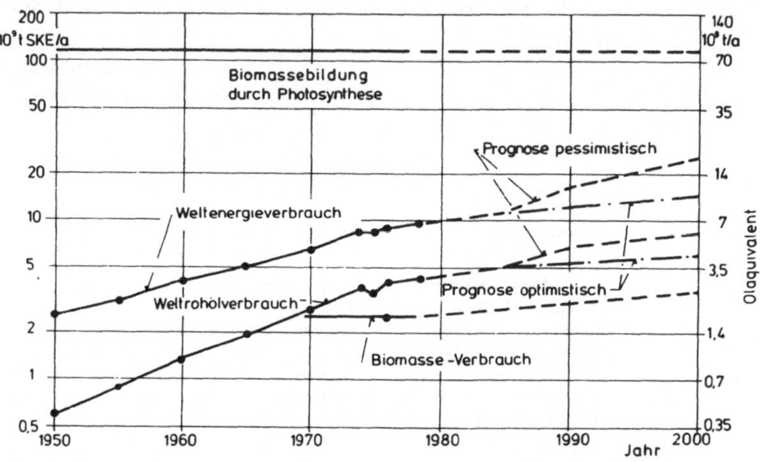

Abb. 1. Biomasse, Rohöl und Gesamtenergieverbrauch verglichen mit der Biomassebildung

Die VW-Forschung hat sich frühzeitig um den Einsatz von alternativen Kraftstoffen bemüht. Es hat sich gezeigt, daß die aus Biomasse gewinnbaren Alkohole Äthanol und Methanol in gleicher Weise gut geeignet sind, sowohl in reiner Form als auch im Gemisch mit Benzin als Kraftstoff eingesetzt zu werden.

3. Kraftstoffe aus Biomasse

Verschiedene Möglichkeiten, alternative Kraftstoffe für Ottomotoren oder Dieselmotoren herzustellen, sind in Abb. 2 dargestellt. Die Technologie für die einzelnen Verfahren ist unterschiedlich weit entwickelt und soll nun näher erläutert werden.

3.1. Äthanol aus Biomasse

Die Erzeugung von Äthanol durch die alkoholische Gärung ist seit Jahrtausenden bekannt. Die Herstellung von Äthanol ist besonders für die Volkswagenwerk AG von besonderem Interesse, da zur Zeit im

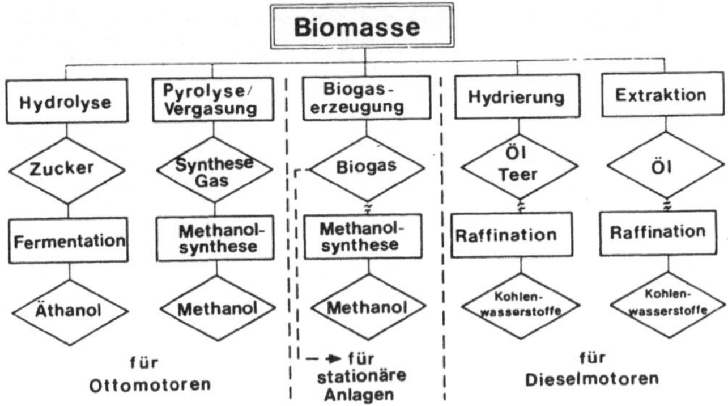

Abb. 2. Kraftstoffe aus Biomasse

brasilianischen Tochterunternehmen täglich 700 Reinalkoholfahrzeuge produziert werden. Diese Fahrzeuge sind nicht mehr mit Mischkraftstoffen oder Reinbenzin zu betreiben und deshalb stellt sich in besonderem Maße für den brasilianischen Markt die Frage der Verfügbarkeit von Äthanol.

Abb. 3 zeigt die geplante und tatsächliche Alkoholproduktion in Brasilien. In der Kampagne 1979/80 sind $3{,}39 \cdot 10^6$ m³ Äthanol produziert worden. Davon waren $2{,}7 \cdot 10^6$ m³ wasserfreier Alkohol. Wasserhaltiger Alkohol wurde insgesamt 677.000 m³ produziert. Die Herstellung von Alkohol aus Zuckerrohr hat in Brasilien eine lange Tradition. Schon vor zirka 50 Jahren wurde Alkohol als Kraftstoff verwendet. Man versuchte damit, dem Weltmarkt Zucker zu entziehen, um die Preise stabil halten zu können.

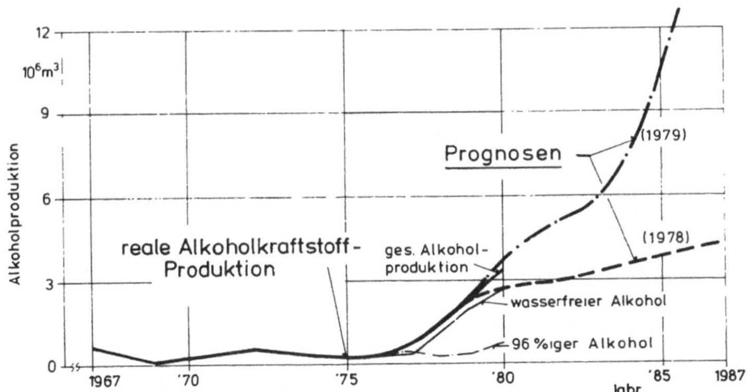

Abb. 3. Alkoholkraftstoffproduktion in Brasilien. Quellen: National Energy Bilance 1978. Bras. Industrie- und Handelsministerium (1979)

Abb. 4 zeigt verschiedene für die Alkoholherstellung besonders geeignete Rohstoffe. Prinzipiell kann Äthanol aus allen zuckerhaltigen,

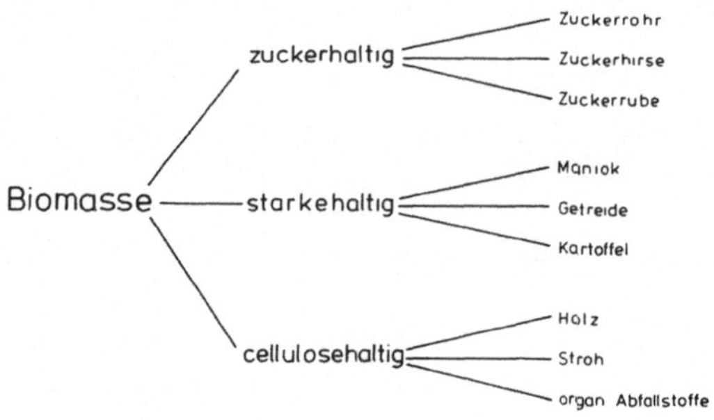

Abb. 4. Biomasse als Rohstoff für die Alkoholherstellung

stärkehaltigen oder zellulosehaltigen Rohstoffen hergestellt werden. Die meisten Verfahren beruhen auf dem Einsatz von Zuckerrohr, Zuckerhirse, Zuckerrübe, Maniok, Getreide und Kartoffeln. Im Gegensatz dazu kann man zellulosehaltige Rohstoffe wie Holz, Stroh und organische Abfallstoffe als unkonventionelle Rohstoffe für die Alkoholherstellung bezeichnen.

Tab. 2 zeigt die Alkoholausbeuten für verschiedene Biomassen. Die angegebenen Alkoholerträge können nur Richtwerte sein, da einerseits die Hektarerträge zum Teil erheblich schwanken können und auch der Gehalt an vergärbarer Substanz sowohl regional als auch saisonal unterschiedlich hoch sein kann. Bei einer Potentialabschätzung muß ebenso der Wirkungsgrad einer Alkoholfabrik berücksichtigt werden, der in Abhängigkeit von der gewählten Prozeßführung große Unterschiede aufweisen kann.

Tabelle 2. *Alkoholherstellung aus Biomasse*

Biomasse	Biomassenertrag t/ha · a		Alkoholertrag l/ha · a
Zuckerrohr	55		3 900
Cassava	15	Brasilien	2 800
Holz	12		3 300
Zuckerrübe	45		4 400
Weizen	4.5	Bundesrepublik Deutschland	1 600
Mais	5.5		2 200

Die Diskussion über den Einsatz von Holz als Rohstoff für die Alkoholherstellung ist jetzt erneut in Gang gekommen, nachdem die letzten derartigen Anlagen vor zirka 30 Jahren stillgelegt worden sind.

Obwohl seit vielen Jahren an der Entwicklung von Prozessen zur enzymatischen Hydrolyse von Zellulose gearbeitet wird, hat Brasilien sich auf Grund des Alkoholprogramms dazu entschlossen, die Säurehydrolyse anzuwenden.

Die Produkte der Säurehydrolyse von Holz sind in der Abb. 5 dargestellt. Neben den Hauptbestandteilen Zellulose und Lignin entstehen je nach Art des verwendeten Holzes unterschiedliche Mengen an Hemizellulose. Die C_6-Zucker können leicht zu Äthanol vergoren werden. Die aus der Hemizellulose gewinnbaren C_5-Zucker können einerseits mit Hefen zu Futtermitteln verarbeitet, zur Biogaserzeugung eingesetzt oder auch zu Äthanol vergoren werden. Das Lignin steht als Energieträger für die Erzeugung von Prozeßenergie zur Verfügung.

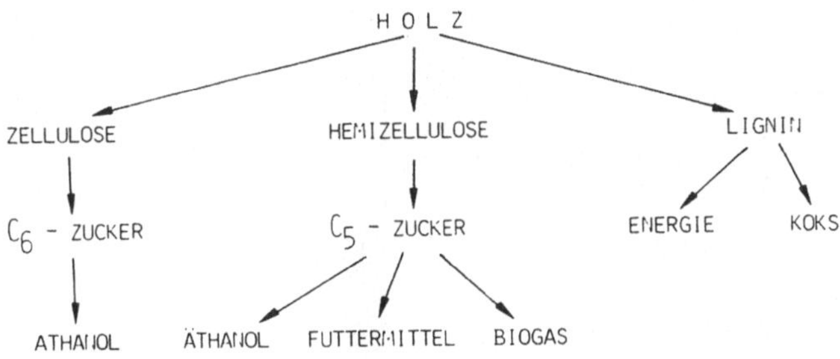

Abb. 5. Produkte der Holzhydrolyse

Die Verwendung von Lignin zur Koksherstellung ist für Brasilien eine interessante Alternative, da es im Land an geeigneten Kokskohlen fehlt, anderseits jedoch große Erzvorkommen vorhanden sind.

Die sich jetzt abzeichnenden verfahrenstechnischen Verbesserungen auf dem Gebiet der sauren Hydrolyse von zellulosehaltigen Rohstoffen lassen Alkoholausbeuten im Bereich von 250–280 l Alkohol/t Holz erwarten. Dadurch werden auch zellulosehaltige Abfälle wie Restholz, Stroh und Altpapier interessant, wenn sich wirtschaftliche Methoden zur Bergung und für den Transport entwickeln lassen.

Die Möglichkeiten, Holz als Energiepflanze systematisch anzubauen, können noch nicht hinreichend beurteilt werden, da über die zu erwartenden Hektarerträge beim systematischen Anbau von Pappeln, Erlen, Akazien, Eukalyptus oder Gmelina noch keine genauen Zahlen vorliegen. Wir meinen, daß hier besonders die land- und forstwirtschaftliche Forschung aufgefordert ist, für mehr Klarheit zu sorgen, da Hektarerträge von 5 t Holz/ha/Jahr bis 20 t/ha/Jahr unter europäischen Verhältnissen oder sogar 50 t/ha/Jahr im tropischen Klima erwartet und für Potentialabschätzungen auch herangezogen werden.

Holz ist jedoch nicht nur ein möglicher Rohstoff für die Äthanolherstellung, sondern auch für die Methanolerzeugung. Bisher durchgeführte Berechnungen führen zu dem Ergebnis, daß aus einer Tonne Holz zirka 500 kg Methanol gewonnen werden können. Unter Zugrundelegung der entsprechenden Hektarerträge kommt man auf diesem Weg zu einer höheren Energieausbeute je Hektar. Die Methanolherstellung erfordert jedoch einerseits eine sehr hohe Technologie und andererseits verhältnismäßig große Anlagen (zirka 1000 t Methanol/Tag). Dies kann in bestimmten Regionen zu Problemen bei der Rohstoffversorgung führen. Äthanolanlagen hingegen können auch in kleineren Einheiten gebaut werden.

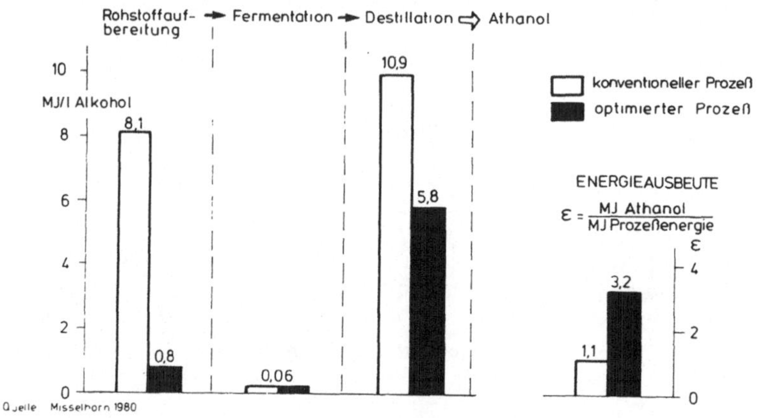

Abb. 6. Energiebilanz der Alkoholherstellung am Beispiel stärkehaltiger Rohstoffe

Energetischer Umwandlungswirkungsgrad und Energiebilanz

Es wird oft behauptet, daß die Verfahren zur Herstellung von Alkoholen aus Biomasse unwirtschaftlich sind, da der Herstellungsprozeß mehr Energie erfordert als in Form von Äthanol gewonnen wird. Diese Behauptung ist in dieser Form nicht haltbar, da zwischenzeitlich sowohl in der Biotechnologie als auch besonders in der Verfahrenstechnik große Fortschritte zu verzeichnen sind. Dies wird besonders deutlich, wenn man die Energiebilanz von einigen Teilprozessen der Alkoholherstellung aus stärkehaltigen Rohstoffen betrachtet (Abb. 6).

Es ist gelungen, durch den Einsatz geeigneter Maschinen und einer verbesserten Prozeßführung mit optimierter Wärmerückgewinnung den Energieeinsatz bei der Rohstoffaufbereitung erheblich zu senken und desgleichen auch bei der Destillation eine Energieeinsparung von zirka 50% zu erreichen. Dies führt dazu, daß die Energieausbeute für die hier beschriebenen drei Teilschritte von 1,1 auf den Faktor 3,2 ansteigt.

Die Beurteilung der Gesamtprozesse von der Rohstoffgewinnung bis zum Alkohol bereitet erhebliche Schwierigkeiten, da besonders für den landwirtschaftlichen Bereich genaue Zahlen über den Energieverbrauch fehlen. Es ist daher wünschenswert, daß bei der Erstellung von Energiebilanzen nach einheitlichen Kriterien vorgegangen und in jedem Fall die neueste technologische Entwicklung berücksichtigt wird.

3.2. Erzeugung und Nutzung von Biogas

Die Preisentwicklung auf dem Mineralölmarkt läßt die Erzeugung und Nutzung von Biogas im landwirtschaftlichen Bereich wieder interessant werden, nachdem bis auf wenige Ausnahmen die früher betriebenen Biogasanlagen durch preiswertes Heizöl verdrängt worden sind.

Die Biogaserzeugung hat den Vorteil, daß der als Rohstoff dienende organische Abfall aus der Tierhaltung gerade in der Landwirtschaft nahezu kostenlos anfällt und am Ort der Entstehung auch genutzt werden kann.

Der Betrieb von Biogasanlagen beruht jedoch noch vielfach auf Empirie, da genaue Kenntnisse über eine sichere Prozeßführung bei größeren Anlagen noch fehlen. Dies gilt um so mehr, je weiter man sich von Einsatzstoffen wie Flüssigmist entfernt und verstärkt pflanzliches Material („Energiepflanzen" und Abfälle) verwendet.

Das entstandene Biogas kann für Heizzwecke genutzt bzw. in Verbrennungsmotoren zur Erzeugung von elektrischer oder mechanischer Energie eingesetzt werden. Eine Verstromung erscheint jedoch nur dann sinnvoll, wenn die Einspeisung des erzeugten Stroms in das öffentliche Stromnetz möglich ist. Die Abwärme des Motors kann sowohl zur Temperierung des Faulbehälters als auch zur Brauchwassererwärmung genutzt werden. Der Einsatz von stark feststoffhaltigen Substraten (Pflanzenreste, Algen, Tang) zur Biogaserzeugung macht langfristig die Entwicklung von stationären, autarken, energieliefernden Systemen möglich, die besonders in wirtschaftlich unterentwickelten Regionen zur Verbesserung der Infrastruktur beitragen können.

Der Antrieb von PKW oder Traktoren durch Biogas ist wegen der hohen Kosten für die erforderliche Kompression des Gases zur Zeit nicht wirtschaftlich. Die Erzeugung von Methanol aus Biogas benötigt viel Prozeßenergie und verschlechtert damit die Energieausbeute des Gesamtprozesses. Daher ist es sinnvoll, sich auf den Einsatz von Biogas in kleinen stationären Wärmekraftmaschinen zu beschränken.

3.3. Kohlenwasserstoffe aus Biomasse

Die Substitution von Benzin durch Äthanol oder Methanol führt zu keiner Rohöleinsparung, wenn nicht gleichzeitig ein geeignetes Substitut für den Dieselkraftstoff gefunden wird. Aus Biomasse können Kohlenwasserstoffe prinzipiell auf zwei Wegen erhalten werden:

– Hydrierung von Biomasse
– Extraktion aus kohlenwasserstoffproduzierenden Pflanzen

Biomasse enthält einen hohen Anteil an Sauerstoff und hat somit auch ein großes O/C-Verhältnis. Es gilt nun, unter geeigneten Reaktionsbedingungen bei hohem Druck und hoher Temperatur in Gegenwart von Wasserstoff oder Kohlenmonoxid das O/C-Verhältnis zu verringern (s. Abb. 7, nach Prof. Oelert).

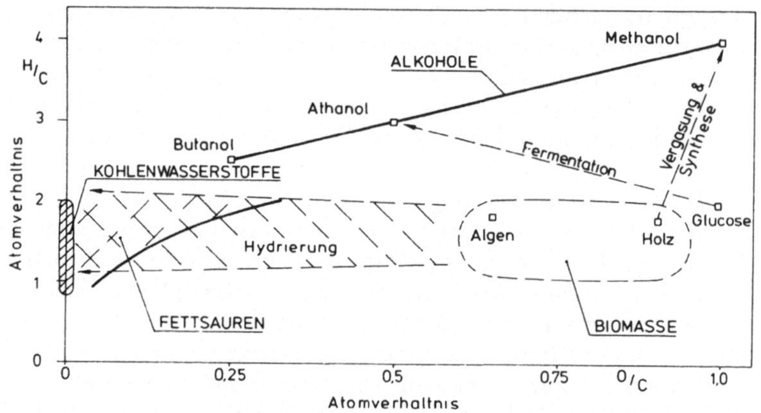

Abb. 7. Kraftstoffe aus Biomasse

Verschiedene Untersuchungen haben gezeigt, daß die Anlagerung von Wasserstoff an Biomasse, zum Beispiel Holz, möglich ist und daß dabei schwerölähnliche Fraktionen mit höherem Heizwert als dem des Ausgangsmaterials entstehen. Man hat jedoch noch keine genaue Kenntnis über die erforderlichen Schritte zur Weiterverarbeitung der bisher erhaltenen teerigen Substanzen zu einem als Kraftstoff geeigneten Produkt.

Kurzfristig sind deshalb den pflanzlichen Ölen größere Chancen einzuräumen. Hier liegt bereits ein definiertes Ausgangsmaterial vor, dessen Einsatzmöglichkeiten im Dieselmotor näher untersucht werden müssen. Dazu gehören darüber hinaus die Potentialabschätzungen und die Prozeßführung bei der Aufarbeitung, die sicherlich anders aussehen wird, als sie bisher für die Erzeugung von Fetten und Ölen in der Nahrungsmittelindustrie erfolgt.

In jüngster Zeit werden die Möglichkeiten zur Nutzung von kohlenwasserstoffbildenden Pflanzen wie Euphorbien, Jojoba, Marmeleiro untersucht. Besonders im Zusammenhang mit den Euphorbien wird oftmals vom „Dieselbaum" gesprochen. Wir halten diese Formulierung für verfrüht, sind jedoch trotzdem der Meinung, daß die Entwicklung aufmerksam verfolgt werden muß. Euphorbien sind besonders deshalb interessant, weil einige ihrer Arten in Wüstengebieten kultiviert werden können und ihr Anbau nicht in Konkurrenz zur Nahrungsmittelproduktion steht.

Man erwartet nach geeigneter Pflanzenauswahl bei Euphorbien eine Latex-Produktion von zirka 10 t/ha/Jahr. Es ist jedoch zu klären, ob diese Latex auf Grund ihrer chemischen Zusammensetzung als Chemierohstoff oder als Dieselkraftstoff besser geeignet ist. Wir meinen, daß gerade auf dem Gebiet der Aufarbeitung noch viel getan werden muß, bevor das Potential der kohlenwasserstoffbildenden Pflanzen abschließend beurteilt werden kann.

Über die Verwendung von Wasserstoff- und Ammoniak-empfindlichen Pd-MOS-Einheiten in der biochemischen Analyse

F. Winquist, B. Danielsson, I. Lundström* und K. Mosbach

Pure and Applied Biochemistry, Chemical Center, University of Lund,
S-22007 Lund, Schweden

Mit 4 Abbildungen

Summary

Various hydrogen and ammonia-sensitive palladium-coated semiconductor components have been applied in the determination of hydrogen and ammonia evolved or consumed in biochemical reactions. The determination of NADH through measurement of hydrogen production and NAD$^+$ through measurement of hydrogen consumption has been demonstrated. A further example of the versatility of these components is the monitoring of hydrogen produced by an immobilized microorganism *(Cl. acetobutylicum)* over a period of several days.

Zusammenfassung

Verschiedene Wasserstoff- und Ammoniak-empfindliche Halbleiterstrukturen (Palladium-beschichtet) sind für die Bestimmung von Wasserstoff bzw. Ammoniak verwendet worden; z. B. wurden Harnstoff und Kreatinin mit Ammoniak-empfindlichen Pd-MOS-FET bestimmt, und zwar basiert auf die Menge gebildeten Ammoniaks durch immobilisierte Urease resp. Kreatinindeiminase.

Für die Bestimmung von Wasserstoff wurde ein Pd-MOS-Kondensator verwendet. Die Bestimmung von NADH basiert auf der Freisetzung von Wasserstoff, die von NAD$^+$ auf dem Verbrauch von Wasserstoff. Für diese Bestimmungen wurde immobilisierte Hydrogenase *(A. eutrophus)* auf porösen Glasperlen verwendet. Diese Präparate konnten analytisch über einen Zeitraum von einer Woche eingesetzt werden. Der hier beschriebene Pd-MOS-Kondensator konnte auch für die kontinuierliche Bestimmung von Wasserstoff, der durch Mikroorganismen *(Cl. acetobutylicum)* gebildet wird, für die Dauer von einigen Tagen verwendet werden.

Einleitung

Die Funktion und die Verwendung von Wasserstoff- und Ammoniak-empfindlichen MOS-Strukturen (Metalloxid-Halbleiter), die mit

---

* Applied Physics, Linköping Institute of Technology, S-58183 Linköping, Schweden.

einer dünnen Schicht katalytisch aktiven Metalls wie Palladium beschichtet sind, wurden in der Vergangenheit als Detektoren ausströmender Gase und Rauchgase untersucht [1, 2]. Kürzlich wurde die Verwendung eines Ammoniak-empfindlichen Pd-MOSFET-Halbleiters beschrieben, der das in biochemischen Reaktionen entstehende Ammoniak kontinuierlich erfaßte („Enzymtransistor") [3]. Über diese Studie wird hier auszugsweise berichtet. Unsere laufenden Untersuchungen schließen auch die Eignung verschiedener Halbleiter als Sensoren für gasförmige Verbindungen von biochemischem Interesse als Ergänzung zu dem Enzymthermistor ein [4]. Etliche wichtige Enzyme produzieren Ammoniak, wie z. B. Urease, Kreatinin, Deiminase und Glutaminase. Ebenso führen viele wichtige biochemische Reaktionsabläufe zur Entwicklung oder zum Verbrauch von Wasserstoff. In dieser Untersuchung wurde der Wasserstoff, der durch einen immobilisierten Mikroorganismus *(Clostridium acetobutylicum)* entsteht, mittels eines Wasserstoff-empfindlichen Pd-MOS-Kondensors bestimmt. Das Enzym Wasserstoffdehydrogenase ist anscheinend in den meisten Mikroorganismen vorhanden, die Wasserstoff entwickeln oder verbrauchen [5]. Dieses Enzym kann eine große Anzahl von Substraten durch heterolytische Spaltung des molekularen Wasserstoffs inklusive NAD(P)H mittels folgender Reaktion reduzieren:

$$NAD^+ + H_2 \rightleftharpoons NADH + H^+$$

Diese Reaktion ist reversibel und kann sowohl für die Bestimmung von NAD^+ als auch von NADH verwendet werden. Diese Tatsache erweitert das Anwendungsgebiet dieser Technik, indem alle Dehydrogenasereaktionen miteinbezogen werden können.

Ammoniakbestimmung mittels einer Pd-MOSFET-Apparatur

In diesen Versuchen wurde ein Pd-MOS-Transistor verwendet, während für die nachstehend beschriebenen Wasserstoffbestimmungen ein MOS-Kondensator eingesetzt wurde. Die Konstruktion und Funktion dieser Bestandteile sind vom praktischen Standpunkt aus gesehen sehr ähnlich, so daß sich die weitere Beschreibung allein auf den ersteren beschränken wird (Abb. 1); ein p-Kanal-Pd-MOSFET ist einem gewöhnlichen Feldeffekttransistor ähnlich, nur trägt er an Stelle von Aluminium das katalytische Metall Palladium. Der Transistor enthält auch eine Heizanlage und einen Kontrollstromkreis, oder dieser Bestandteil wird in einem kleinen Ofen untergebracht, um eine konstante Arbeitstemperatur von 100–150 °C zu gewährleisten, um auf diese Weise die Kontrolle der Reaktionen an der Palladiumoberfläche zu beschleunigen und zu vereinfachen. Wasserstoff oder wasserstoffhaltige Gase wie NH_3 oder H_2S werden an der katalytisch aktiven Pd-Oberflä-

che in atomaren Wasserstoff gespalten und ein Teil der Wasserstoff-
atome diffundiert sofort durch den Pd-Film, um in dem elektrischen
Feld an der Pd-Silikondioxid-Zwischenfläche eine Dipolschicht zu bilden. Die Charakteristika dieser Komponente werden dadurch so verändert, daß die Schwellenspannung, die von einem Potentiometerschrei-
ber registriert werden kann, bei gleichbleibender Stromstärke eine
Funktion der Wasserstoff(oder Ammoniak)gaskonzentration sein wird.
Wasserstoff kann bis zu einer Empfindlichkeit von 1 ppm und
Ammoniak derzeit bis zu etwa 10 ppm mit diesen Komponenten bestimmt werden.

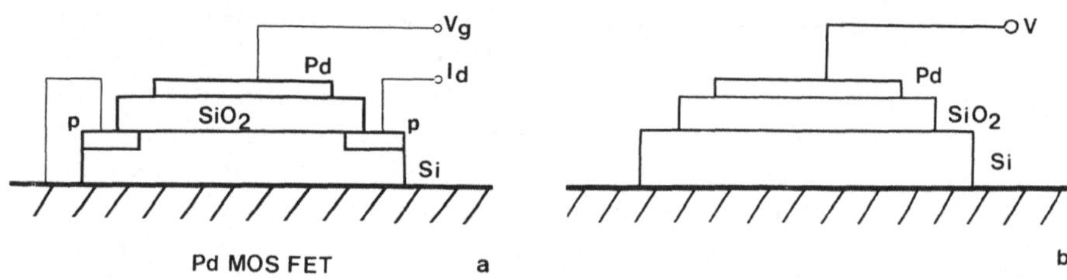

Abb. 1. Schematischer Querschnitt von *a* einem Pd-MOSFET und *b* einem Pd-MOS-
Kondensator

In der Arbeit von Danielsson *et al.* [3] wurde die Ammoniakmenge,
die durch die Ureaseaktivität in einem kleinen, gut gerührten Gefäß
freigesetzt wurde, mittels eines Pd-MOSFET gemessen, das etwa 5 mm
über der Oberfläche der Reaktionslösung (1–2 ml) angebracht war.
Harnstoffkonzentrationen im Bereich von 0,1–10 mM wurden bestimmt und durch die Verwendung eines Überschusses an Harnstoff
konnte auch die Bestimmung der vorhandenen Menge an Urease demonstriert werden. Schließlich wurde das Pd-MOSFET auch in einer
Durchflußkammer angebracht, die hinter einem Enzymthermistor pla-
ziert war, der trägergebundene Kreatinindeiminase enthielt. Hier
konnte sehr gute Übereinstimmung zwischen den beiden Signalen beobachtet werden, die dadurch zeigten, daß das Pd-MOSFET auch für
kontinuierliche Messungen eingesetzt werden kann. Die Empfindlichkeit dieser „Enzymtransistor"-Bestimmungen war ähnlich denen, die
mittels Enzymelektroden [6] oder Enzymthermistoren [4] erzielt werden können.

Wasserstoffbestimmungen mittels Pd-MOS-Kondensatoren

Da die hier untersuchten biochemischen Systeme in Lösungen ablaufen, muß der Wasserstoff, der gemessen werden soll, aus der Puffer-
phase mittels eines Trägergases an dem Sensor vorbei transportiert wer-

den. Eine Versuchsanordnung, wie sie verwendet wurde, ist in Abb. 2 dargestellt. Puffer wird kontinuierlich von der Reaktionsstelle mit einer Durchflußrate von 0,5 ml/min mittels einer peristaltischen Mehrkanal-pumpe (Gilson Minipuls, Frankreich) durchgepumpt, die auch dazu verwendet wird, das Trägergas (2,5 ml Luft/min) in eine Mischkammer

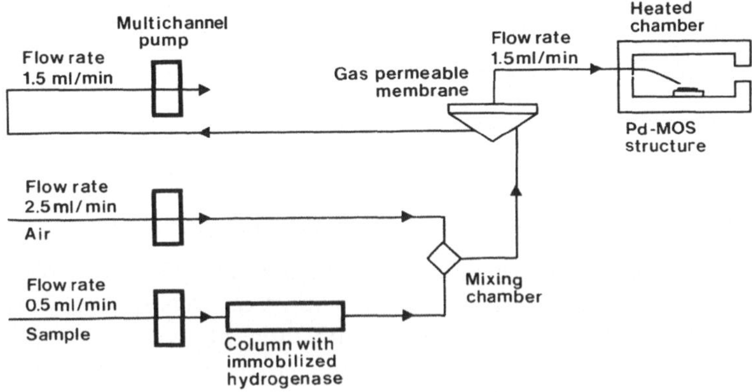

Abb. 2. Versuchsanordnung

einzuleiten. Dann wird ein Teil der Gasphase (1,5 ml/min) durch eine gasdurchlässige Membran (Fluoropore, Millipore, Mass., USA) von der Mischung abgetrennt und durch eine Dektoreinheit geleitet. Durch diese Anordnung wird genügend Wasserstoff aus der Reaktionsflüssig-keit mittels Trägergas transferiert, um die Bestimmung des im Puffer gelösten Wasserstoffs bis hinunter zu einer Konzentration von 0,05 mM zu ermöglichen.

Wasserstoffgasentwicklung durch *Cl. acetobutylicum*

Dieser Mikroorganismus ist von großem industriellem Interesse, seit er dafür verwendet wird, Butanol und Wasserstoff zu erzeugen. Die Mikroorganismen wurden an Alginatperlen fixiert und 5 ml des Präpa-rates wurden in eine kleine Säule der experimentellen Anordnung, die in Abb. 2 dargestellt ist, eingebracht. Es wurde kontinuierlich Substrat (0,16 M Glukose) unter anaeroben Bedingungen durch die Säule ge-pumpt mit einer Durchflußrate von 0,4 ml/min. Eine 200fache Ver-dünnung war nötig, um die Konzentration auf den normalen Meßbe-reich des Pd-MOS-Kondensators zu bringen. So konnte die Wasser-stoffentwicklung mehrere Tage hindurch verfolgt werden (Abb. 3), wobei sich zeigte, daß diese Komponente über lange Perioden hinweg kontinuierlich verwendet werden kann.

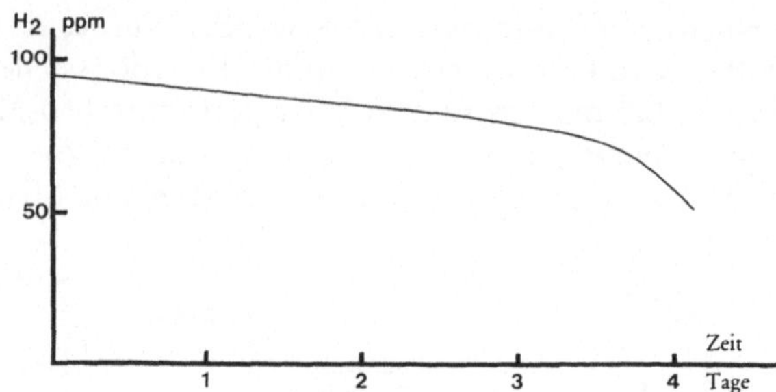

Abb. 3. Zeitlicher Verlauf (4 Tagen) der Wasserstoffkonzentration im Eluat einer 5-ml-Säule von *Cl. acetobutylicum*, trägergebunden in Alginatperlen

NAD(H)-Messungen mittels trägergebundener Hydrogenase

Die Anzahl der Anwendungsmöglichkeiten einer Methode zur Bestimmung von Wasserstoff kann durch die Kombination mit Wasserstoffdehydrogenase (Hydrogenase), durch die alle anderen Dehydrogenasereaktionen der Bestimmung zugänglich gemacht werden können, beträchtlich vergrößert werden. Wie schon erwähnt, katalysiert Wasserstoffdehydrogenase (E.C. 1.12.1.2) die reversible Aktivierung von molekularem Wasserstoff, durch den NAD^+ und eine Anzahl anderer Substrate reduziert werden kann. In dieser Untersuchung wurde eine Hydrogenase des Bakteriums *Alcaligenes eutrophus* H 16 gereinigt [7] und trägerfixiert an Glas mit kontrollierter Porengröße (CPG-10, mittlere Porendurchmesser 200 nm, 80–120 mesh, Corning Glass Works, Corning, N.Y., USA), wobei die vorher beschriebene Methode verwendet wurde [8]. Die spezifische Aktivität des löslichen Enzympräparates war 25 I.E./mg. In dem hier beschriebenen Versuch wurden 500 Einheiten auf 2 ml „CPG" angewendet und nach der Kopplung wurden 200 Einheiten an CPG gebunden wiedergefunden. Die Hydrogenase-CPG wurde in eine 5 × 30 mm Säule gebracht, die an die experimentelle Einrichtung, wie sie in Abb. 2 gezeigt wird, adaptiert war. Der Pd-MOS-Kondensator wurde geeicht, indem man bekannte Mengen von in Puffer gelöstem Wasserstoff einbrachte.

Abb. 4a zeigt eine Standardkurve für NADH, wie sie mit 1 ml Proben erhalten wurde. Die Meßergebnisse waren über den untersuchten Bereich von 0,1–0,8 mM linear. Die gleiche Versuchsanordnung kann für die Bestimmung von NAD^+ eingesetzt werden, obgleich in diesem Fall die Pufferlösung, die durch das System geleitet wird, eine konstante und ausreichende Menge an Wasserstoff enthalten muß. Wird eine Probe von NAD^+ eingeführt, so wird eine entsprechende Menge an Wasserstoff durch die Hydrogenaseaktivität verbraucht und ein negativer Schreiberausschlag wird zu beobachten sein. Wie man aus

Abb. 4b ersehen kann, ist die gemessene Kurve in diesem Fall ebenfalls linear und die Empfindlichkeit ist ungefähr gleich groß wie bei NADH.

Ein mehr verallgemeinerter Vorgang, der einen primären Dehydrogenaseschritt einschloß, wurde für die Bestimmung von Äthanol exemplarisch eingesetzt. Die Äthanolproben wurden mit entsprechenden Mengen NAD⁺ und löslicher Alkoholdehydrogenase versetzt. Nach Ablauf der Reaktion wurde die gebildete Menge NADH mittels Pd-MOS-Kondensator in Kombination mit einer „Hydrogenasesäule" bestimmt. Diese Versuche zeigten, daß diese Methoden als ein allgemein einsetzbares Verfahren zur Verfolgung von Dehydrogenasereaktionen, bei denen NADH entsteht, verwendet werden kann.

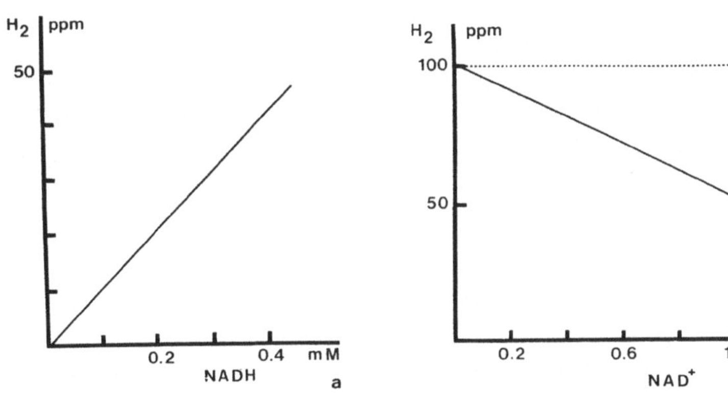

Abb. 4. *a* Meßkurve für NADH aus 1 ml Proben bei einer Durchflußrate von 1 ml/min. Die Menge an entwickeltem Wasserstoff wird als ppm des Trägergases angegeben. *b* Kurve von NAD⁺, erhalten aus 1 ml Proben bei einer Durchflußrate von 1 ml/min. Der anfänglich im Puffer anwesende Wasserstoff entsprach einer Wasserstoffionenkonzentration von 100 ppm im Trägergas

Schlußfolgerungen

Die Vorteile der gegenwärtigen Methode sind die Unabhängigkeit von den optischen Eigenschaften der Probe, die große Anzahl von Reaktionen, die verfolgt und gemessen werden können, die Einfachheit der Meßeinrichtung, ihre direkte kontinuierliche Anwendbarkeit und die verhältnismäßig hohe Empfindlichkeit trotz ihres frühen Entwicklungsstadiums.

Literatur

1. Lundström, I., Shivaraman, M. S., Svensson, C.: Surface Science *64*, 497–519 (1977).
2. Lundström, I.: Physica Scripta *18*, 424–432 (1978).
3. Danielsson, B., Lundström, I., Mosbach, K., Stiblert, L.: Anal. Lett. *12*, 1189–1199 (1979).

4. Danielsson, B., Mattiasson, B., Mosbach, K.: Pure Appl. Chem. *51*, 1443–1457 (1979).
5. Krasna, A.: Enzyme Microb. Technol. *1*, 165–172 (1979).
6. Guilbault, G. G., Stokbro, W.: Anal. Chim. Acta *76*, 237–244 (1975).
7. Schneider, K., Schlegel, H. G.: Biochim. Biophys. Acta *452*, 66–80 (1976).
8. Weetall, H. H.: In: Methods in Enzymology (Mosbach, K., ed.), Vol. 44, S. 134–148. New York: Academic Press. 1976.

Membrangebundene Enzyme in Bakterien: Isolierung, Eigenschaften und Applikation

H. Aurich

Physiologisch-chemisches Institut, Martin-Luther-Universität,
DDR-402 Halle (Saale), Deutsche Demokratische Republik

Mit 11 Abbildungen

Summary

Commercial enzymes of bacteria are nearly without exception cytoplasmic or secreted proteins. In the last year bacterial membrane-bound enzymes became easily accessible and can thus be applied in special fields in the future. Using the known data about the structure of membranes and their integrated proteins it is now possible to isolate, to purify and to stabilize membrane-bound enzymes for application. In this way we can obtain enzymes for the oxidation of intracellular metabolites, for vectorial oxidation of exogenous substrates, for the turnover of membrane lipids, for the synthesis of cell wall polysaccharides, for protein processing and enzyme secretion as well as for the membrane transport of defined substrates and for the cleavage of impermeable compounds of the culture media. After isolation such membrane enzymes can be incorporated into liposomes and other synthetic membrane structures and could be used in this form for specific metabolic transformations.

Zusammenfassung

Handelsübliche Enzyme von Bakterien sind nahezu ausnahmslos zytoplasmatische oder sezernierte Proteine. Bakterielle membranständige Enzyme sind in den letzten Jahren erst zugänglich geworden und könnten in Zukunft speziellen Applikationen zugeführt werden. Ausgehend von den Kenntnissen über den Grundaufbau der Membranen und über die darin integrierten Proteine lassen sich membrangebundene Enzyme isolieren, reinigen und stabilisieren und somit auch anwenden. Dabei sind Enzyme zur Oxydation intrazellulärer Metaboliten, zur vektoriellen Oxydation exogener Substrate, für den „turnover" der Membranbausteine, zur Synthese der Zellwandpolysaccharide, für das Protein-„processing" und den Enzymexport sowie für den Membrantransport bestimmter Substrate und für die Spaltung impermeabler Verbindungen aus dem Kulturmedium gewinnbar geworden. Solche Membranenzyme lassen sich nach ihrer Isolierung in Liposomen oder andere synthetische Membranstrukturen einbauen und in dieser Form für spezifische Stoffwandlungen nutzen.

Einleitung

Handelsübliche Enzyme von Bakterien sind nahezu ausnahmslos zytoplasmatische oder sezernierte Enzyme. Es gibt jedoch eine Reihe

H. Aurich:

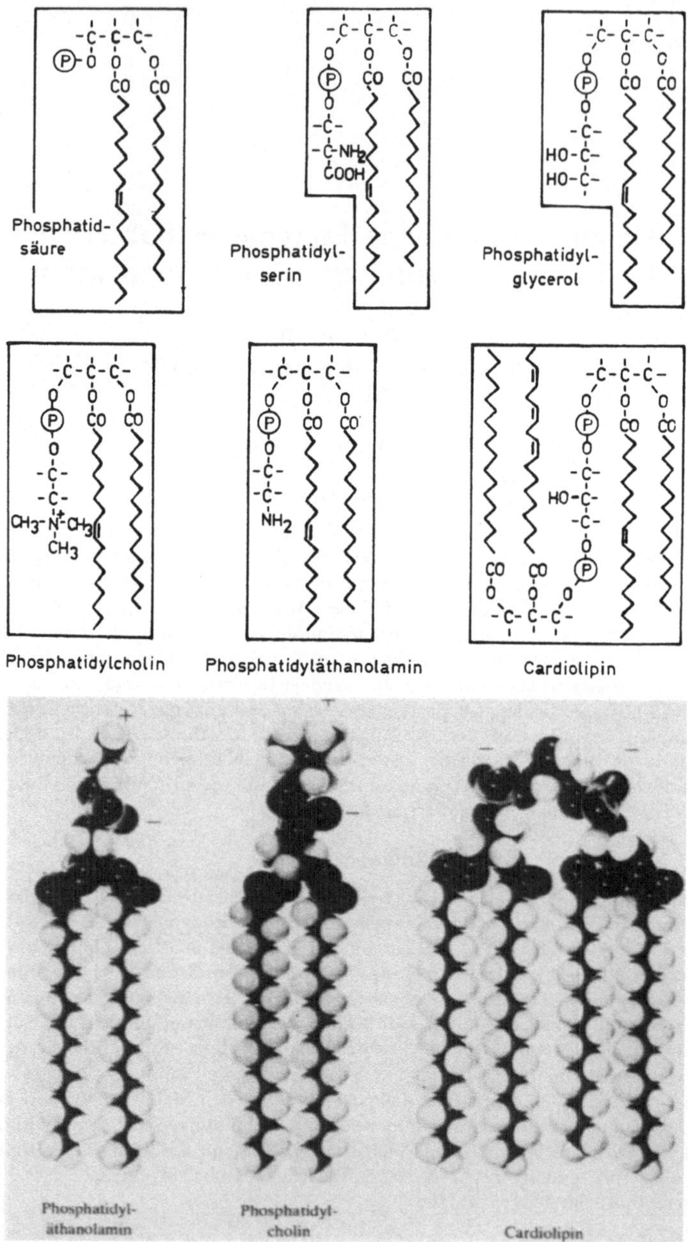

Abb. 1. Strukturformeln (oben) und Raummodelle (unten) von Phosphatiden aus bakteriellen Membranen. Die Kopfgruppen mit ihren Ladungen sind in den Raummodellen besonders gekennzeichnet [1]

von Enzymen, die auch für die industrielle oder medizinische Anwendung Interesse besitzen könnten, die natürlicherweise membranständig sind und in dieser Form in der Vergangenheit kaum dem Handel oder gar der Applikation zugänglich waren. Inzwischen sind Verfahren zur Isolierung solcher Enzyme in großem Umfange entwickelt worden, die auch an deren Anwendung denken lassen. Die Enzyme bakterieller Zytoplasmamembranen sollen hier vorgestellt und mögliche Wege für deren Gewinnung und Nutzung diskutiert werden.

A. Grundaufbau der Membranen

Membranen sind stofflich vorwiegend aus Lipiden und Proteinen (etwa im Verhältnis 1:1) zusammengesetzt. In stoffwechselaktiven Membranen ist der Proteinanteil höher als in stoffwechselinaktiven.

Die *Lipide* sind chemisch vor allem Phosphatide. Unter ihnen dominieren in bakteriellen Membranen Phosphatidylcholin (Lecithin), Phosphatidyläthanolamin, Phosphatidylglyzerol und Kardiolipin (Abb. 1). Durch ihre amphiphilen Eigenschaften bilden diese Substanzen an Grenzflächen geordnete monomolekulare Filme (Monolayer), innerhalb wäßriger Phasen dagegen unterschiedliche Strukturen, unter anderem auch biomolekulare Schichten (Bilayer), in denen sich die hydrophoben Kohlenwasserstoffreste der Phosphatide (aus deren Fettsäuren) gegenüberstehen und eine hydrophobe Zone bilden. Die polaren Kopfgruppen der Phosphatide sind gegen die Wasserphase gewandt (Abb. 2).

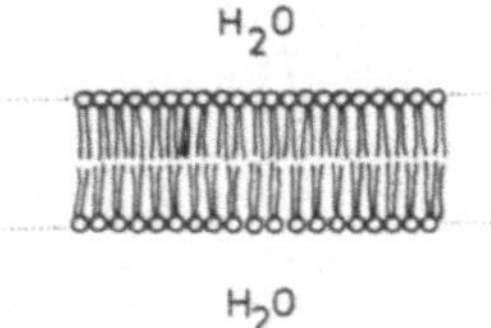

Abb. 2. Modell einer Phosphatiddoppelschicht (Bilayer) in Wasser (die hydrophilen Kopfgruppen sind durch Kreise, die hydrophoben Fettsäurereste durch Striche symbolisiert)

Packungsdichte und Fließverhalten der Doppelschichten sind abhängig von der Kettenlänge und dem Sättigungsgrad der Kohlenwasserstoffreste und damit auch von der Temperatur. Auf dieser Basis können Bakterien die Fluidität ihrer Membranen in gewissen Grenzen durch Variation der Fettsäuren in den Phosphatiden auch an Temperaturänderungen anpassen. In natürlichen Membranen ist offenbar die Verteilung der verschiedenen Phosphatide auf die beiden monomolekularen Schichten asymmetrisch. Während ein laterales Fließen der Lipidmoleküle innerhalb einer Schicht kaum behindert ist, ist der Austausch von

Molekülen zwischen den beiden Monolayers ohne Zweifel stark begrenzt.

Die in den Membranen vorkommenden *Proteine* unterscheiden sich in ihrer Aminosäurezusammensetzung von zytoplasmatischen Proteinen nur wenig. Offensichtlich ist aber die räumliche Anordnung der Aminosäuren in den Membranproteinen eine andere. Während lösliche Proteine außer kleinen, begrenzten hydrophoben Bezirken auf ihren Oberflächen überwiegend polare Aminosäurereste (und damit geladene, hydrophile Oberflächen) enthalten, zeigen Membranproteine Anord-

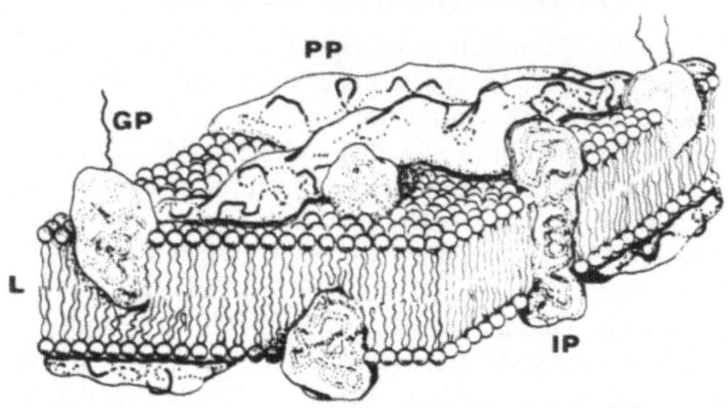

Abb. 3. Membranmodell, modifiziert nach Singer und Nicholson [2] (*L* Lipiddoppelschicht, *IP* integrale Proteine, *PP* periphere Proteine, *GP* Glykoproteide)

nungen, in denen durch apolare Aminosäurereste ausgesprochen umfangreiche hydrophobe Zonen (Domänen) auf ihrer Oberfläche geschaffen werden, die Kontakt zum hydrophoben Inneren der Membran gewinnen und damit immanenter Bestandteil der Membran sind (integrale Proteine). Dabei sind solche Proteine häufig von oligomerer Struktur, in welcher die Monomeren mit hydrophilen Kontaktflächen einander zugekehrt und mit ihren hydrophoben Oberflächenbezirken zur Lipidphase der Membran gewandt sind.

Als Strukturbesonderheit mancher integraler Proteine ist eine Konformation aufzufassen, in welcher die Proteine mit einer ausgesprochen hydrophilen Oberfläche (in Kontakt zu den geladenen Zonen der Lipiddoppelschicht bzw. zum Wasser) durch hydrophobe Teile (oder eine hydrophobe Subeinheit) in der apolaren Zone der Membran verankert sind. Darüber hinaus enthält die Membran hydrophile Proteine, die ausschließlich Kontakt zu den geladenen Kopfgruppen der Bilayers haben und damit durch ionische Bindungen auf die Lipiddoppelschicht aufgelagert sind (periphere Proteine).

Unsere derzeitigen Kenntnisse über den Aufbau der Membranen sind im Membranmodell von Singer und Nicholson zusammengefaßt

(Abb. 3). Dabei muß man heute davon ausgehen, daß Standortveränderungen der Proteine in den Membranen nur begrenzt möglich sind. Vor allem durch Protein-Protein-Wechselwirkungen entstehen ausgesprochene Proteindomänen in der Membran.

Vom Standpunkt ihrer Struktur innerhalb der Membran sind gut untersuchte Proteine (in Modellform s. Abb. 4):

Porine (Matrixprotein I) gehören zu den Hauptproteinen der äußeren Membran Gram-negativer Bakterien. Die Porine bilden als Trimere Poren an der äußeren Membran und reichen dabei von der Zelloberfläche bis zur Mureinschicht.

Lipoprotein, Baustein der äußeren Membran von *E. coli*. Es ist auch ein die gesamte äußere Membran durchziehendes Protein, das eine superhelikale tubuläre Struktur zeigt und am N-terminalen Ende zusätzlich drei Fettsäurereste (zur Verstärkung der Verankerung in der Lipid-

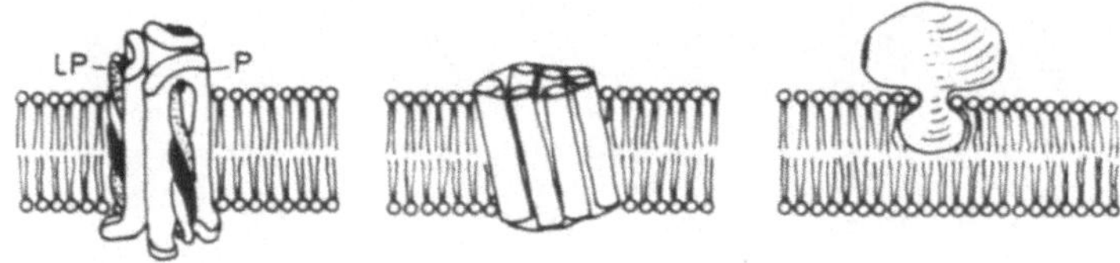

Abb. 4. Modelle von integralen Membranproteinen in ihrer Membranverankerung (nach [3] und [4]). Links: Porine und Lipoproteine der äußeren Membran; Mitte: Bacteriorhodopsin; rechts: Cytochrom b$_5$-Reduktase

schicht) enthält. Das Lipoprotein ist kovalent mit dem Murein verbunden.

Bacteriorhodopsin aus den Purpurmembranen von *Halobacterium halobium*. Es besteht als Monomer aus sieben α-Helix-Anteilen pro Polypeptidkette.

Penicillinase, ein Protein der Cytoplasmamembran Gram-negativer Bakterien. Sie enthält (ähnlich wie die Cytochrom-b$_5$-Reduktase der Eukaryonten) eine hydrophobe Verankerung in der Membran, obwohl sie offenbar selbst auf der Oberfläche (dem Periplasmaraum zugewandt) liegt.

Eine Besonderheit bakterieller Cytoplasmamembranen liegt darin, daß ihr zusätzlich eine Zellwand aufgelagert ist, die außer Lipiden und Proteinen auch Polysaccharide in unterschiedlicher Menge enthält. Die Gram-positiven Bakterien besitzen dabei ein mehrschichtiges Peptidoglycan (Murein), das bis zu 90% des Trockengewichts der Zellwand ausmachen kann; darüber hinaus Teichonsäuren und Oligo- bzw. Polysaccharide (z. T. als Oberflächenantigene wirkend), dagegen wenig Lipide und Proteine. Die Gram-negativen Bakterien enthalten in ihrer

Zellwand nur eine einzelne Mureinschicht, auf die eine zweite Membran („äußere" Membran) aufgelagert ist (Abb. 5). Sie enthält eine Reihe von Proteinen (unter anderem die bereits erwähnten Lipoproteine und Porine) und – in ihr verankert – nach außen gewandte Lipopolysaccharide, die die Antigenstruktur der Gram-negativen Zellbegrenzungen ausmachen.

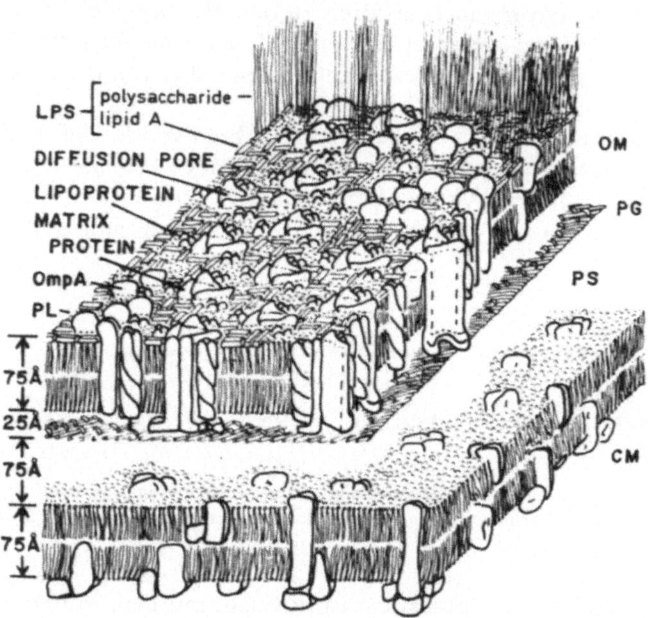

Abb. 5. Modell der molekularen Architektur der Zellbegrenzung von *E. coli* (aus [3]). *OM* äußere Membran, *PG* Murein, *PS* periplasmatischer Raum, *CM* Zytoplasmamembran, *PL* Phospholipide, *OmpA* hitzemodifizierbares Protein, *LPS* Lipopolysaccharide

B. Enzyme von bakteriellen Cytoplasmamembranen

Cytoplasmamembranen enthalten eine Vielzahl von Proteinen. Von ihrer Funktion her lassen sich sieben große Gruppen unterscheiden, die im folgenden durch Beispiele belegt werden sollen.

1. Enzyme zur Oxydation intrazellulärer Substrate

Darunter sind im wesentlichen diejenigen Membranenzyme zu verstehen, die am Elektronentransport und an der damit verbundenen ATP-Synthese beteiligt sind. Durch diese Enzyme wird in der Regel eine ungleiche Ionenverteilung an der Membran möglich, aus der ATP gewonnen werden kann. Dazu gehören die Dehydrogenasen, die meist an der Innenseite der Membran lokalisiert sind und Kontakt zum Substrat aus dem Cytoplasmaraum gewinnen. Sie enthalten häufig Flavine als Koenzyme. Beispiele dafür sind NADH-DH, Succinat-DH, Malat-DH, Laktat-DH, Formiat-DH u. a. Außerdem gehören dazu die elektronenübertragenden Enzyme bis hin zu den terminalen Oxydationsenzymen, die direkt mit O_2 (oder anderen Elektronenendakzeptoren) reagieren. Diese Enzyme enthalten als Koenzyme meist Porphyrinderivate (Cytochrome). Die a- und b-Cytochrome sind dabei integrale Proteine, Cytochrom c ist ein peripheres Membranprotein.

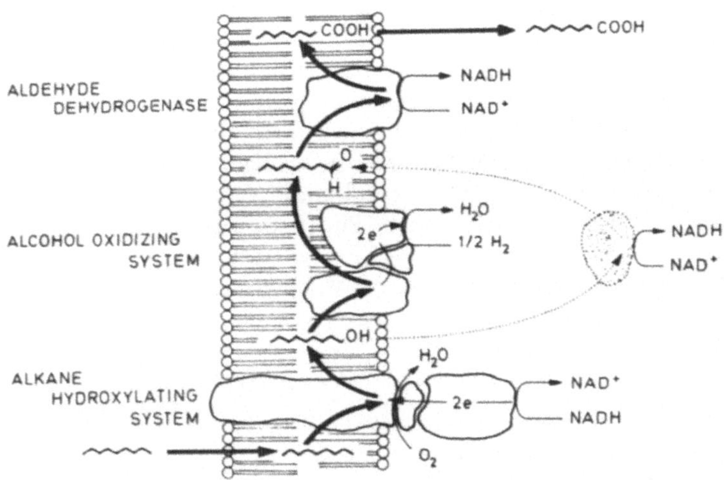

Abb. 6. Modell eines Enzymsystems aus bakteriellen Membranen zur vektoriellen Oxydation von n-Alkanen (nach [5])

Die elektronentransportierenden Membranenzyme sind auch bei Bakterien offenbar als Multienzymkomplexe oder Aggregate angeordnet (wie die Elektronentransportpartikel der Mitochondrien oder die Photosynthesesysteme der Chloroplasten).

Im weiteren Sinne gehören in diese Gruppe auch die Pigmentproteine der Purpurmembranen (z. B. Bacteriorhodopsin), die Nitrat-reduzierenden Enzymkomplexe, die Hydrogen-dehydrogenase (Hydrogenase) u. a.

2. Enzyme zur vektoriellen Oxydation extrazellulärer Substrate

Bei den Enzymen dieser Gruppe sind Permeation und Oxydation (Elektronentransfer) ein gekoppelter vektorieller Prozeß. Als Beispiel seien die Enzyme zur Oxydation von Kohlenwasserstoffen genannt. Gut studiert sind dabei die Systeme zur Alkanoxydation bei *Pseudomo-*

nas putida und *Acinetobacter calcoaceticus* (Abb. 6). Die Enzyme, die die Kohlenwasserstoffe direkt und primär funktionalisieren, sind meist Monooxygenasen (bei Aromaten auch Dioxygenasen). Sie enthalten häufig Porphyrine (z. B. Cyt. P 450) und/oder arbeiten mit Nicht-Häm-Eisen-Proteinen als Elektronen-Donatoren. Außerdem gehören dazu bestimmte Dehydrogenasen für die als Intermediate entstehenden Alkohole und Aldehyde.

3. Enzyme für den „turnover" der Membranbausteine

In den Cytoplasmamembranen lokalisiert sind bei den Bakterien auch die meisten Enzyme zur Biosynthese und zum Abbau der Membranlipide, vor allem der Phosphatide, aber auch – wo notwendig – der Karotinoide. Während die Fettsäuren in Form ihrer CoA-Ester aus dem Cytoplasma angeliefert werden, sind an Enzymen des Phosphatid-„turnover" in den Membranen nachgewiesen: Azyltransferasen, Azyl-CoA-desaturase, Diglyzeridkinase, Phosphatidyltransferasen, Phosphotidylserin-decarboxylase, Phospholipasen u. a.

Auch proteolytische Enzyme (Proteinasen, Aminopeptidasen) sind in Membranen gefunden worden. Welchen Anteil sie am „turnover" der Membranproteine besitzen, ist ungeklärt.

4. Enzyme zur Biosynthese der Zellwand-Polysaccharide

Die Biosynthese der Zellwand-Polysaccharide bzw. -Oligosaccharide erfolgt praktisch außerhalb der Zellen, da diese Stoffe die Cytoplasmamembran nicht passieren können. Die monomeren Vorstufen der Zellwandkohlenhydrate werden – in der Regel als Nukleosid-diphosphatzucker – im Cytoplasma synthetisiert und passieren als Monomere die Cytoplasmamembran. Glykosyltransferasen sind dafür in der Membran enthalten. Eine besondere Rolle in der Zuckerübertragung spielt dabei ein amphiphiler isoprenoider Alkohol aus 55 C-Atomen (als Phosphat- bzw. Pyrophosphatester), dessen Phosphorylierung (möglicherweise auch Teile seiner Synthese) ebenfalls in der Membran bewerkstelligt wird (C_{55}-Isoprenoid-alkohol-kinase). Außerdem finden sich in der Cytoplasmamembran Peptidyltransferasen und die D-Karboxypeptidase für die Mureinsynthese. Gut studierte Beispiele für die Funktion der Membran in der Biosynthese der Zellwandkohlenhydrate sind das Peptidoglycan (Murein) und die Antigen-Oligosaccharide der Enterobakterien.

5. Enzyme für das Protein-„processing" und den Enzymexport

Proteine können die Cytoplasmamembran nicht passieren. Die Proteine der Zellwand (speziell der äußeren Membran, z. B. Porine und Lipoproteine) und des Kulturmediums (die von den Zellen sezerniert wurden, z. B. Proteasen, Glycanasen u. a.), aber auch schon periphere Proteine der Cytoplasmamembran, die an der periplasmatischen Seite der Membran sitzen (z. B. Penicillinase und alkalische Phosphatase), machen eine Passage der Membran notwendig. Dabei spielt die Membran selbst eine aktive Rolle.

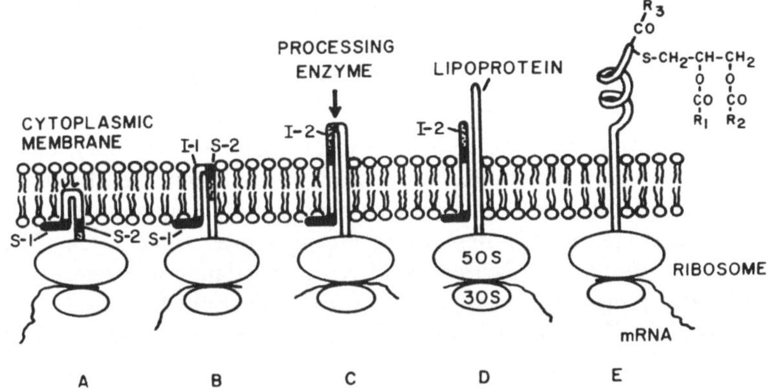

Abb. 7. Mechanismus der Biosynthese des Lipoproteins der äußeren Membran von *E. coli* (aus [3]). Das Signalpeptid enthält hydrophobe (I-1 und I-2) und hydrophile (S-1 und S-2) Abschnitte. *A* bis *E* unterschiedliche Stadien

Die Biosynthese solcher Enzyme, die aus dem Cytoplasmaraum nach außen exportiert werden, erfolgt nach unseren heutigen Vorstellungen an Ribosomen, die an die Innenseite der Cytoplasmamembran angeheftet sind. Bei Bakterien können bis zu 50% der Ribosomen an die Membran gebunden sein (vor allem bei den enzymsezernierenden Bakterien). Die Synthese dieser Proteine beginnt mit einem Peptid (Signalpeptid), dessen Funktion offensichtlich nur darin besteht, Strukturänderungen in der Membran in dem Sinne auszulösen, daß die wachsende Polypeptidkette in *statu nascendi* die Membran passieren kann (Abb. 7).

Wahrscheinlich erfolgt die Ausbildung der höheren Proteinstrukturen (Sekundär- und Tertiärstruktur) erst außerhalb der Membran (gleichsam im periplasmatischen Raum). Die Signalpeptide, deren Aminosäuresequenz und Raumstruktur der amphiphilen Struktur der Membranlipide angepaßt ist, werden in der Folge eines Protein-,,processing" vom exportierten Protein nachträglich wieder abgespalten und hydrolysiert. Die dafür notwendigen Enzyme haben ihren Sitz offensichtlich auch in der Membran. Gut untersuchte Beispiele für bakterielle Exportproteine sind das Lipoprotein der äußeren Membran von *E. coli* und dessen Penicillinase (vgl. Abb. 4).

Es steht außer Zweifel, daß Membranproteasen mit solchen „processing"-Funktionen auch in der Biotechnologie der Zukunft eine Rolle spielen werden, wenn man daran denkt, daß primär exportunfähige Proteine durch Genmanipulationen in Exportenzyme eingebaut werden können und aus diesen nachträglich auch wieder freigesetzt werden müssen. Ein bereits bekanntes Beispiel ist der Export von Präproinsulin (durch Gentransfer in *E. coli* gebracht) mit bzw. innerhalb der Penicillinase.

6. Enzyme für den Membrantransport niedermolekularer Substrate

Für die Stofferkennung (über chemotaktische Rezeptoren) und für die Stoffaufnahme aus dem Kulturmedium (über einen Membrantransport) sind Proteine der Membran notwendig. Die sogenannten „Bindungsproteine" (z. B. für bestimmte Aminosäuren oder Zucker), die „Permeasen" und die „Carrier" sind dafür seit langem bekannte Beispiele. In der jüngsten Vergangenheit gut studiert wurden die Teile des Rosemanschen Phosphotransferasesystems (PTS), von dem der Enzym-II-Anteil ein integrales Membranprotein und das H-Protein (Histidin-protein) ein peripheres Membranprotein sind. Außerdem gehören in diese Gruppe solche Membranenzyme, die – beispielsweise in der Chemotaxis – an der Umwandlung von exogenen Reizen der Umwelt in Signale für die Zelle beteiligt sind (Proteinkinasen, Proteinmethylasen).

7. Enzyme zur Spaltung von impermeablen Substraten und Giften

Eine Reihe von biologischen Polymeren (z. T. auch schon von Oligomeren), aber auch Phosphatester von niedermolekularen Stoffen, können die Membran nicht passieren (z. B. Peptide, Proteine, Zellulose, Zuckerphosphate u. ä.). Vielfach werden dafür Enzyme sezerniert, um die Hydrolyse dieser Stoffe extrazellulär zu bewerkstelligen und die Monomeren bzw. Substrate resorbieren zu können. Manchmal sind solche Enzyme auch membran- bzw. zellwandgebunden (z. B. Proteinasen, Peptidasen, Zellulasen, Phosphatasen u. a.). Im weiteren Sinne gehören dazu auch Enzyme zur Detoxikation von Giften, wofür als Beispiel die bereits mehrfach erwähnte Penicillinase angeführt werden soll.

C. Isolierung und Reinigung vom Membranenzymen

Den besten Vorlauf für die Isolierung von Membranenzymen erzielt man durch Präparation von zytoplasmafreien Membranen. Häufig wurden bei Bakterien komplette Zellbegrenzungen (also Membran und

Zellwand) isoliert, obwohl sich auch bakterielle Cytoplasmamembranen nach Lysozym-EDTA-Behandlung und hypoosmotischem Schock der Protoplasten gewinnen lassen. Insbesondere durch Methoden der Zentrifugation (Differential-Z., Zonal-Z., Gleichgewichts-Dichtegradienten-Z.) kann man die Membranen dann von Bestandteilen des Cytoplasmas und von Resten der Zellwände reinigen.

Aus isolierten Membranen können die darin enthaltenen Enzyme mit unterschiedlichen Methoden „solubilisiert" werden. Dabei handelt es sich in Wirklichkeit um eine Dispersion der Membranbausteine. Die Kriterien für eine „Solubilisierung" liegen im Verhalten der Enzyme bei der Zentrifugation und bei Molekularsiebtechniken. In der Regel erhält man die Enzyme als Lipoproteide.

Folgende Methoden werden zur „Solubilisierung" angewandt:

Entfernung von bivalenten Kationen, insofern sie an der Bindung der Enzyme in der Membran beteiligt sind;

Erhöhung der Ionenstärke bzw. Veränderung des pH-Wertes (besonders für die ionisch gebundenen, peripheren Proteine);

Einsatz hoher Konzentrationen an Guanidin-HCl oder Harnstoff;

Zugabe polarer oder apolarer organischer Lösungsmittel (z. B. Phenol/Essigsäure/H_2O) zur Extraktion der Membranlipide;

Anwendung nichtionischer (z. B. Triton X-100) oder anionischer (z. B. Gallensäuren, Dodecylsulfat u. a.) Detergentien zur Überführung integraler Proteine in Detergens-Micell-artige Strukturen;

Einsatz proteolytischer Enzyme zur Abtrennung hydrophiler Membranproteinanteile von ihren hydrophoben Verankerungen.

Tabelle 1. *Kriterien zur Unterscheidung von „peripheren" und „integralen" Proteinen*

Anforderungen/ Eigenschaften	„Periphere" Membranproteine	„Integrale" Membranproteine
Bedingungen für die Abtrennung von der Membran	milde Bedingungen: höhere Ionenstärken Komplexbildner	Agentien, die hydrophobe Bindungen lösen: Detergentien organische Lösungsmittel chaotrope Stoffe
Assoziation von Lipiden nach der „Solubilisierung"	frei von Lipiden, löslich	assoziiert mit Lipiden
Löslichkeit nach der Abtrennung von der Membran	löslich, in wäßrigen Puffern molekulardispers verteilt	unlöslich, aggregiert lipidfrei in wäßrigen Puffern

Die Wahl der anzuwendenden Methode ist durch die Art des Enzyms und seiner Struktur im Membranverband gegeben. Einige grobe Kriterien dafür sind aus Tab. 1 zu entnehmen. Die am weitesten verbreitete Methode ist fraglos der Einsatz von Detergentien. Diese Stoffe können nachträglich durch Phosphatide wieder ersetzt werden. Dabei ist der Anspruch der Enzyme an die Phosphatide zum Teil sehr spezifisch [6].

Die so „solubilisierten" Enzyme lassen sich unter Nutzung konventioneller Proteintrennungsverfahren (Gelfiltrationen, Elektrophoresen u. ä., zum Teil an die Anwesenheit von Detergentien oder Phospholipoiden angepaßt) voneinander trennen und rein gewinnen.

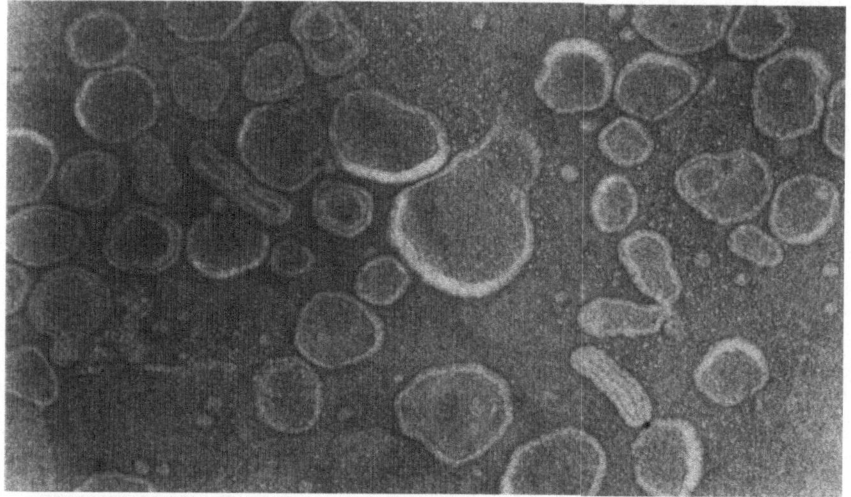

Abb. 8. Elektronenmikroskopische Darstellung von Phosphatidylcholin-Cholat-Liposomen in 320.000facher Vergrößerung. Der mittlere Radius der Liposomen im Bild beträgt 20–30 nm. (Aufnahme: Dr. Ladhoff, Pathologisches Institut der Humboldt-Universität Berlin)

D. Einbau von Membranenzymen in Liposomen oder andere synthetische Membranstrukturen

Aus Mischungen von amphiphilen Phosphatiden mit Wasser (oder Salzlösungen) werden durch Ultraschallbehandlung Multi- und Monoschichtliposomen gewonnen. Dabei handelt es sich um viel- oder einschichtige Phosphatid-Bilayers, die sich in Form von Bläschen anordnen (Abb. 8 und 9). Durch Wahl geeigneter Versuchsbedingungen lassen sich dabei Liposomen von relativ einheitlicher Größe herstellen, die auch im Zentrifugalfeld einheitlich sedimentieren (Abb. 10) und in diesem Verfahren auch vom Umgebungsmedium getrennt sowie gereinigt

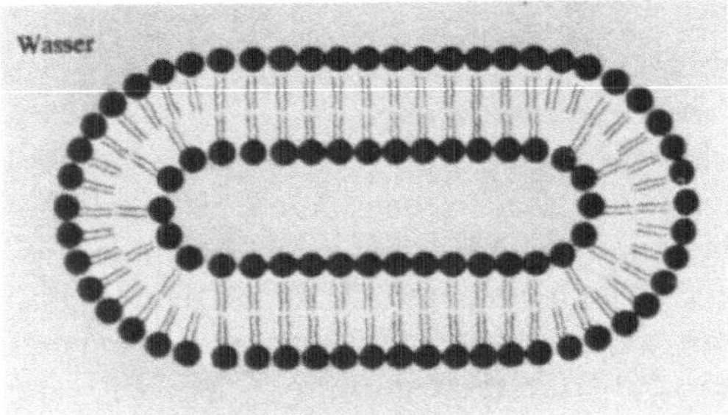

Abb. 9. Schematische Darstellung eines Liposoms (aus [1])

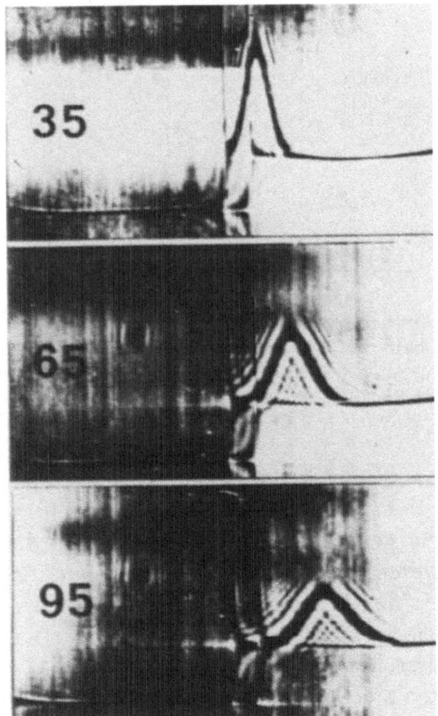

Abb. 10. Verhalten von Ultraschall-Liposomen aus Phosphatidylcholin (in KCl/NaHCO$_3$-Puffer; 20 °C) in der analytischen Ultrazentrifuge, Drehzahl: 45.000/min; Zeit (in Minuten) ab Nullzeit (Aufnahme: Dr. Kretschmer)

werden können. Bei einem Radius von etwa 10 nm bilden etwa 3000 Phosphatidmoleküle ein Liposom. Bei längerem Stehen konfluieren die kleinen Liposomen nach und nach zu Vesikeln mit Radien um

50–60 nm. Dritte Verbindungen (vor allem hydrophile Proteine oder auch kleinmolekulare Stoffe) lassen sich bei Zugabe vor der Liposomenherstellung in diese einschließen.

Liposomen besitzen eine gewisse Tendenz, auch mit normalen Zellmembranen intakter Zellen oder auch mit isolierten Membranen („ghosts") zu fusionieren und damit ihren Inhalt in die Zielzelle bzw. in die Membranvesikel zu entleeren. Man hat sie deshalb in der Vergangenheit vor allem dafür benutzt, Cytostatika, Enzymeffektoren, Enzyme oder andere Proteine in bestimmte Zellen zu bringen, wenn sol-

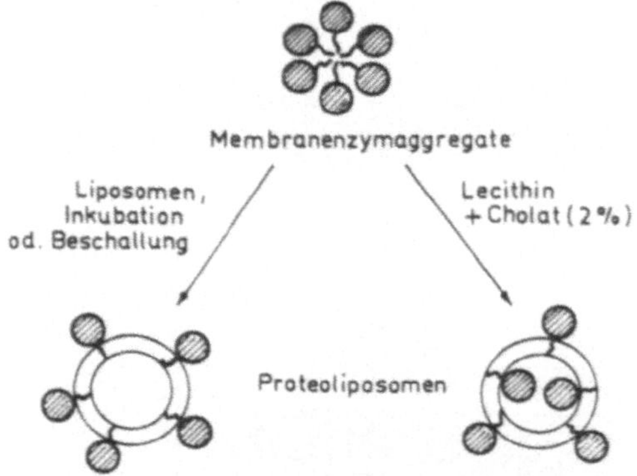

Abb. 11. Schema der Formierung von Proteoliposomen aus Membranenzymaggregaten mit Liposomen (links) bzw. mit Phosphatidylcholin Lecithin/Cholat-Wassergemischen (rechts). Die Schwänzchen an den hydrophilen Enzymteilen (schraffiert) sollen deren hydrophobe Membranverankerungen symbolisieren

che Stoffe die Zellmembran dieser Zellen normalerweise nicht passieren können. Manche Glykosidasen wurden so mit Erfolg bereits in Gangliosidspeicherzellen geschleust und konnten auf diesem Wege den Gangliosidgehalt dieser Zellen deutlich dezimieren. Auch die Lipidzusammensetzung der Membranen bestimmter Zielzellen läßt sich gezielt durch spezifische Liposomen verändern (und auf diesem Wege auch die Eigenschaften solcher Membranen).

Liposomen boten sich nun auch an, um isolierte Membranenzyme nachträglich – in gewünschter räumlicher Orientierung – innerhalb von synthetischen Membranen wieder zu „rekonstituieren". Die Enzyme, die in ihren Detergensformen gewonnen wurden oder auch in einer Phosphatidumgebung vorliegen, werden durch Sorbtion in die Liposomenmembranen eingebaut. Aber auch lipidfreie und dadurch aggregierte Membranenzyme lassen sich in Liposomenmembranen integrieren (Proteoliposomen), bei Wahl geeigneter Versuchsbedingungen sogar in gewünschter räumlicher Orientierung (Abb. 11).

Ein gut studiertes Beispiel für rekonstituierte Liposomenmembranenzyme ist das Bacteriorhodopin aus der Purpurmembran von *Halobacterium halobium*. Purpurmembranbausteine lassen sich mit Liposomen fusionieren, die daraufhin eine lichtgetriebene Protonenaufnahme in die Vesikel, eine H^+-Abgabe in der Dunkelheit und sogar eine lichtinduzierte ATP-Synthese (Photophosphorylierung) zeigen, wenn in die Liposomenmembran zusätzlich mitochondriale ATPase eingebaut wird [7]. Der Ionentransport ist dabei gebunden an die Anwesenheit des Pigment-Protein-Komplexes und seiner Fähigkeit zur Energiekonservierung auf der Basis von Konformationsänderungen. Aber auch andere Enzyme (z. B. die Aldehyddehydrogenase aus *Acinetobacter* [8]) und Proteine (Human-Transplantations-Antigene, trinitrophenylierte Haptene, Histokompatibilitätskomplexe u. a.) wurden bereits in Liposomenmembranen eingebaut.

Über solche Liposomenrekonstitutionen hinaus bieten sich Phosphatidmembranen auch in anderer Form als Träger von Membranenzymen an. Beispielsweise können Membranen auf Glasoberflächen aufgezogen und dann mit Enzymen beladen werden. Erfolgversprechend sind dabei vor allem Phosphatidbilayers, die auf Silikagel aufgezogen wurden (auf der Basis von H-Brückenbindungen zwischen den Kopfgruppen der einen Phosphatidschicht und OH-Gruppen der Silikageloberfläche) [9]. In solche – relativ stabile – Membranen lassen sich Membranenzyme (integrale wie periphere) einbauen bzw. adsorbieren. Nach künstlicher Hydrophobierung dürfte dies auch für hydrophile Enzyme möglich sein.

Man kann sich leicht vorstellen, daß Entwicklungen in dieser Richtung nicht nur die Palette derjenigen Enzyme erweitert, die in Enzymreaktoren ihren Einsatz finden könnten, sondern daß sich auf diesem Wege auch neuartige Prinzipien der biotechnologischen Simulierung biologischer Stoffwandlungen anbieten und anbahnen.

Literatur

1. Lehninger, A. L.: Biochemie. Weinheim-New York: Verlag Chemie. 1977.
2. Singer, S. J., Nicholson, G. L.: Science *175*, 720 (1972).
3. Di Rienzo, J. M., *et al.:* Ann. Rev. Biochem. *47*, 481 (1978).
4. Henderson, R.: Ann. Rev. Biophys. Bioeng. *6*, 87 (1977).
5. Aurich, H.: Sitzungsber. Akad. Wiss. DDR 16.N (1979).
6. Sandermann, H.: Biochim. Biophys. Acta *515*, 209 (1978).
7. Racker, E., Stoeckenius, W.: J. Biol. Chem. *249*, 662 (1974).
8. Lasch, J., *et al.:* Unveröffentlicht.
9. Poltorak, O. M., *et al.:* Vestn. Mosk. Univ. Ser. 2, Chimija *18*, 125 (1977).

Energiestoffwechsel des thermophilen Bakteriums *Bacillus stearothermophilus* während kontinuierlicher Kultur im Phauxostat

W. P. Hempfling

Department of Biology, The University of Rochester,
Rochester, NY 14627, U.S.A.

Mit 4 Abbildungen

Summary

According to Coultate and Sundaram [1] the aerobic growth of the thermophilic bacterium *Bacillus stearothermophilus* in batch culture is apparently less efficient at higher than at lower temperatures. Although the rate of growth is some threefold greater at 60 °C than at 41 °C [2], the value of $Y_{glucose}$ (g dry weight per mole glucose metabolized) at 60 °C is only about half that at 41 °C. Hence, the greater biomass productivity of a culture at a higher temperature that would be expected due to its more rapid growth rate would be partly offset by a corresponding decrease of energetic efficiency. Coultate and Sundaram attributed this phenomenon to progressive disruption of coordination between the "... nonoxidative and oxidative phases of glucose metabolism at the higher temperatures" as well as to uncoupling of energy conservation from respiration.

Because of the rapidly increasing importance of thermophiles as agents of industrial transformations, and because of the fundamental importance of bioenergetic considerations to the development of the development of such processes, we considered that the question of the temperature dependency of the efficiency of growth of *B. stearothermophilus* should be re-examined, employing modern techniques of continuous culture.

Zusammenfassung

Nach Coultate und Sundaram [1] ist das aerobe Wachstum des thermophilen Bakteriums *Bacillus stearothermophilus* in diskontinuierlicher Kultur weniger effizient bei höheren Temperaturen als bei niedrigen. Obwohl die Wachstumsrate bei 60 °C dreimal höher ist als bei 41 °C [2], war der Wert des Ertragskoeffizienten $Y_{x/s}$ mit Glukose als Substrat nur halb so groß als bei 41 °C. Die größere Produktivität einer Kultur bei höheren Temperaturen, die wegen des schnelleren Wachstums erwartet werden könnte, wird aber teilweise auf Grund einer Abnahme des energetischen Wirkungsgrades herabgesetzt. Coultate und Sundaram führen dieses Phänomen sowohl auf eine fortschreitende Störung zwischen „nicht-oxidativen und oxidativen Phasen des Glukose-Stoffwechsels bei höheren Temperaturen" als auch auf eine Entkoppelung der Energieerhaltung und Respiration zurück.

Auf Grund der rasch zunehmenden Bedeutung thermophiler Organismen für industrielle Prozesse wie auch wegen der grundlegenden Bedeutung der bioenergetischen Überlegungen gerade für die Entwicklung solcher Prozesse sind wir der Auffassung, daß die Frage der Temperaturabhängigkeit des Wirkungsgrades des Wachstums von *Bacillus stearothermophilus* neu untersucht werden sollte, und zwar unter Anwendung neuerer Methoden der kontinuierlichen Kultur.

Material und Methoden

Bacillus stearothermophilus (var. *nondiastaticus*), Stamm L-2, wurde aus Glashausbeeterde an der Universität Rochester isoliert und in ein Medium übertragen, das DL-Laktat als einzige Kohlenstoffquelle enthielt. Dieser Stamm ist dem Isolat, das Epstein und Grossowicz [2] beschreibt bzw. dem von Coultate und Sundaram [1] verwendeten, sehr ähnlich. Normales Wachstum ist z. B. nur mit D-Biotin als Supplin möglich. Der Organismus wurde jeweils auf Nähragarplatten übertragen und bei 55 °C gezüchtet.

Wurde für die kontinuierliche Kultur ein Kulturgefäß mit 355 ml Kulturvolumen verwendet, so wurden die Versuche im Chemostat oder wie vorher beschrieben [3, 4] im Phauxostatsystem durchgeführt. Für alle Versuche wurde eine Mineralsalzlösung verwendet [3], die 30 mM Kaliumphosphat enthielt, einen pH-Wert von 7 hatte, der jedoch 20 mg/l D-Biotin zugesetzt wurden, wenn ein Minimalmedium verwendet werden sollte; war jedoch ein Komplexmedium erwünscht, so wurden 4 g/l Kaseinhydrolysat (Sigma) und 2 g/l Hefeextrakt (Difco) zugesetzt. Es wurden 5 mM (Chemostat) oder 15 mM (Phauxostat) Glukose zugesetzt, und wo es angezeigt erschien, wurden 10 mM DL-Laktat verwendet. Für die Begasung wurde N_2 über heißes Kupfer geleitet und weiters durch das Kulturmedium im Vorratsgefäß sowie durch die Kultur, um anaerobe Bedingungen zu gewährleisten. Der pH-Wert der Kultur wurde bei 6,7 gehalten.

Das Trockengewicht (TG) der mit Wasser gewaschenen Zellsuspension wurde wie zuvor bestimmt [4], ebenso die Gehalte an Kohlenstoff und Stickstoff jener Suspensionen. Der Sauerstoffgehalt des Gases, das aus dem Auxostatgefäß ausströmt, wurde wie vorher beschrieben bestimmt [3]. Die Werte für $Y_{Glukose}$, Y_{ATP} und Y_O wurden wie zuvor berechnet [3]. Die aus dem Auxostat abfließende Zellsuspension wurde gesammelt, in der Kälte zentrifugiert und der Überstand der Proben auf Fermentationsprodukte untersucht, indem man der Methode der enzymatisch katalysierten Reduktion von NAD^+ in einem Puffer mit einem Gehalt von 0,3 M Glyzin und 0,4 M Hydrazinhydrat und einem pH-Wert von 9–9,5 folgte, bei der es sich um eine modifizierte Vorgangsweise handelt, wie sie in dem Buch von Bergmeyer [5] beschrieben wird.

L(+)-Laktat wurde mittels L(+)-Laktatdehydrogenase aus Kaninchenmuskel bestimmt; D(–)-Laktat mit D(–)-Laktatdehydrogenase aus *Lactobacillus leichmannii;* Formiat mit Formiatdehydrogenase aus *Pseudomonas oxalaticus;* und Äthanol mit Alkoholdehydrogenase aus Hefe. Glyzerin wurde mit Hilfe von Glyzerindehydrogenase aus *Enterobacter aerogenes* bestimmt, Azetat nach der Methode von Hempfling und Mainzer [3]. Alle Enzyme waren Erzeugnisse der Sigma Chemical Corporation (USA).

Temperaturabhängigkeit des anaeroben Wachstums und Ablauf der Fermentation

Die Auswirkungen der Änderung der Wachstumstemperatur im Phauxostat auf die spezifische Wachstumsrate, den molaren Ertragskoeffizienten bezogen auf den Glukoseabbau und den ATP-Verbrauch sowie auf den Verlauf der Fermentation während des Wachstums in Komplexmedium sind in Abb. 1 dargestellt. Der Wert von $Y_{Glukose}$

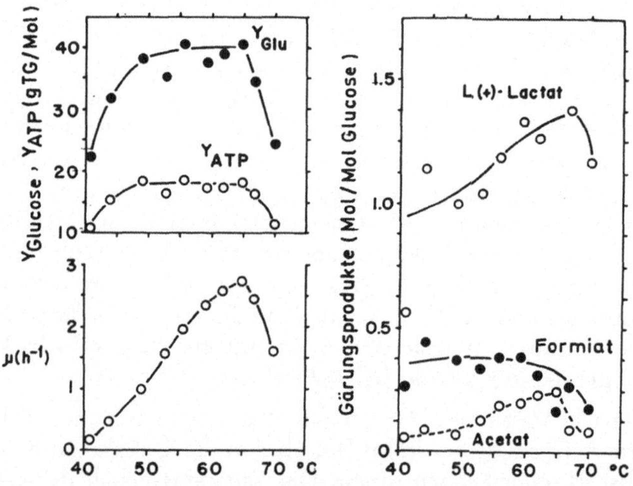

Abb. 1. Wachstumsrate, molarer Ertragskoeffizient und Gärungsverlauf während anaeroben Wachstums in kontinuierlicher Kultur mit Komplexmedium. Begasung: N_2, 2 l/h

verdoppelt sich fast über einen Temperaturbereich von 41–49 °C und geht mit einer fünffachen Zunahme der Wachstumsrate einher. Über die Temperaturspanne von 49–65 °C bleibt der Wert für $Y_{Glukose}$ beinahe konstant bei etwa 40 g (Trockengewicht) pro Mol Glukose, wenngleich die Wachstumsrate etwa 2,7fach ansteigt, um bei 65 °C (bei einer Generationszeit von 15 min) einen Maximalwert von 2,7 h^{-1} erreicht. Oberhalb 65 °C nimmt der Wert für $Y_{Glukose}$ mit steigender

Temperatur ab, ebenso die Wachstumsrate; bei 72 °C hört das Wachstum auf.

Der Gehalt an Fermentationsprodukten im Kulturmedium bezogen auf den Glukoseverbrauch ist ebenfalls in Abb. 1 dargestellt und zeigt ein Ansteigen der L(+)-Laktat- und Azetatproduktion bei steigender Temperatur. In diesem kontinuierlich gespeisten System war die Ausbeute an Äthanol gering, und die gesamte ermittelte Kohlenstoffbilanz lag zwischen 65 und 80%; es ist daher möglich, daß nicht alle Fermentationsprodukte wieder bestimmt wurden, wenngleich weder Glyzerin noch D(–)-Laktat gebildet wurde. Atkinson, Evans und Yoe [6] haben berichtet, daß Propion- und Isobutansäure von ihrem Stamm von *B. stearothermophilus* gebildet wurden. Nichtsdestoweniger war der Verlauf der Fermentation der Kultur im Phauxostat bei 60 °C ähnlich jenem der Batch-Kulturen von *B. stearothermophilus*, wie ihn McKray und Vaughn [7] beschrieben und in Tab. 1 aufgezeigt haben.

Tabelle 1. *Die „saure" Vergärung von Glukose durch Bacillus stearothermophilus*

	L(+)-Laktat	Formiat	Azetat	Äthanol
Glukose =	1,50	0,27	0,13	0,13 (pH 5,8)
Glukose =	1,25	0,60	0,30	0,31 (pH 7,8)

Ergebnisse von McKray und Vaughn [7] in anaerober diskontinuierlicher Kultur, Komplexmedium, 60 °C.

	L(+)-Laktat	Formiat	Azetat	Äthanol
Glukose =	1,30	0,38	0,22	0,15 (pH 6,7)

Eigene Ergebnisse: Kontinuierliche Kultur im Phauxostat unter anaeroben Bedingungen, Komplexmedium, 60 °C (vgl. Abb. 1).

Die getrennte Schätzung des Ausmaßes des Einbaus von einheitlich markierter ^{14}C-Glukose in die Zellbiomasse während des Wachstums in Komplexmedium bei verschiedenen Temperaturen zeigte, daß weniger als 5% der verbrauchten Glukose assimiliert wurde.

Trotz der geringen Menge an wiedergefundenem Äthanol bestätigten die Bestimmungen der Azetatmenge, daß die Berechnung des Wertes für Y_{ATP} durch die Verwendung der Daten, wie sie in Abb. 1 dargeboten werden, weitergeführt werden kann; ebenso sind auch die Ergebnisse dieser Berechnung aufgezeigt. Der Wert für Y_{ATP} ist nahezu über den Temperaturbereich von 49–65 °C bei etwa 17,5 g (Trockengewicht) pro Mol ATP konstant. Bei Temperaturen unter 49 °C oder über 65 °C ist der Wert von Y_{ATP} deutlich niedriger.

Der Stamm L-2 von *B. stearothermophilus* kann auch anaerob in einem Minimalmedium mit D-Biotin-Zusatz wachsen. Die Auswirkungen der Temperaturvariation auf das Wachstum im Gleichgewichtszustand sowie auf die anderen Parameter (von Abb. 1) in diesem Kulturmedium sind in Abb. 2 dargestellt. Der Temperaturbereich, über welchen der Stamm L-2 in einem Minimalmedium anaerob wachsen kann, ist kleiner als der, der das Wachstum in Komplexmedium erlaubt, wobei das Wachstum bei 57 °C mit der Lyse der Zellen aufhört, und es wird nur ein Maximalwert der spezifischen Wachstumsrate von 0,63 h^{-1} (bei einer Generationszeit von 65 min) bei 55 °C erreicht.

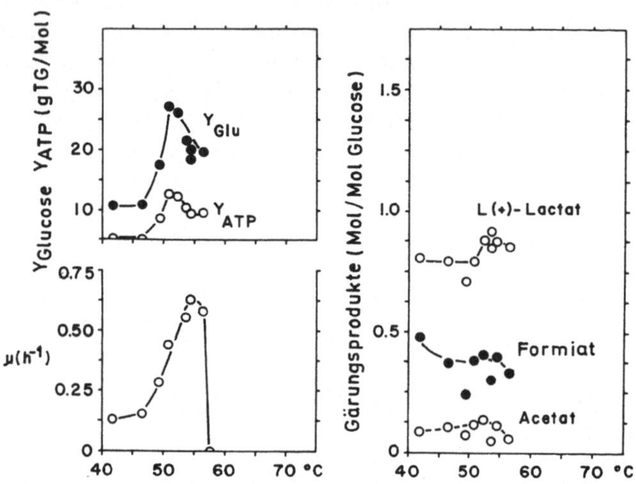

Abb. 2. Wachstumsrate, molarer Ertragskoeffizient und Gärungsverlauf während anaerober kontinuierlicher Kultur mit Minimal-Biotin-Medium. Begasung: N_2, 2 l/h

Anders als im komplexen Nährmedium zeigt der Wert für $Y_{Glukose}$ der Kultur in Minimal-Biotin-Medium eine starke Temperaturabhängigkeit und steigt von 10,9 auf 27,2 g Trockengewicht pro Mol Glukose über den Bereich von 42–51 °C, während er dann auf etwa 20 g Trockengewicht pro Mol Glukose absinkt. Die mittlere Zusammensetzung betreffs C und N der Kultur in Abb. 2 lag bei 47,7% bzw. 11,3% des Trockengewichtes. Die Temperatur, bei der ein maximaler Wachstumsertrag erzielt wird, ist nicht identisch mit der Temperatur, bei der die maximale Wachstumsrate erreicht wird. Im Vergleich mit den Ergebnissen einer kontinuierlichen Kultur im Komplexmedium produziert der Organismus, der in Minimal-Biotin-Medium wächst, geringe Mengen L(+)-Laktat, aber größere Mengen an Formiat und ähnliche Mengen Azetat. Auch hier liegen die Ergebnisse einer Kohlenstoffbilanz zwischen 65 und 80%. Die Werte für Y_{ATP}, wie sie aus Abb. 2 errechnet wurden, verlaufen parallel zu den Werten für $Y_{Glukose}$ während der Variation der Wachstumstemperatur und erreichen bei 51 °C ein Maximum von 12,9 g Trockengewicht pro Mol ATP.

Temperaturabhängigkeit des aeroben Wachstums und Respiration

Die Reaktion der aeroben Kultur von *B. stearothermophilus* Stamm L-2 auf die Veränderungen der Wachstumstemperatur während der

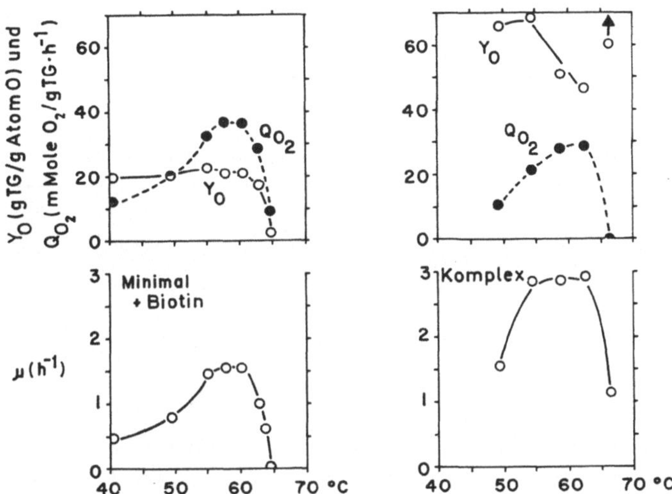

Abb. 3. Wachstumsrate, respiratorischer Quotient und molarer Ertragskoeffizient im Verhältnis zur O_2-Aufnahme während aeroben Wachstums in kontinuierlicher Kultur in Minimal-Biotin-Medium und in Komplexmedium. Belüftungsrate: 2–3,5 l/h bei Minimal-Biotin-Medium; 5–8 l/h bei Komplexmedium

kontinuierlichen Kultur im Phauxostat ist in Abb. 3 dargestellt. Bei Verwendung von Minimal-Biotin-Medium steigt die Wachstumsrate über einen Temperaturbereich von 41–58 °C an und erreicht bei 58 °C 1,55 h^{-1} (Generationszeit = 27 min). Der Wert für Y_O bleibt über den gleichen Temperaturbereich etwa zwischen 19,8 und 21,2 g Trockengewicht pro Grammatom Sauerstoff fast konstant. Der Wert von Y_O nimmt nur bei Temperaturen ab, die diejenige Temperatur übersteigen, die eine maximale Wachstumsrate gestattet; das Wachstum hört bei 65 °C auf.

Im Komplexmedium bleibt die Wachstumsrate, die zwischen 54 und 62 °C erzielt wurde, bei etwa 2,9 h^{-1} konstant (Generationszeit = 14 min); das heißt, die maximale, praktisch erzielbare spezifische Wachstumsrate in Komplexmedium ist sowohl bei Anwesenheit wie bei Abwesenheit von Sauerstoff beinahe gleich (vgl. Abb. 1). Die Durchführung dieses Experimentes wurde durch die Beobachtung erschwert, daß das Wachstum, wenngleich die Kultur bis zu Temperaturen von 40 °C wuchs, von einer Alkalisierung des Kulturmediums begleitet war. Diese Tatsache bedeutet, daß Aminosäuren als primäre Quelle reduzierender Äquivalente für die Atmung dienten. Dementsprechend wird nur über Ertragswerte für jene kontinuierlichen Kulturen berichtet, die über 49 °C wuchsen, wo eine Ansäuerung den pH-Wert bestimmte, um so die Messungen im Komplexmedium mit jenen im Minimal-Biotin-Medium leichter vergleichbar zu machen.

Tabelle 2. *Molarer Ertragskoeffizient in bezug auf Glukoseaufnahme während aeroben Wachstums im Komplexmedium (vgl. Abb. 4)*

Temperatur (°C)	$Y_{Glukose}$ (g Trockengewicht/Mol Glukose)
49,2	102,2
54,3	91,7
58,8	102,6
62,2	54,7
66,2	28,8

Der Wirkungsgrad des aeroben Wachstums ist zwischen 49 und 55 °C sehr hoch: 66–69 g Trockengewicht pro Grammatom O_2. Bei einer Temperatur über 58 °C vermindert sich der Wert für Y_O jedoch bis auf 46 g Trockengewicht pro Gramm O_2. Bei 66 °C ist kein Sauerstoffverbrauch durch die Kultur mehr feststellbar, wenngleich das Wachstum fortgesetzt wird; die Angabe eines Wertes für Y_O (theoretisch unendlich) ist in diesem Fall bedeutungslos. Der Ertrag an Biomasse bezogen auf Glukoseverbrauch ($Y_{Glukose}$) wurde daher bestimmt, indem man die Menge dissimilierter Glukose berechnete. Die Ergebnisse dieser Bestimmung sind in Tab. 2 aufgeführt und zeigen, daß der molare Wachstumsertrag bei 66 °C (wo die Wachstumsrate auch niedriger ist) nur etwa 27% dessen beträgt, der bei 59 °C erzielt wird.

Aerober Ertragskoeffizient und Erhaltungsstoffwechsel unter substratlimitierter Auxostasie

Um das Verhalten des Stammes L-2 unter substratlimitierten Wachstumsbedingungen zu bestimmen, wurde im Chemostat eine kontinuierliche Kultur mit einem Minimal-Biotin-Medium aufgebaut, die limitierende Mengen an Glukose oder DL-Laktat enthielt. Die Ergebnisse dieser Versuche sind in Abb. 4 wiedergegeben. Berechnet nach der Formel von Pirt [8], liegt der Wert für $Y_O(max)$ bei etwa 22 g Trockengewicht pro Grammatom O_2 sowohl in Laktat- als auch in Glukose-limitierten Kulturen. Dieser Wert für Y_O stimmt sehr gut überein mit dem Wert von 21 g Trockengewicht pro Grammatom Sauerstoff, wie er in der kontinuierlichen Kultur bei 55 °C (Abb. 3) festgestellt werden konnte. Das Ausmaß der Respirationsgeschwindigkeit für den Erhaltungsstoffwechsel kann ebenfalls aus den Daten der Abb. 4 berechnet werden: dies beträgt 8,4 mg O_2 pro Gramm Trockengewicht . h^{-1} in den Glukose-limitierten Kulturen und 21,8 mg O_2 pro Gramm Trockengewicht . h^{-1} in den Laktat-limitierten Kulturen. Diese Werte sind für mesophile Bakterien in nährstofflimitierter Auxostasie durchaus typisch [9].

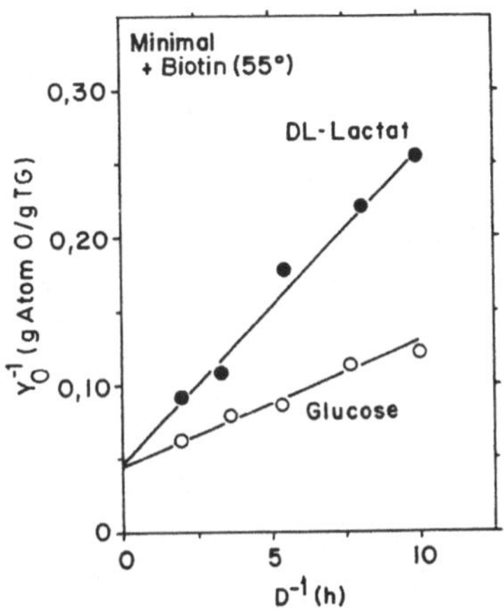

Abb. 4. Verhältnis zwischen Y_O-Wert und spezifischer Wachstumsrate (doppelreziproke Auftragung) während Auxostasie: Limitierung entweder Glukose oder DL-Laktat. Minimal-Biotin-Medium. Belüftungsrate: 1,5–2,5 l/h

Diskussion

Aus den Ergebnissen des Versuches, der in Abb. 1 beschrieben ist, ist es ersichtlich, daß der anaerobe molare Ertragskoeffizient von *B. stearothermophilus* in Komplexmedium mit Glukose durch die Wachstumstemperatur über einen Bereich von 49–69 °C nicht beeinträchtigt wird, das heißt also, bis die Temperatur erreicht wird, bei der die maximale praktisch erzielbare Wachstumsrate erlangt wird. Diese Beobachtung zeigt, daß das Enzymsystem, das für die Synthese aller Makromoleküle notwendig ist, bis zu 69 °C stabil ist und daß die Bildung von ATP auf dem Substratniveau sowie die Verwendung von ATP zur Polymerisation mit der gleichen Effizienz vor sich geht, ausgenommen über 69 und unterhalb 49 °C. Daraus folgert, daß jede Änderung des Wachstumsertrages innerhalb des Intervalls zwischen 49 und 69 °C, die als Folge irgendwelcher Änderungen der Wachstumsbedingungen auftritt, als Reaktion auf irgendwelche Modifikationen entweder des Mechanismus der ATP-Bildung oder der Reaktionen, die für die Synthese biologischer Monomerer oder für beides verantwortlich sind, darauf zurückzuführen ist.

Während einer aeroben kontinuierlichen Kultur in Minimal-Biotin-Medium mit Glukose werden die Werte, die für Y_O beobachtet wurden, durch Änderungen der Wachstumstemperatur nur geringfügig beeinträchtigt, hingegen weichen sie innerhalb des Bereiches zwischen 41 und 60 °C etwas vom anaeroben Wachstum ab. Oberhalb 60 °C nehmen sowohl die Werte für Y_O als auch die der spezifischen Sauerstoffaufnahmerate ab. Es scheint, als würde der Atmungsprozeß oberhalb 60 °C beeinflußt, einschließlich sowohl der ATP-Bildung durch oxidative Phosphorylierung (Abnahme von Y_O) als auch der Transport der Reduktionsäquivalente (Abnahme von Q_{O_2}). Ein extremes Beispiel für diese Tendenz stellen die Ergebnisse des Versuches dar, der in Tab. 2 und Abb. 3 wiedergegeben ist: Die Fermentation findet bei 66 °C in Komplexmedium noch statt, aber der Sauerstoffverbrauch kommt zum Stillstand. Da die Plasmamembran für die Atmung und die damit verbundene ATP-Bildung verantwortlich ist, scheint es wahrscheinlich, daß Temperaturen über 60 °C zerstörende Wirkungen auf die Membran ausüben, wie dies in zunehmendem Maß mit steigender Temperatur offenkundig wird. Dieser Effekt wird durch das Wachstum in Minimal-Biotin-Medium noch verstärkt; tatsächlich ist es so, daß anaerobes Wachstum in Minimal-Biotin-Medium bei den wachsenden Zellen eine noch größere Temperaturempfindlichkeit hervorruft, wobei das Wachstum oberhalb 56 °C aufhört und eine Lyse der Zellen eintritt (Abb. 2).

Die kontinuierliche Abnahme des aeroben Wachstums mit steigender Temperatur, wie es von Coultate und Sundaram [1] berichtet wird, tritt jedoch nicht in Erscheinung, wenn ein direkter Indikator der Erhaltung der Respirationsenergie verwendet wird. Während des Wachstums in Komplexmedium ist die Änderung von Y_O mit steigender Temperatur den Ergebnissen von Coultate und Sundaram ähnlicher. Dennoch kann mit steigender Temperatur unter gewissen Ernährungsbedingungen ein verminderter Wirkungsgrad auftreten, obwohl diese Tatsache kein charakteristisches Merkmal für die Kopplung der ATP-Synthese an die Atmung ist. Hinsichtlich des quantitativen Wirkungsgrades der oxidativen Phosphorylierung in jenen Zellen, die unter Bedingungen wachsen, die den höchsten aeroben molaren Wachstumsertrag erlauben, d. h. über den Bereich 41–60 °C in Minimal-Biotin-Medium und den Bereich 49–55 °C in Komplexmedium erhebt sich eine Frage. Die herkömmliche Methode, die angewandt wird, um den „P/O“-Wert der wachsenden Zellen zu berechnen, besteht darin, daß die Wirkung der unterschiedlichen Wachstumsrate auf den molaren Wachstumsertrag während der aeroben und anaeroben nährstofflimitierten Auxostasie gemessen wird. Danach wird, wie in Abb. 4, die Abzweigung der Energie für den Erhaltungsstoffwechsel korrigiert, um den „maximalen" Wachstumsertrag gemäß der Formel nach Pirt [8] zu berechnen. Das Verhältnis der Y_O(max)-Werte zu den Y_{ATP}(max)-Werten soll den Ertrag an ATP pro Grammatom reduzierten Sauerstoffs widerspiegeln. Beispiele für diese Vorgangsweise finden sich in der Arbeit von Hempfling und Mainzer [3] und besonders in dem Artikel von Stouthamer und Mitarbeiter [10]. Doch hat diese Vorgangsweise, wie schon betont, Mängel [11].

Wir haben kürzlich ein deterministisches Modell aufgestellt, das teilweise die Substratabhängigkeit der aeroben und anaeroben molaren Wachstumserträge rationalisiert und zeigt, daß die Methode zur Berechnung des P/O-Wertes der wachsenden Zellen nicht ausreichend ist. Diese Abhandlung setzt voraus, daß alle von der Wachstumsrate abhängigen Prozesse, die Energie verbrauchen, mitberücksichtigt werden müssen, um Y_O(max) und Y_{ATP}(max) zu berechnen. Dementsprechend haben wir die Formulierung von $Y_{Substrat}$(max), wie sie von Pirt [8] angegeben wird, wie folgt modifiziert:

$$1/Y_S(max) = \underline{r} + \varrho + 1/Y_S(P), \tag{1}$$

wobei $\underline{r}$ die spezifische Substratmenge ist, die nötig ist, um die Membrantransportprozesse mit Energie zu versorgen. ϱ ist die spezifische Menge an Substrat, die nötig ist, um die Energie für die Umwandlung der verfügbaren Kohlenstoffquelle in biologische Monomere zu liefern und $1/Y_S(P)$ ist die spezifische Substratmenge, die gebraucht wird, um alle Polymerisationsvorgänge, die zur Bildung von Biopolymeren führen, mit Energie zu versorgen.

Durch diese Überlegungen wird es offenkundig, daß der Wert für Y_{ATP} von 17,5 g Trockengewicht pro Mol ATP, wie er während des Wachstums im anaeroben Komplexmedium beobachtet wurde, zu niedrig ist. Wenngleich der Wert von ϱ wahrscheinlich wegen der Überfülle von in der Zelle vorliegenden Monomeren sehr klein ist, sollte doch die Menge an ATP, die nötig ist, um die Nettoaufnahme der extern vorhandenen Monomeren zu bewirken, groß sein. Um den Wert des Ausdruckes $1/Y_{ATP}(P)$ berechnen zu können, wird es notwendig sein, die Gesamtheit der Aminosäuren im Medium vor und nach dem Wachstum zu analysieren und gleichzeitig den Aminosäuregehalt der Zellen. Diese Modifikation wird wahrscheinlich den Wert für $Y_{ATP}(P)$ in eine Größenordnung 20—25 g Trockengewicht pro Mol ATP bringen, wie dies von der Stouthamer-Gruppe [10] berichtet wird, und wird zu dem Schluß führen, daß die P/O-Werte im aeroben Komplexmedium ungefähr 3 Mole P_i verestert pro Grammatom aufgenommenen Sauerstoff erreichen können.

Die Diskrepanz zwischen den Werten für Y_{ATP}, wie sie während der kontinuierlichen Kultur in anaerobem Minimal-Biotin-Medium und in Komplexmedium beobachtet werden konnte, muß noch geklärt werden. In diesem Zusammenhang sollte noch erwähnt werden, daß die Werte für Y_{ATP} über etwa 15 g Trockengewicht pro Mol ATP nur während des Wachstums in undefinierten Komplex- und halbdefinierten Medien beobachtet wurden [12].

Die Möglichkeit, daß Energiequellen (wie z. B. Arginin), die normalerweise bei Abwesenheit von Kohlenhydraten nicht geeignet sind, das Wachstum zu fördern, in solchen Medien während der Kultivierung mobilisiert werden könnten, muß noch sorgfältig untersucht werden.

Die kontinuierliche Kultur von *Escherichia coli* unter der Bedingung der Sauerstofflimitierung ohne die Notwendigkeit, die Konzentration an Gelöstsauerstoff zu überprüfen [4] und die lichtlimitierte kontinuierliche Kultur der Grünalge *Chlorogonium elongatum* [13] konnten beide durch die Verwendung des Phauxostaten wesentlich vereinfacht werden. Diese Form der Auxostasie hat auch die gegenwärtige Arbeit ermöglicht, in der eine simultane Schätzung der Auswirkungen der Veränderung eines weiteren intensiven Kulturparameters auf die Wachstumsrate, Wachstumsertrag und Stoffwechselaktivität möglich gemacht wurde.

Literatur

1. Coultate, T. P., Sundaram, T. K.: J. Bacteriol. *121*, 55–64 (1975).
2. Epstein, I., Grossowicz, N.: J. Bacteriol. *99*, 414–417 (1969).
3. Hempfling, W. P., Mainzer, S. E.: J. Bacteriol. *123*, 1076–1087 (1975).
4. Rice, C. W., Hempfling, W. P.: J. Bacteriol. *134*, 115–124 (1978).
5. Bergmeyer, H. U, in: Methods of Enzymatic Analysis. New York: Academic Press. 1965.
6. Atkinson, A., Evans, C. G. T., Yeo, R. G.: J. Appl. Bact. *38*, 301–304 (1975).
7. McKray, G. A., Vaughn, R. H.: Food Res. *22*, 494–500 (1957).
8. Pirt, S. J.: Proc. Roy. Soc. (London) *B 163*, 224–231 (1965).
9. Hempfling, W. P., Rice, C. W., in: Continuous Cultures of Cells. West Palm Beach, Fla.: CRC Press (im Druck).
10. de Kwaadsteniet, J. W, Jager, J. C., Stouthamer, A. H.: J. Theor. Biol. *57*, 103–120 (1976).
11. Neijssel, O. M., Tempest, D. W.: Arch. Microbiol. *110*, 305–311 (1976).
12. Stouthamer, A. H., Bettenhausen, C. W.: Arch. Microbiol. *113*, 185–189 (1977).
13. Kreuzberg, K., Hempfling, W. P.: VIth Int. Ferment. Symp., London/Ontario (im Druck, 1980).

Gewinnung von Tensiden mit n-Alkan-oxidierenden Mikroorganismen

F. Wagner, H. Bock* und A. Kretschmer

Lehrstuhl für Biochemie und Biotechnologie, Technische Universität Braunschweig,
D-3300 Braunschweig, Bundesrepublik Deutschland

Mit 12 Abbildungen

Summary

The growth of microorganisms on hydrocarbons is often associated with the production of surfactants. These metabolites are involved in the mechanism for the initial interaction of hydrocarbons with the microbial cell. The production and function of α,α-trehalose-6,6'-dimycolate and α,α-trehalose-6-monomycolate from *Rhodococcus erythropolis* grown on n-alcanes are described. The influence of these glycolipids on the reduction of surface tension and interfacial tension depending on the salinity of the water phase are discussed. A short account about the application of the trehaloselipids in enhanced oil recovery concludes the paper.

Zusammenfassung

Das Wachstum von Mikroorganismen auf Kohlenwasserstoffen wird oft begleitet von der Bildung von Tensiden. Diese Metaboliten sind beteiligt am Mechanismus zur Aufnahme der Kohlenwasserstoffe durch den Mikroorganismus. Die Bildung und Funktion von α,α-Trehalose-6,6'-dimycolat und α,α-Trehalose-6-monomycolat bei *Rhodococcus erythropolis*, gezüchtet auf n-Alkanen, wird berichtet.

Der Einfluß dieser Glykolipide auf die Erniedrigung der Oberflächen- und Grenzflächenspannung in Abhängigkeit von der Salinität der wäßrigen Phase wird diskutiert. Ein kurzer Beitrag zur Anwendung der Trehaloselipide beim Tensidfluten zur tertiären Erdölförderung beschließt diesen Artikel.

I. Einleitung

Die Oxidation oder Co-Oxidation der nahezu wasserunlöslichen Kohlenwasserstoffe durch Mikroorganismen wirft eine Reihe von Problemen hinsichtlich des Massentransportes dieser Substrate auf, die in den letzten Jahren in einigen Übersichtsartikeln diskutiert wurden [1–4]. Wir können heute davon ausgehen, daß der erste enzymatische

---

* Gesellschaft für Biotechnologische Forschung mbH., D-3300 Braunschweig-Stöckheim, Bundesrepublik Deutschland.

Angriff eines Kohlenwasserstoffes an der zytoplasmatischen Membran erfolgt [1]. Dies setzt voraus, daß ein Transport des lipophilen Substrates durch die überwiegend hydrophile äußere Zellwand eines Mikroorganismus erfolgt.

Über den Mechanismus der Aufnahme von Kohlenwasserstoffen in den Mikroorganismus können drei Wege postuliert werden (siehe auch 1–3):

1. Molekulare Diffusion von ausschließlich im wäßrigen System gelösten Kohlenwasserstoffen durch die Zellwand an die zytoplasmatische Membran.

2. Bildung von zelleigenen, extrazellulären Metaboliten mit grenzflächenaktiven Eigenschaften, die den Kohlenwasserstoff in der wäßrigen Phase in eine Makro- oder Mikroemulsion überführen und ein Transport in dieser Form in die Zelle erfolgt.

3. Bildung von zelleigenen Metaboliten mit grenzflächenaktiven Eigenschaften, die an der äußeren Zellwand angereichert werden. Ein direkter Kontakt der Zelle mit dem Kohlenwasserstofftropfen führt zu einer starken Erniedrigung des Spreizdruckes an der Grenzfläche Zelle/Kohlenwasserstoff und erleichtert eine molekulare Diffusion des Kohlenwasserstoffes in die Zelle.

Der vorliegende Artikel befaßt sich im ersten Teil an einem ausgewählten Beispiel mit der Bildung und Funktion von grenzflächenaktiven Metaboliten bei dem n-Alkan-verwertenden Mikroorganismus *Rhodococcus erythropolis*. Im zweiten Teil wird über eine mögliche Anwendung dieser Tenside gesprochen.

Die eingangs erwähnten Übersichtsartikel mit der darin enthaltenen Gesamtliteratur können durch diesen Aufsatz nicht ersetzt werden.

II. Bildung und Funktion von Glykolipiden bei
Rhodococcus erythropolis

Bei der Züchtung von *Rhodococcus erythropolis* auf einem n-Alkangemisch C_{13}–C_{18} als einzige Kohlenstoff- und Energiequelle in einem anorganischen Nährsalzmedium [5] durchläuft die Wachstums- und Produktkinetik mehrere charakteristische Phasen (Abb. 1). Nur einige Gesichtspunkte dieser komplexen Wachstumskinetik werden diskutiert.

In der ersten Wachstumsphase weist der Mikroorganismus eine strenge Orientierung zu den gegebenen n-Alkantropfen auf, wie mit Hilfe der Phasenkontrastmikroskopie gezeigt werden konnte [6]. Mit einer spezifischen Wachstumsrate von 0,22 h^{-1} erfolgt die Vermehrung der Zellen innerhalb der n-Alkantropfen unter gleichzeitiger Bildung von Glykolipiden mit einer konstanten Produktionsrate. Nach Erreichen eines bestimmten Verhältnisses der Konzentration an Zellen/Glykolipid/n-Alkan tritt eine Phasenumkehr ein. Die Zellen treten

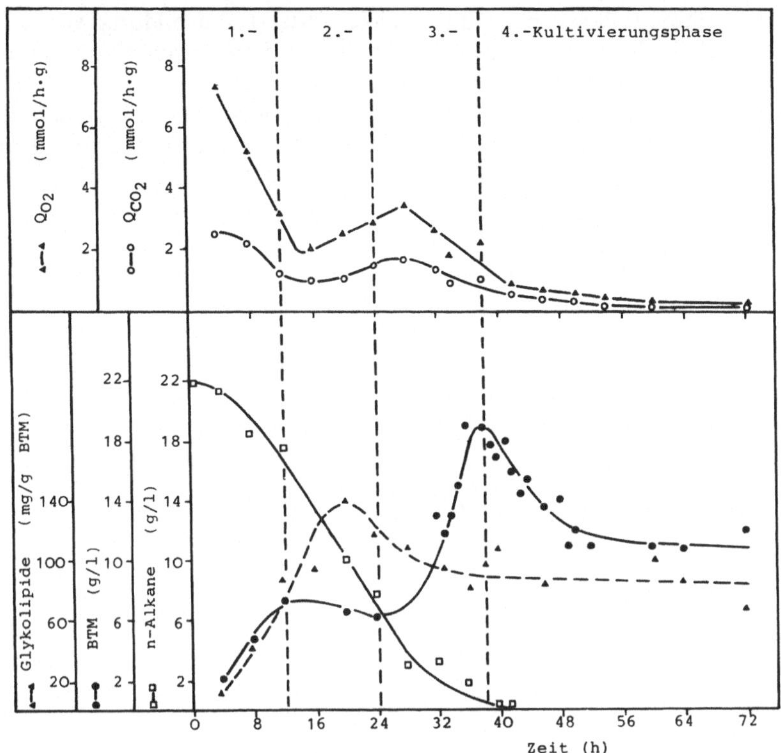

Abb. 1. Wachstums- und Produktkinetik von *Rhodococcus erythropolis* bei der Züchtung auf 2,2 Gew.-% n-Alkane $C_{13}-C_{18}$ in einem 50-l-Bioreaktor. Glykolipide: Trehalose-6,6'-dimycolat und Trehalose-6-monomycolat, *BTM* Bakterientrockenmasse

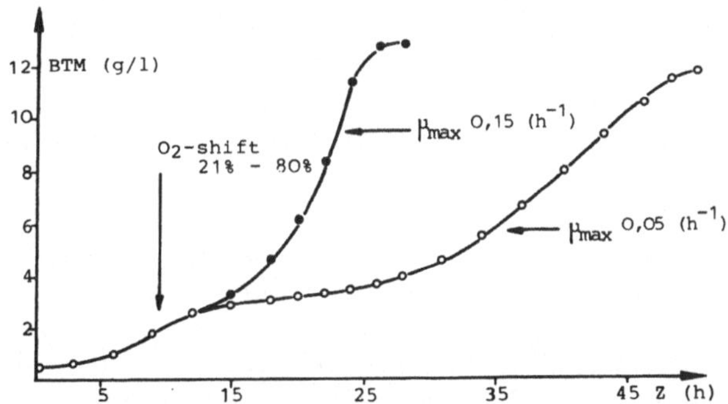

Abb. 2. Einfluß der Sauerstoffkonzentration in der Zuluft auf die Wachstumskinetik von *Rhodococcus erythropolis* in einem 30-l-Bioreaktor $Y_{x/s}$ (21% O_2) 0,97, $Y_{x/s}$ (80% O_2) 1,20

in die wäßrige Phase über unter gleichzeitiger Ausbildung von sehr dichten Zellaggregaten, in denen die n-Alkanphase durch die in der äußeren Zellwand gebundenen Glykolipide stabilisiert wird. Diese Aggregation verursacht eine Limitierung des Stofftransportes, die spezifische Wachstumsrate geht gegen Null. Diese Wachstumslimitierung kann durch Erhöhung der n-Alkankonzentration aufgehoben werden, dabei lösen sich die Zellaggregate wieder auf und die Zellen treten erneut in die n-Alkanphase ein.

Die durch die Zellaggregation eingetretene Stofftransportlimitierung ist überwiegend auf den Sauerstoffübergang flüssig/fest zurückzuführen. Wie aus Abb. 2 zu ersehen ist, kann durch Erhöhung der Sauerstoffkonzentration in der Zuluft beim Eintritt in die zweite Kultivierungsphase die Limitierung des Wachstums aufgehoben werden (Abb. 2), es stellt sich erneut ein exponentielles Wachstum ein.

Abb. 3. n = 9–11, m = 20–21, α,α-Trehalose-6,6'-dimycolat [Rapp, P., *et al.* (1979)]

Die durch *Rhodococcus erythropolis* bei der Züchtung auf n-Alkanen gebildeten Glykolipide sind überwiegend an der Zellwand gebunden. Nur maximal 10% des Glykolipidgehaltes in der Kultursuspension können nach Abtrennung der Zellmasse durch Zentrifugation aus der klaren, wäßrigen Phase isoliert werden. Durch Extraktion der gewonnenen Zellmasse mit z. B. Methylenchlorid/Methanol und anschließende Chromatographie des organischen Extraktes an Kieselgel führt zur Anreicherung einer Glykolipidfraktion. Diese Glykolipidfraktion enthält neben weiteren Verbindungen zwei Substanzen, deren Struktur aufgeklärt wurde.

Die chromatographisch einheitliche Substanz I erwies sich als ein Gemisch homologer α,α-Trehalose-6,6'-dimycolsäureester [5]. Die in diesen Glykolipiden (Abb. 3) enthaltenen α-verzweigten-β-Hydroxy-Fettsäuren bestehen überwiegend aus den gesättigten Mycolsäuren $C_{34}H_{68}O_3$ und $C_{35}H_{70}O_3$. Nach einer Einteilung von Lechevalier [7] sind diese Mycolsäuren auf Grund der Anzahl an C-Atomen (C-32–C-38) in die Gruppe der Corynemycolsäuren einzuordnen.

Ähnliche Trehalosedimycolate wurden bei auf n-Alkan-gezüchteten Kulturen von *Arthrobacter paraffineus* nachgewiesen [8].

Eine biosynthetische Vorstufe von Substanz I ist die in Abb. 4 wiedergegebene Struktur der Substanz II, ein α,α-Trehalose-6-monomycolat [9]. Wie wir noch sehen werden, zeichnen sich diese Trehalosemycolate dadurch aus, daß sie die Grenzflächenspannung in dem Zweiphasensystem n-Alkan/Wasser bei sehr geringen kritischen Mizellkonzentrationen herabsetzen. Da diese Tenside überwiegend an der äußeren Zellwand lokalisiert sind, stellt sich in einer wäßrigen Zellsuspension bei Kontakt mit einem n-Alkantropfen an der Grenzfläche n-Alkan/Zellwand ein positiver Spreizungsspannungswert ein, wodurch sich der Kohlenwasserstoff über die Oberfläche der Zelle ausbreitet. Dadurch kann eine Diffusion des Kohlenwasserstoffes in die Zelle stark begünstigt werden. Der Mechanismus über die Aufnahme von Kohlenwasserstoffen bei *Rhodococcus erythropolis* dürfte nach dem in der Einleitung postulierten Weg 3 ablaufen.

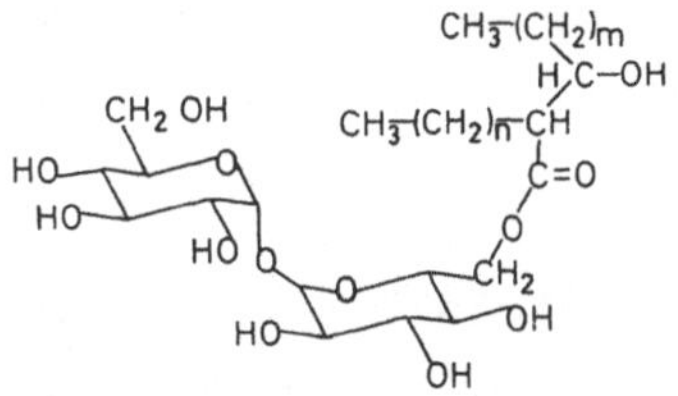

Abb. 4. n = 9–11, m = 20–21, α,α-Trehalose-6-monomycolat [Kretschmer, A. (1980)]

III. Mikrobielle Metaboliten mit Tensideigenschaften

Von Gerson und Zajic [10] wurde eine Reihe von bekannten mikrobiellen Tensiden beschrieben. Weitere Glykolipide, die von Mikroorganismen beim Wachstum auf Kohlenwasserstoffen gebildet werden und deren Strukturen gesichert sind, sollen hier kurz vorgestellt werden. Rhamnoselipide (Abb. 5), deren Emulgatorwirkung durch gleichzeitig gebildete, proteinähnliche Substanzen erhöht wird, werden von *Pseudomonas aeruginosa* gebildet [11–13]. Die Hefen *Torulopsis magnoliae* [14] und *Torulopsis gropengiesseri* [15, 16] bilden beim Wachstum auf Kohlenhydraten und n-Alkanen oder langkettigen Fettsäuren eine Reihe von Sophoroselipiden. Ein Beispiel ist in Abb. 6 wiedergegeben. Die Kettenlänge der in dem Sophoroselipid enthaltenen Hydroxyfettsäure wird durch die Kettenlänge der eingesetzten n-Alkan- bzw. Fettsäuresubstrate determiniert. In diesem Zusammenhang ist bemerkenswert, daß der bereits erwähnte *Arthrobacter paraffineus* [8] in Abwesenheit von n-Alkanen Saccharose- oder Fruktosecorynemycolate

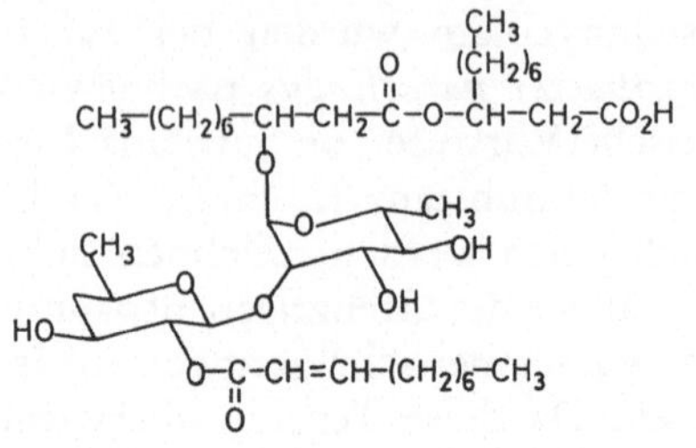

　　　　F. Wagner, H. Bock und A. Kretschmer:

Abb. 5. Rhamnose-lipid [Yamaguchi, M., *et al.* (1976)]

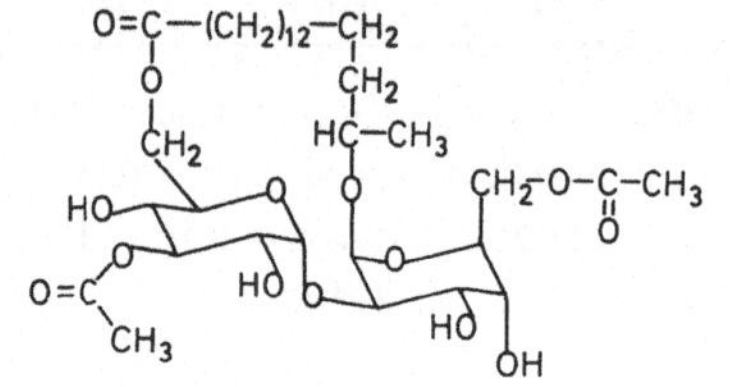

Abb. 6. Sophoroselipid [Jones, D. F. (1967)]

bildet [17, 18], wenn der Organismus auf den entsprechenden Zuckern gezüchtet wird.

In die Gruppe der Glykolipide ist das Lipopolysaccharid „Emulsan" einzuordnen. Dieses wird durch Acinetobacter RAG-1 bei der Züchtung auf n-Alkan gebildet [19, 20]. Emulsan besitzt ein Polysaccharidgrundgerüst aus N-Acetylgalaktosamin und N-Acetylgalaktosaminuronsäure, das mit 1- und 2-Hydroxydodecansäure und Peptiden substituiert ist.

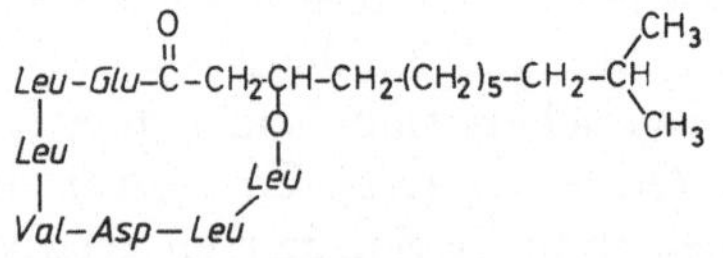

Abb. 7. Surfactin [Kakinuma, A., *et al.* (1969)]

Weitere mikrobielle Metaboliten mit Tensideigenschaften bei der Züchtung auf Kohlenwasserstoffen wurden beschrieben [10]. Dabei handelt es sich überwiegend um Lipoproteine [10, 21], deren Strukturen noch nicht aufgeklärt sind. Eventuell handelt es sich hier um Lipopeptide, die dem durch *Bacillus subtilis* auf Kohlenhydratbasis gebildeten Surfactin (Abb. 7) ähnlich sind [22].

IV. Eigenschaften von Trehalosemycolsäureester und ihre Anwendung in Modellversuchen zum Tensidfluten von Erdöllagerstätten

Die aus *Rhodococcus erythropolis* isolierten Trehalosemycolsäureester wurden hinsichtlich ihrer Tensideigenschaften und Stabilität eingehender untersucht. Abb. 8 und 9 zeigen die Oberflächenspannungserniedrigungen in Abhängigkeit der Konzentration von dem nichtiono-

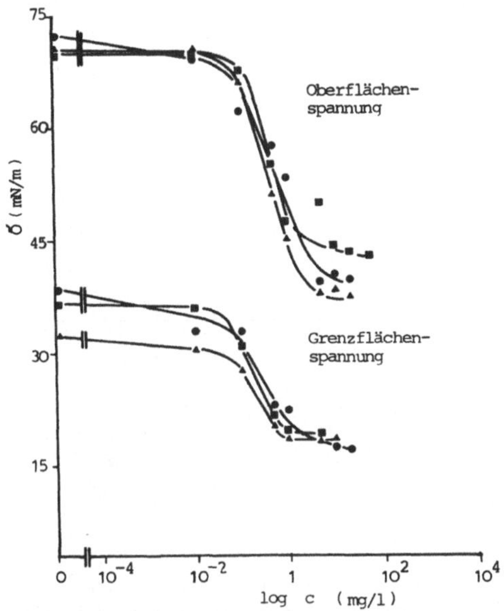

Abb. 8. Oberflächenspannungsverlauf wäßriger Systeme von α,α-Trehalose-6,6′-dimycolat und Grenzflächenspannungsverlauf dieser Systeme gegen n-Hexadecan als Funktion der Konzentration bei 40 °C; ■ –■ dest. Wasser, ▲ – ▲ 5 Gew.-% NaCl-Lösung, ● –● synthetisches Lagerstättenwasser

genen Tensid α,α-Trehalose-6,6′-dimycolat bzw. α,α-Trehalose-6-monomycolat. Da Tenside sehr oft eine hohe Salzempfindlichkeit aufweisen [23], wurden vergleichende Messungen in Abhängigkeit von der Salinität der wäßrigen Phase vorgenommen. Außer dest. Wasser wurde eine 5 Gew.-%ige NaCl-Lösung und ein synthetisches Lagerstättenwasser (10,2 Gew.-% NaCl; 2,8 Gew.-% $CaCl_2$ und 1,0 Gew.-% $MgCl_2$ in dest. Wasser) eingesetzt. Die tensiometrischen Messungen wurden mit einem Lauda-Tensiometer nach der Ringmethode bei 40 °C bis zur Einstellung eines konstanten Kraftverlaufs durchgeführt.

Wie aus dem Verlauf der Kurvenscharen zu ersehen ist, werden die Tensideigenschaften von Trehalose-6,6′-dimycolat durch Salze nicht beeinflußt, während bei Trehalose-6-monomycolat die kritische Mi-

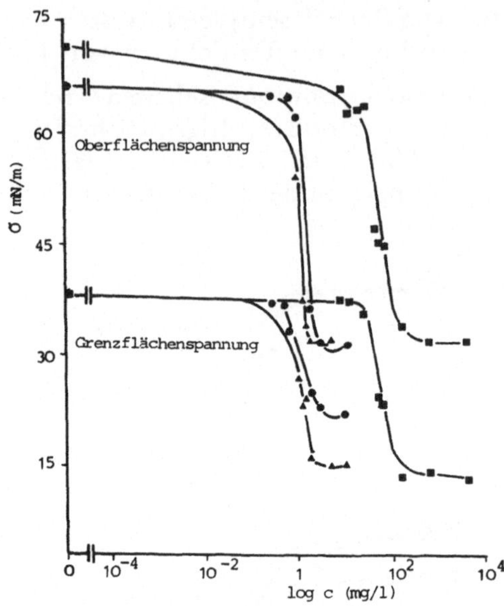

Abb. 9. Oberflächenspannungsverlauf wäßriger Systeme von α,α-Trehalosemonomyco-lat und Grenzflächenspannungsverlauf dieser Systeme gegen n-Hexadecan als Funktion der Konzentration bei 40 °C; ■–■ dest. Wasser, ▲–▲ 5 Gew.-% NaCl-Lösung, ●–● synthetisches Lagerstättenwasser

Tabelle 1. *Einfluß der Salinität in dem System Wasser/n-Hexadecan bei 40 °C auf die kritische Mizellbildungskonzentration der Glykolipide*

Glykolipid	Kritische Mizellbildungskonzentration CMC (mg/l)		
	Dest. H_2O	5% NaCl	Lagerstättenwasser
Trehalose-6-Mycolat	165	3	3
Trehalose-6,6′-Dimycolat	0,7	0,7	1,7

zellbildungskonzentration in Gegenwart von Salzen stark erniedrigt wird. Bemerkenswert ist für beide nichtionogene Tenside, daß in hochsalinären Systemen die kritische Mizellbildungskonzentration bereits im mg-Bereich erreicht wird (Tab. 1). Die kritische Mizellbildungskonzentration gibt die Konzentration eines Tensides wieder, bei der die individuell gelösten Tensidmoleküle im Gleichgewicht mit Tensidmizellen stehen. Daher tritt oberhalb dieser Konzentration keine weitere Erniedrigung der Oberflächenspannung oder Grenzflächenspannung auf.

Tabelle 2. *Temperaturabhängigkeit der Grenzflächenspannungserniedrigung bei einer Glykolipidkonzentration von 0,5 mg/l im System: synthetisches Lagerstättenwasser/n-Hexadecan*

Glykolipid	Grenzflächenspannung (mN/m)					
	Temperatur	20	40	60	75	90 °C
Trehalose-6-Mycolat		30	27	26	27	29
Trehalose-6,6'-Dimycolat		32	29	28	28	26

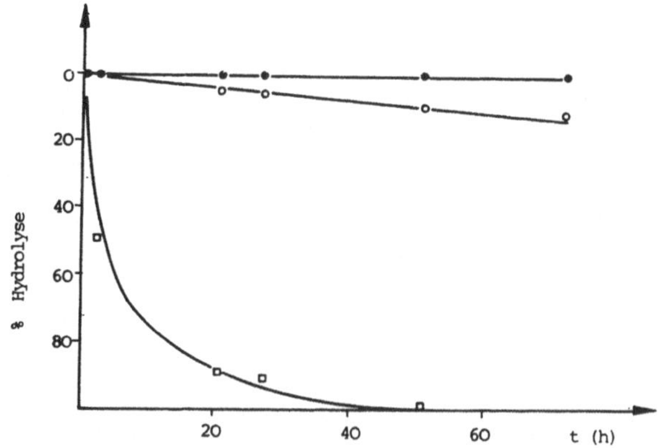

Abb. 10. Hydrolysegeschwindigkeit (Summe der Glykosid- und Esterbindung) von Trehalose-6-mycolat im Vergleich zu Saccharosemonostearat bei 60 °C.
Trehalose-6-mycolat −o− 0,1 n HCl, −●− Lagerstättenwasser,
Saccharosemonostearat −□− 0,1 n HCl

Die Trehaloselipide als nichtionogene Tenside weisen zwei weitere, sehr wesentliche Eigenschaften auf, die bei einer Anwendung zum Tensidfluten von Erdöllagerstätten von Bedeutung sind. Erstens bleibt die Grenzflächenspannungserniedrigung im System synthetisches Lagerstättenwasser/n-Hexadecan im Bereich zwischen 20 °C und 90 °C nahezu konstant (Tab. 2). Zweitens zeichnen sich die Trehaloselipide durch eine verhältnismäßig gute Stabilität gegenüber hydrolytischen Reaktionsbedingungen aus. In Abb. 10 ist die Hydrolysestabilität von Trehalose-6-monomycolat (250 mg/l) in 0,1 n HCl und synthetischem Lagerstättenwasser (pH 5,2) im Vergleich zu dem im Handel befindlichen Saccharosemonostearat (250 mg/l) wiedergegeben.

Über zahlreiche Untersuchungen zur tertiären Erdölförderung unter Zusatz von Chemikalien wie z. B. NaOH, CO_2, synthetische und natürliche Polymere oder Tenside wurde in den letzten Jahren berichtet [23–27]. In Zusammenarbeit mit der Fa. Wintershall AG haben wir Flutversuche mit mikrobiell erzeugten Glykolipiden durchgeführt

     F. Wagner, H. Bock und A. Kretschmer:

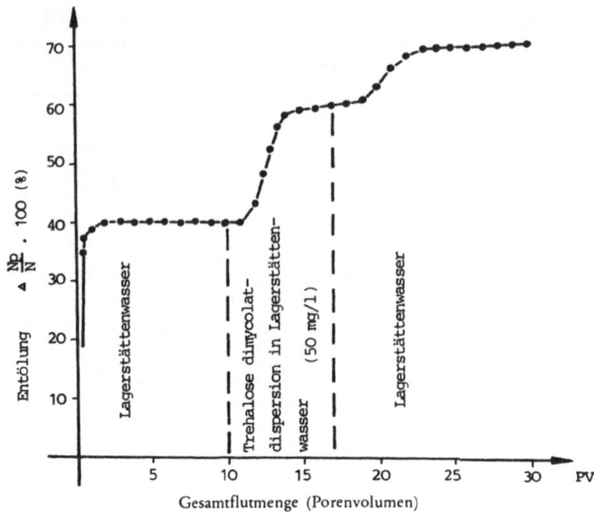

Abb. 11. Verlauf einer Mehrentölung mit 50 mg/l Trehalose-6,6'-dimycolat in synthetischem Lagerstättenwasser bei 40 °C

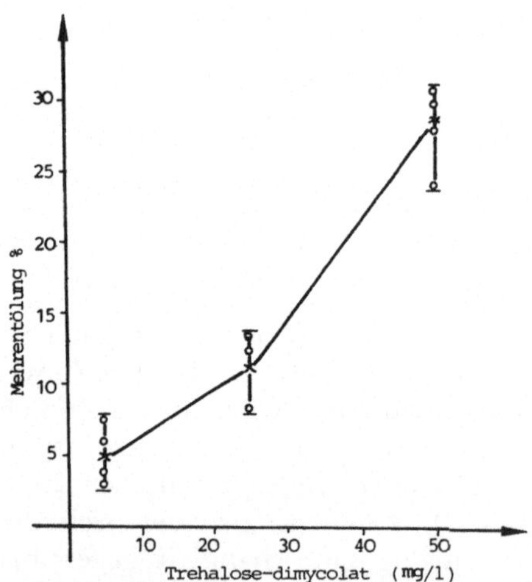

Abb. 12. Einfluß der Glykolipidkonzentration auf die gegenüber Lagerstättenwasserfluten erzielte Mehrentölung

[28—30]. Die Untersuchungen wurden an einer von W. Schulz [24] beschriebenen Laborflutanlage vorgenommen, die Versuchsdurchführung erfolgte nach P. Rapp *et al.* [31]. Ein typischer Verlauf eines Flutversuches mit 50 mg/l Trehalose-6,6'-dimycolat in synthetischem Lagerstättenwasser ist in Abb. 11 graphisch dargestellt. Dabei ist über der Flutmenge, ausgedrückt in Porenvolumen, der Entölungsgrad (Prozent der gewonnenen Ölmenge Np bezogen auf den Anfangsölgehalt N) aufgetragen. Dieser Flutversuch mit Trehalose-6,6'-dimycolat erbrachte in der Laborflutanlage in einem realen Erdölsystem eine Mehrentölung von 30% und somit eine nennenswerte Mobilisierung des im natürlichen Flutkern enthaltenen Restöls. In Abb. 12 ist die Mehrentölung als Funktion der Konzentration von Trehalose-6,6'-dimycolat aufgetragen. Diese Modellversuche zeigen, daß auch mikrobiell erzeugte Tenside einen Beitrag zu den Entwicklungen von Verfahren zur tertiären Erdölförderung leisten können.

Literatur

1. Watkinson, R. J.: In: Hydrocarbons in Biotechnology (Harrison, D. E., Higgins, I. J., Watkinson, R. J., Hrsg.), S. 11–24. London: Heyden and Son. 1980.
2. Ratledge, C.: In: Developments in Biodegradation of Hydrocarbons *1*, 1–46. Barking, England: Appl. Sci. Publ., 1978.
3. Levi, J. D., Shennan, J. L., Ebbon, G. P.: Econ. Microbiol. *4*, 361–419 (1979).
4. Ratledge, C.: In: Hydrocarbons in Biotechnology (Harrison, D. E., Higgins, I. J., Watkinson, R. J., Hrsg.), S. 133–154. London: Heyden and Son. 1980.
5. Rapp, P., Bock, H., Wray, V., Wagner, F.: J. Gen. Microbiol. *115*, 491–503 (1979).
6. Bock, H.: Dissertation, TU Braunschweig, 1980.
7. Lechevalier, M. P., Horan, A. C., Lechevalier, H.: J. Bacteriol. *105*, 313–318 (1971).
8. Suzuki, T., Tanaka, K., Matsubara, I., Kinoshita, S.: Agr. Biol. Chem. *33*, 1619–1627 (1969).
9. Kretschmer, A., Wagner, F.: Unveröffentlicht.
10. Gerson, D. F., Zajic, J. E.: Proc. Biochem. 20. Juli 1979.
11. Hisatsuka, K., Nakahara, T., Sano, N., Yamada, K.: Agr. Biol. Chem. *35*, 686–691 (1971).
12. Yamaguchi, N., Sato, A., Yukuyama, A.: Chem. and Ind. *4*, 741–742 (1976).
13. Hisatsuka, K., Nakahara, T., Minoda, Y., Yamada, K.: Agr. Biol. Chem. *41*, 445–450 (1977).
14. Tulloch, A. P., Spencer, J. F. T., Gorin, P. A. J.: Canad. J. Chem. *40*, 1326 (1962).
15. Jones, D. F.: J. Chem. Soc. (c) *1967*, 479–484.
16. Jones, D. F., Howe, R.: J. Chem. Soc. *1968*, 2801.
17. Suzuki, T., Tanaka, H., Itoh, S.: Agr. Biol. Chem. *38*, 557–563 (1974).
18. Itoh, S., Suzuki, T.: Agr. Biol. Chem. *38*, 1443–1449 (1974).
19. Rosenberg, E., Zuckerberg, A., Rubinovitz, C., Gutnick, D. L.: Appl. Environ. Microbiol. *37*, 402–408 (1979).
20. Rosenberg, E., Perry, A., Gibson, D. T., Gutnick, D. L.: Appl. Environ. Microbiol. *37*, 409–415 (1979).
21. Roy, P. K., Singh, H. D., Bhagat, S. D., Baruah, J. N.: Biotech. Bioeng. *21*, 955–974 (1979).
22. Kakinuma, A., Sugino, H., Isono, M., Tamura, G., Arima, K.: Agr. Biol. Chem. *33*, 973–976 (1969).
23. Oppenländer, K., Akstinat, M. H., Murtada, H.: Tenside Detergents *17*, 57–67 (1980).
24. Schulz, W.: Erdöl–Erdgas *93*, 52–57 (1977).
25. Kaufmann, A., Stockenhuber, F.: Erdöl–Erdgas *95*, 279–285 (1979).
26. Martin, V., Klein, J.: Erdöl–Erdgas *95*, 164–173 (1979).

27. Marx, C., Murtada, H., Burkowsky, M.: Erdöl–Erdgas *93*, 303–310 (1977).
28. Wagner, F., Lindörfer, W., Schulz, W.: DE-PS *24*, 10, 267 (1976).
29. Wagner, F., Rapp, P., Lindörfer, W., Schulz, W., Gebetsberger, W.: DE-PS *26*, 46, 505; *26*, 46, 506; *26*, 46, 507 (1978).
30. Wagner, F., Rapp, P., Bock, H., Lindörfer, W., Schulz, W., Gebetsberger, W.: DE-PS *28*, 05, 823 (1980).
31. Rapp, P., Bock, H., Urban, E., Wagner, F., Gebetsberger, W., Schulz, W.: Dechema Monographien *81*, 177–186 (1977).

Photoautotrophe pflanzliche Gewebekulturen in Labor-
fermentern

L. Bender, A. Kumar und **K.-H. Neumann**

Abteilung Gewebekultur, Institut für Pflanzenernährung,
Justus-Liebig-Universität Gießen,
D-6300 Gießen, Bundesrepublik Deutschland

Mit 3 Abbildungen

Summary

It could be shown that chlorophyllous tissue cultures of *Daucus carota* and *Arachis hypogaea* are able to grow autotrophically in sugar-free nutrient solution with substantial dry matter increment not only in smaller culture tubes, but also in a 5 l laboratory fermentor (B. Braun, Melsungen). Daucus root explants, not green at the time of isolation, develop functioning chloroplasts out of chromoplasts during a 10 days preculture period in 2% sucrose containing nutrient solution under the influence of the hormones m-inositol + IAA + Kinetin.

The Arachis cultures consist of chlorophyllous material which had been subcultured for four years on sugar containing as well as on sugar-free agar medium and thus provide proof of being capable to grow autotrophically over long periods.

The photosynthetic system of both cultures has been extensively characterized by evaluation of plastid ultrastructure, chlorophyll measurement, tracing of low temperature absorption spectra and fluorescence induction profiles as well as determinations of the activity of the carboxylating enzymes RUDPC and PEPC.

Zusammenfassung

Es konnte gezeigt werden, daß chlorophyllhaltige Gewebekulturen von *Daucus carota* und *Arachis hypogaea* in der Lage sind, in zuckerfreier Nährlösung mit beträchtlicher Trockensubstanzzunahme nicht nur in kleineren Kulturgefäßen, sondern auch im 5-l-Laborfermenter (Braun, Melsungen) photoautotroph zu wachsen.

Die zum Zeitpunkt der Isolation nichtgrünen Wurzelexplantate von *Daucus carota* entwickeln während einer 10tägigen Vorkultur in saccharosehaltiger Nährlösung (2%) unter dem Einfluß der Hormonkombination Inosit + IES + Kinetin funktionsfähige Chloroplasten aus Chromoplasten.

Bei den Arachiskulturen handelt es sich um chlorophyllhaltige sogenannte „established cultures", welche bereits über mehrere Jahre auf zuckerhaltigem wie auch zuckerfreiem Agarmedium subkultiviert werden konnten.

Die Photosynthesesysteme beider Kulturen wurden durch elektronenmikroskopische Untersuchungen der Plastidenultrastruktur, durch Bestimmung des Chlorophyllgehaltes, der Aufnahme von Tieftemperaturabsorptionsspektren und Fluoreszensinduktionsprofilen sowie durch die Bestimmung der Aktivität karboxylierender Enzyme (RUDPC, PEPC) charakterisiert.

Photoautotrophe pflanzliche Gewebekulturen
in Laborfermentern

Gewebekulturen einer ganzen Anzahl von Pflanzenarten können bei Kultur im Licht Chlorophyll ausbilden. In mehreren früheren Veröffentlichungen wurden Details zur Entwicklung des Photosyntheseapparates und der lichtabhängigen CO_2-Fixierung von *Daucus carota*- und *Arachis hypogaea*-Gewebekulturen in einem saccharosehaltigen Nährmedium beschrieben, und schließlich konnte gezeigt werden, daß Gewebekulturen beider Pflanzenarten unter geeigneten Bedingungen photoautotroph in einer zuckerfreien Nährlösung wachsen können (Neumann 1962; Neumann *et al.* 1969; Neumann und Raafat 1973; Neumann *et al.* 1978; Kumar *et al.* 1980). Ähnliche Untersuchungen an Gewebekulturen weiterer Pflanzenarten werden auch von anderer Seite beschrieben (zusammenfassende Darstellung bei Yamada und Sato 1978). Während die bisherigen Untersuchungen zur Entwicklung und Funktionsweise des Photosyntheseapparates der Daucus- und Arachisgewebekulturen in Kulturgefäßen in maximal 250 ml Nährmedium durchgeführt wurden, ist in den hier zu berichtenden Untersuchungen erstmals die Möglichkeit des autotrophen Wachstums dieser Gewebekulturen in einem Laborfermenter (5 l Volumen) geprüft worden. Die dem Wurzelgewebe entnommenen Explantate zur Karottengewebekultur enthalten zu Versuchsbeginn in der Hauptsache Chromoplasten, jedoch keine Chloroplasten, sodaß in den Karottenwurzelexplantaten zunächst die Entwicklung eines funktionsfähigen Photosyntheseapparates induziert werden muß. Dies geschieht während einer 10tägigen Vorkultur in einer 2% Saccharose enthaltenden Nährlösung (Neumann 1966), durch die die Überführung von Chromoplasten in Chloroplasten mit einem amyloplastenartigen Zwischenstadium erfolgt (Kumar *et al.* 1980). Wie in der vorliegenden Arbeit gezeigt wird, sind die am Ende der 10tägigen Vorkultur gebildeten Chloroplasten in der Lage, eine photoautotrophe Ernährung zu ermöglichen.

Demgegenüber handelt es sich bei den Arachisgewebekulturen um sogenannte „established cultures", die vor zirka 10 Jahren aus Kotyledonen isoliert und seitdem auf zuckerhaltigen Nährmedien subkultiviert wurden. Dieses Gewebekulturmaterial hat bereits Chloroplasten entwickelt, und während der letzten 4 Jahre konnte ein Teil dieser Arachisgewebekulturen auf zuckerfreiem Nähragar erhalten und durch Subkulturen vermehrt werden. Obgleich unterschiedlicher Herkunft, sind beide Gewebekultursysteme zum photoautotrophen Wachstum in einem 5-l-Laborfermenter in der Lage, wobei jedoch unter sonst identischen Bedingungen die erzielten Wachstumsleistungen in beiden Fällen in einer zuckerfreien Nährlösung bedeutend geringer sind als in einer Nährlösung, welche 2% Saccharose enthält.

Material und Methoden

Zur Induktion der Zellteilungsaktivität und zur Auslösung der Entwicklung von photosynthetisch aktiven Chloroplasten wurden Explantate des sekundären Phloems der Karottenwurzel (zirka 3 mg Frischgewicht) für 10 Tage in einer 2% Saccharose enthaltenden Nährlösung (Neumann 1966) mit 0,1 ppm Kinetin, 2 ppm IES und 50 ppm Inosit im Licht (zirka 5000 lux) bei 24 °C vorkultiviert.

Das zur Inokulation in den Fermenter verwendete Arachis-Zellmaterial geht auf einen vor zirka 10 Jahren aus Kotyledonen isolierten Gewebekulturstamm zurück (Kumar 1971), der auf dem auch zur Karottenvorkultur verwendeten, 2% Saccharose enthaltenden Nährmedium als „Stockkultur" erhalten wurde.

Zur Inokulation des Fermenters wurden jeweils 7–8 g Frischsubstanz verwendet. Bei dem Fermenter handelt es sich um ein Gerät der Firma Braun, Melsungen (Biostat V), mit folgenden Kennwerten: mechanisches Rührwerk 150 rpm (Schraubenrührsystem); Begasung 2,5 l Luft/min; Innentemperatur 27 °C; kontinuierliche Belichtung durch einen Beleuchtungsmantel (zirka 7000 lux). Auch zur Fermenterkultur wurde das bereits für die Vorkultur der Karottenexplantate und die Erhaltungskultur der Arachisgewebe angeführte Nährmedium verwendet, das entsprechend der Fragestellung entweder zuckerfrei oder mit 2% Saccharose angesetzt wurde. Nach 6wöchiger Kultur (ohne Nährlösungswechsel) wurde das Zellmaterial durch Abfiltrieren von der Nährlösung getrennt, nach Oberflächentrocknung bei Zimmertemperatur die Frischgewichtsbestimmung durchgeführt, dann für die weitere analytische Bearbeitung gefriergetrocknet und das Trockengewicht ermittelt. Das gleiche Fermenterkulturverfahren konnte auch erfolgreich zur Kultur von *Datura innoxia*-Zellsuspensionen (Kibler und Neumann 1979) und von Sojakulturen (unveröffentlicht) verwendet werden.

Die Chlorophyllgehaltsbestimmung erfolgte nach dem Verfahren von Wintermans und De Mots (1965); für die elektronenmikroskopischen Untersuchungen zur Charakterisierung der Chloroplastenstruktur zu Beginn der Fermenterkultur wurde das Gewebe zunächst in Glutaraldehyd fixiert, gefolgt von OsO_4 und dann in einer Azetonserie entwässert. Die Ultradünnschnitte wurden dann mit einem Phillips-300-Elektronenmikroskop untersucht.

Die Methoden zur Ermittlung der Aktivität karboxylierender Enzyme (RudPC und PEPC), der variablen Fluoreszenz (Kautsky-Effekt) und der Tieftemperaturabsorptionsspektren wurden bereits früher beschrieben. Die Ermittlung des Fettsäuregehaltes und der Fettsäurezusammensetzung erfolgte nach dem bei Thies (1971) beschriebenen Verfahren.

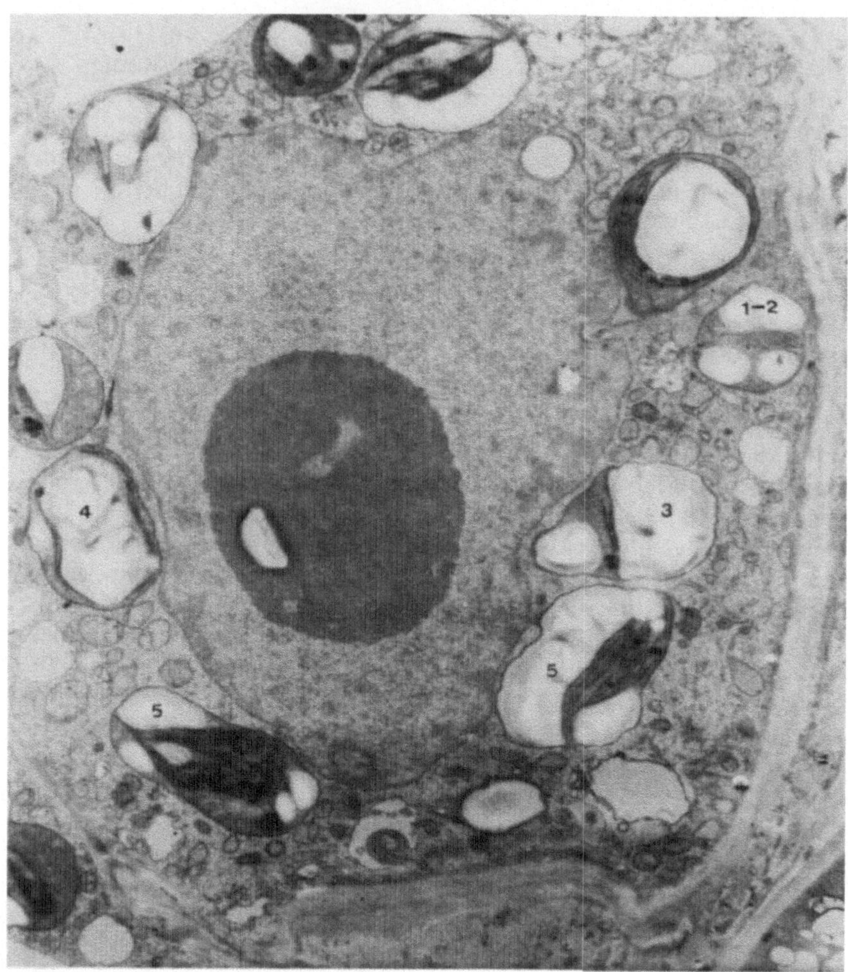

Abb. 1. Eine zur Beschickung des Fermenters typische Zelle aus Arachisgewebekulturen (× 5600). Die an den einzelnen Plastiden angebrachten Zahlen charakterisieren deren jeweiliges Entwicklungsstadium (Kumar *et al.* 1980)

Ergebnisse und Diskussion

Zur Charakterisierung des Photosynthesesystems der Arachis- und der Daucuskulturen zum Zeitpunkt der Inokulation in den Fermenter wurde die Ultrastruktur der Plastiden, der Chlorophyllgehalt, das Tieftemperaturspektrum der Pigmentfraktion sowie der Verlauf der Fluoreszenzinduktionsprofile als Indikator eines aktiven Elektronenflusses zwischen den Photosystemen II und I und die Aktivität der RudP-Karboxylase und der PEP-Karboxylase als Kennwerte der CO_2-Fixierungskapazität ermittelt.

Ultrastruktur der Plastiden

Zieht man den Umfang der Thylakoidbildung als Maßstab des Chloroplastenentwicklungsstadiums heran, so ist festzustellen, daß zum Zeitpunkt der Inokulation in den Fermenter sowohl in Arachis- als auch in Karottengewebekulturen Chloroplasten unterschiedlicher Entwicklungsstadien gleichzeitig in einer Zelle vorkommen. In der in Abb. 1 dargestellten Zelle von Arachis sind nahezu thylakoidfreie Plastiden neben Chloroplasten mit ausgeprägtem Thylakoidsystem, das z. T. auch zu Thylakoidstapeln zusammengefaßt ist, und Plastiden mit allen Übergängen der Thylakoidausbildung zu erkennen. In den Zellen der Karottengewebekulturen scheint die Entwicklung der Plastiden eher synchronisiert zu sein, sodaß jeweils nur 2–3 Plastidenentwicklungsstadien (Kumar *et al.* 1980) in einer Zelle gleichzeitig vorkommen, jedoch ist auch bei Karotten der im Sproßapex zu findende sehr hohe Synchronisationsgrad der Chloroplastenentwicklung nicht festzustellen (Kumar und Neumann, in Vorbereitung). Die in Abb. 2*A* und *B* abgebildeten Plastiden repräsentieren das am weitesten fortgeschrittene Chloroplastenentwicklungsstadium der Arachis- (Abb. 2*A*) bzw. der Karottengewebekulturen (Abb. 2*B*) zum Zeitpunkt der Inokulation in den Fermenter. Unabhängig vom jeweiligen Entwicklungsstadium sind in der Majorität der Plastiden Anhäufungen von Stärke festzustellen, die z. T. aus dem fixierten CO_2, jedoch auch aus dem Zucker der Nährlösung (Pauler, unveröffentlicht) synthetisiert wird. Eine Auszählung der Plastidenzahl pro Zelle in Quetschpräparaten ergab eine starke Schwankungsbreite von 10–60 Plastiden, wobei für die überwiegende Zahl der Zellen 20–30 Plastiden pro Zelle ermittelt wurden. Es ist sehr schwierig, eine Schätzung des prozentualen Anteils der einzelnen Plastidenentwicklungsstadien an der Plastidenzahl pro Zelle vorzunehmen, jedoch scheint der größte Teil der Plastiden den früheren Entwicklungsstadien (bis Stadien 3–4) anzugehören.

Chlorophyllgehalt, Tieftemperaturspektren, Fluoreszenzinduktionsprofile, die Aktivität karboxylierender Enzyme (RudPC, PEPC)

Wie der Abb. 3 entnommen werden kann, ist der Chlorophyllgehalt der Arachiskulturen um zirka 40% höher als der der Karottengewebekulturen, jedoch ist der Chlorophyllgehalt in beiden Gewebekultursystemen sehr viel niedriger als der in Blättern der gleichen Art (max. 3–5%).

Trotz der quantitativen Unterschiede im Chlorophyllgehalt stimmen die Tieftemperaturspektren der Pigmente qualitativ gut überein.

    L. Bender, A. Kumar und K.-H. Neumann:

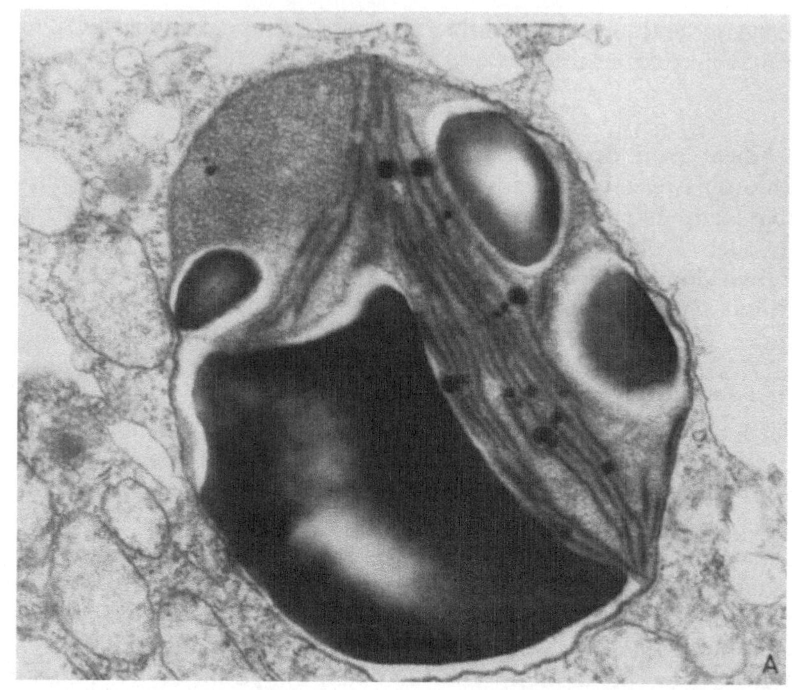

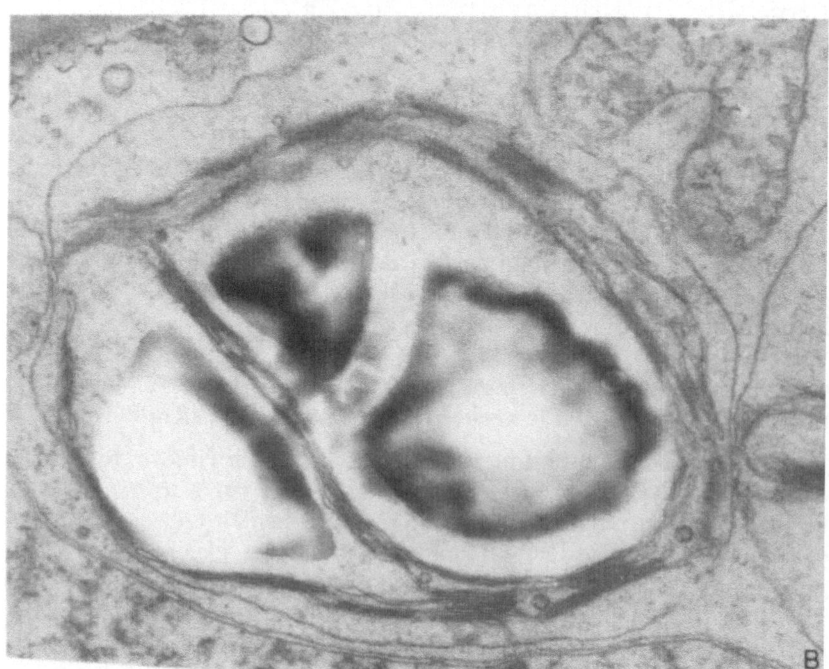

Abb. 2. *A* und *B*

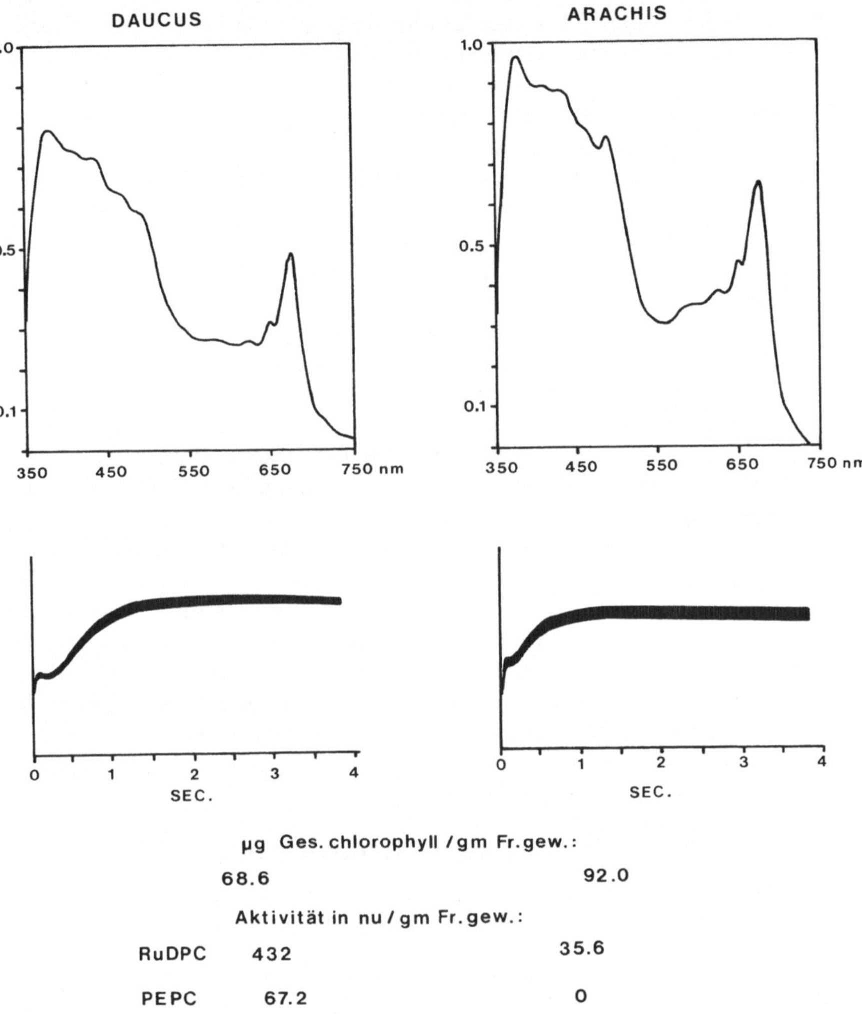

Abb. 3. Chlorophyllgehalt, die Aktivität der RudP-Karboxylase und der PEP-Karboxylase, Tieftemperaturspektren und Fluoreszenzinduktionsprofile von Daucus- und Arachisgewebekulturen zum Zeitpunkt der Beschickung des Fermenters

Abb. 2. *A* Ein nahezu vollentwickelter Chloroplast (× 21.000) in Arachiscalluskulturen (Stadium 5) zum Zeitpunkt der Beschickung des Fermenters. *B* Ein nahezu vollentwickelter Chloroplast (× 29.700) in Daucus carota-Calluskulturen (Stadium 5) zum Zeitpunkt der Beschickung des Fermenters (nach 10 Tagen Vorkultur in einer Nährlösung mit 2% Saccharose)

Auch zwischen den Fluoreszenzinduktionsprofilen beider Gewebekultursysteme bestehen kaum wesentliche Unterschiede, wobei die variable Fluoreszenz als Indikator für einen aktiven Elektronenfluß zwischen den Photosystemen II und I der in Blättern gemessenen entspricht.

Zur Ermittlung der Karboxylierungskapazität der für die Inokulation verwendeten Gewebekulturen wurde die Aktivität der RudP-Karboxylase und der PEP-Karboxylase ermittelt (Abb. 3). In beiden Gewebekultursystemen konnte die Aktivität der RudP-Karboxylase nachgewiesen werden, jedoch liegen die Aktivitätswerte, wie schon beim Chlorophyllgehalt, sehr viel niedriger als in Blättern (Kumar *et al.*, in Vorbereitung). Während der Chlorophyllgehalt der Arachiskulturen höher lag als der der Karottenkulturen, übersteigt nun die Aktivität der RudP-Karboxylase in Daucuskulturen bei weitem die in Arachiskulturen ermittelten Werte. Dies kann als weiterer Hinweis gewertet werden, daß zumindest unter quantitativen Gesichtspunkten offenbar die Entwicklung des Lichtreaktionssystems unabhängig von dem der CO_2-Fixierung erfolgt.

In Karottengewebekulturen ist neben der RudP-Karboxylase auch PEP-Karboxylaseaktivität nachweisbar, die sowohl in Karottenblättern als auch in Arachisblättern und -gewebekulturen fehlt. Diese Daten sprechen dafür, daß die Karboxylierungskapazität der Karottengewebekulturen die der Arachiskulturen übertreffen sollte, und an anderer Stelle wird über die Konsequenzen, die sich aus dem Vorkommen der beiden Karboxylierungsenzyme in Karottengewebekulturen für den Stoffwechsel des fixierten CO_2 in diesem System ergeben, berichtet (Bender *et al.*, in Vorbereitung).

Fermenterkulturen

Wie den Werten in Tab. 1 entnommen werden kann, sind die Gewebekulturen beider Pflanzenarten zwar in der Lage, in einer zucker-

Tabelle 1. *Der Einfluß der Saccharose (2% im Nährmedium) auf die Frischgewichtsproduktion und den Trockensubstanzgehalt von Arachis hypogaea- und Daucus carota-Fermenterkulturen (mg Frischgewicht produziert pro Tag)*

	− Saccharose		+ Saccharose	
	mg Fr.-Gew.	% Tr.-Substanz	mg Fr.-Gew.	% Tr.-Substanz
Arachis hypogaea	250	3,88	1409	7,9
Daucus carota	932	6,04	3264	6,28

Die Fermenterkultur erfolgte für 6 Wochen mit kontinuierlicher Belichtung von zirka 7000 Lux und der Fermenter war zu Versuchsbeginn mit 3 l der Nährlösung gefüllt (siehe Material und Methoden). Der Fermenter wurde mit Callusmaterial (7–8 g Frischgewicht) beschickt.

freien Nährlösung photoautotroph zu wachsen, jedoch übersteigt die Substanzproduktion in einer 2% Saccharose enthaltenden Nährlösung bei weitem die unter unseren Versuchsbedingungen in einer zuckerfreien Nährlösung erzielbare. Offenbar reicht der Entwicklungsstand des Photosynthesesystems bei beiden Gewebekultursystemen nicht aus, um die maximale Wachstumskapazität der Gewebekulturen zu nutzen. Jedoch soll hier erwähnt werden, daß von uns bisher noch keine Versuche unternommen wurden, die Entwicklung des Photosyntheseapparates und die Kulturbedingungen der photoautotrophen Fermenterkultur zu optimieren (Lichtintensität u. a.). Bei der Beurteilung der Wachstumsleistung ist zu berücksichtigen, daß die Berechnung der Werte für die tägliche Produktionsleistung in Tab. 1 auf der nach der 6wöchigen Gesamtversuchszeit ermittelten Wachstumsleistung beruht. Wie an anderer Stelle bereits berichtet wurde, reicht die log-Phase der Frischgewichtsbildung in der Regel nur bis 3–4 Wochen nach Versuchsbeginn (Kumar *et al.* 1980), sodaß die Berechnung der täglichen Gewichtszunahme auf der Basis der Gewichtsproduktion am Ende der 6wöchigen Kulturperiode geringere Tagesleistungen anzeigt, als sie tatsächlich in früheren Kulturabschnitten der Fermenterkulturen erzielt wurden. Sowohl auf Frischgewichts- als auch auf Trockengewichtsbasis ist die Substanzproduktionsleistung der Karottenkulturen sowohl im zuckerfreien Medium als auch bei Zugabe von 2% Saccharose bedeutend höher als die der Erdnußkulturen. Weiterhin ist der prozentuale Anteil des Trokkengewichts bei Arachiskulturen im zuckerhaltigen Nährmedium etwa doppelt so hoch wie im zuckerfreien. Dies gilt zwar nicht für die Karottengewebekulturen in den in Tab. 1 angeführten Versuchen, jedoch konnte in anderen, ähnlich durchgeführten Untersuchungen bei Karottengewebekulturen in einer zuckerfreien Nährlösung eine Absenkung des prozentualen Anteils des Trockengewichts gegenüber der mit 2% Saccharose kultivierten Gewebe festgestellt werden (Neumann und Raafat 1973).

Die angeführten Produktionsdaten zeigen, daß photoautotrophes Wachstum bei Karotten- und Erdnußgewebekulturen auch im Laborfermenter möglich ist, und daß beispielsweise eine 10tägige Vorkultur in einem saccharosehaltigen Nährmedium ausreicht, in Karottenwurzelexplantaten einen Entwicklungszustand des Photosyntheseapparates zu erzielen, der ausreicht, in einer zuckerfreien Nährlösung unter photoautotrophen Bedingungen eine höhere Produktionsleistung als chlorophyllhaltige sogenannte „established cultures", beispielsweise von *Arachis hypogaea,* zu erzielen. Wie weit die höhere Aktivität der karboxylierenden Enzyme und insbesondere das Vorkommen der PEP-Karboxylase neben der RudP-Karboxylase bei sonst annähernd gleicher Ausprägung des Hill-Reaktionssystems für die höhere Produktionslei stung der Karottengewebekulturen verantwortlich ist, kann gegenwärtig nicht entschieden werden. Sollte dies der Fall sein, dann wäre in den Arachiskulturen das vorhandene Lichtreaktionspotential zur Substanzproduktion nicht voll ausgenutzt.

Tabelle 2. *Die Fettsäurezusammensetzung von Blättern, Samen und Fermenterkulturen von Arachis hypogaea L.* (% an Gesamtfettsäuren)

	Palmitin-säure (C_{16})	Stearin-säure (C_{18})	Ölsäure (C_{18})	Linol-säure (C_{18})	Linolen-säure (C_{18})	Behensäure (C_{22})	Arachidon-säure (C_{20})
Blätter	11,5	4,7	42,8	21,7	19,2	0	0
Fermenter-kulturen	11,16	4,63	40,63	24,5	19,0	0	0
Samen	9,8	4,9	55,3	23,4	2,1	1,4	2,9

In Tab. 2 sind einige Ergebnisse von Untersuchungen zur Fettsäurezusammensetzung der Arachisgewebekulturen im Vergleich zu der der Blätter und der Samen angegeben. Der Fettsäuregehalt der Gewebekulturen liegt weit unter dem der Samen (51–54%), jedoch hat die Saccharose in der Nährlösung offenbar keinen Einfluß (mit Saccharose in der Nährlösung = 6,9%, ohne Saccharose in der Nährlösung = 5,7% Gesamtfettsäuren in der Trockensubstanz) auf die Fettsäureproduktion, sodaß offenbar der Entwicklungszustand des Photosyntheseapparates der autotrophen Kulturen ausreicht, die in Fermenterkulturen generell erreichbare Fettsäurebildung zu gewährleisten.

Die qualitative Zusammensetzung der Fettsäurefraktion der Arachis-Fermenterkulturen entspricht weitgehend der der Blätter, und beide weichen beträchtlich von der der Samen ab. Dies drückt sich insbesondere im Gehalt an Ölsäure und an Linolensäure aus, wobei letztere in Blättern und Gewebekulturen einen sehr viel höheren Gehalt als in den Samen aufweist. Weder in Blättern noch in Gewebekulturen konnten die in den Erdnußsamen vorkommende Behensäure und die Arachidonsäure gefunden werden. Im Hinblick auf Fettsäuregehalt und Fettsäurezusammensetzung stimmen die Arachis-Fermenterkulturen weitgehend mit den Blättern überein.

Frühe Chloroplastenentwicklungsstadien, jedoch in recht geringer Zahl pro Zelle, können beispielsweise auch in Datura-Fermenterkulturen mit Alkaloidproduktion gefunden werden (unveröffentlicht). Es wäre zu prüfen, wie weit es möglich ist, durch Optimierung der Anzuchtsbedingungen auch in solchen Kulturen ein autotrophes Ernährungssystem zu induzieren und welche Folgen sich daraus für die Alkaloidproduktionsleistung ergeben. Die hier vorgestellten Versuchssysteme können dann für die Entwicklung autotropher Fermenterkulturen mit der Fähigkeit, wirtschaftlich interessante Inhaltsstoffe zu produzieren, als Modell dienen.

Dank gilt der Alexander von Humboldt-Gesellschaft für die Überlassung eines Stipendiums an Dr. A. Kumar und der DFG für die finanzielle Unterstützung der Untersuchungen.

Herrn Dr. R. Marquart, Institut für Pflanzenbau und Pflanzenzüchtung der Justus-Liebig-Universität, danken wir für die gaschromatographische Bestimmung der Fettsäurezusammensetzung.

Literatur

Kibler, R., Neumann, K. H.: Planta Medica *35*, 354−359 (1979).

Kumar, A.: Ph. D. Thesis, Jaipur, 1971.

Kumar, A., Bender, L., Neumann, K. H. In: Plant tissue culture, genetic manipulation and somatic hybridization of plant cells. Dept. of Atomic Energy, Gov. of India, Bombay, 169−178 (1980).

Kumar, A., Neumann, K. H.: Comparative Investigations on Plastid Development of Meristematic Regions of Seedlings and Tissue Cultures of Daucus carota (in Vorbereitung).

Neumann, K. H.: Dissertation, Justus-Liebig-Universität Gießen, 1962.

Neumann, K. H., Raafat, A.: Plant Physiol. *51*, 685−690 (1973).

Neumann, K. H., Cireli, E., Cireli, B.: Physiol. Plant. 22, 787−800 (1969).

Neumann, K. H., Pertzsch, C., Moos, M., Krömmelbein, G.: Z. Pfl.-E. u. Bdk. *141*, 298−311 (1978).

Thies, W.: Z. Pflanzenzücht. *65*, 181−202 (1971).

Wintermans, E. J. F. G. M., De Mots, A.: Biochem. Biophys. Acta *109*, 440−453 (1965).

Yamada, Y., Sato, F.: Plant and Cell Physiol. *19*, 691−699 (1978).

Energie aus Biomasse:
Sichtbare Trends in Forschung und Industrie

A. Fiechter

Eidgenössische Technische Hochschule Zürich,
CH-8093 Zürich-Hönggerberg, Schweiz

Mit 2 Abbildungen

Summary

The increasing energy demand and the political implications in the oil producing nations are the main reason for the drastic increase of costs for petro-energy during the late seventies. Consequently, investigations on alternative energy forms were intensified. Biomass from agricultural and forestry sources resp. represent only minor potential energy replacement e. g. 2–3% of the total demand of the industrialized nations. Due to the high water content of such types of energy feedstock the material has to be processed locally. Ethanol as a fuel supplement (10–15%) or biogas for direct use on the farms are the only real alternatives for potentially economic bioenergies.

New data from bio-energy studies in Switzerland are discussed.

Zusammenfassung

Der steigende Energiebedarf in allen Ländern der Erde und die politischen Konstellationen in den Ölförderungsländern haben die Energiepreise für fossile Brennstoffe bereits Ende der siebziger Jahre drastisch ansteigen lassen.

Aus diesem Grunde wird vor allem in den Industrieländern intensiv nach alternativen Energieformen gesucht.

Die Prüfung der allfälligen Verwendbarkeit der Biomasse aus Land- und Forstwirtschaft hat ergeben, daß meist nur etwa 2–3% des Gesamtenergiebedarfes einer Industrienation aus dieser Quelle deckbar wäre. Wegen der kleinen Energiedichte aller pflanzlichen Materialien kommen nur kurze Transportwege für das Einsammeln des Rohmaterials in Frage. Äthanol (vor allem für Treibstoffzusatz von 10–15%) und Biogas (vor allem für Landwirtschaftsbetriebe) sind im Moment die einzigen Energieträger, die unter geeigneten Voraussetzungen ökonomisch aussichtsreich sind. An Hand von neuen schweizerischen Unterlagen werden die Probleme der Bioenergie kurz kommentiert.

1. Einleitung

In den letzten 10–15 Jahren haben sich die Aussichten auf dem Energiesektor drastisch gewandelt. Die einseitige Abhängigkeit von den Energiequellen des vorderen Orients mit den implizierten politischen Problemen hat das bekannte Bild der Energiekrise entstehen lassen. In der Tat hat sich in den Industriestaaten dank der enorm niedrigen

Preise ein Verbrauchermodell entwickelt, das von einer allzu großzügigen und unbeschränkten Erhältlichkeit dieser technisch und wirtschaftlich idealen Energieform ausging. Erst die nach und nach eintretende Nationalisierung des Produktionsgeschäftes weckte das Verständnis für die riskante Situation der extremen Abhängigkeiten und des bedenkenlosen Verbrauches. Die Erschöpfung der fossilen Rohstoffquellen wurde auf das Ende dieses Jahrtausends vorausgesagt und der Ruf nach alternativen Lösungen erhoben. Für viele Kreise vermochte aber die aufkommende Kernenergie keinen Ausweg darzustellen. Akzeptiert wurden lediglich erneuerbare Quellen wie etwa Sonnenlicht und Biomasse.

Die Möglichkeiten der Erschließung von Biomasse als erneuerbare Energieform werden heute bedeutend nüchterner eingeschätzt. Aus zahlreichen Studien wurde klar, daß in den Industrieländern höchstens 2–4% des Gesamtenergiebedarfes aus pflanzlichen Rohstoffen gedeckt werden können, daß die verfügbaren Technologien unzulänglich sind und daß selbst bei steigenden Ölpreisen die Wirtschaftlichkeit der „grünen" Energie nur unter bestimmten Voraussetzungen erreichbar ist. Die vergleichsweise niedrige Zahl wird von den spontanen Spareffekten als Folge der steigenden Ölpreise heute bereits übertroffen. Zudem mehren sich die Widerstände gegen die Herstellung von einfachen Molekülen für Treib- und Brennzwecken aus an sich hochwertiger organischer Substanz. Der Gedanke, effektive oder potentielle Nahrungs- oder Futtermittel mit erheblichem Aufwand in Formen umzuwandeln, die letztlich wieder der Verbrennung dienen, wird abgelehnt. Längerfristig erscheint es sinnvoll, organisches Material gewissermaßen als „Chemierohstoff" für die Herstellung von Produkten auf hoher Wertstufe einzusetzen. Die Verwirklichung solcher Ideen scheitert aber an der Tatsache, daß die hiezu notwendigen Technologien nicht verfügbar sind und die in Frage kommenden Rohstoffe entweder in ungünstiger Form vorliegen (Abfälle) oder derart verteilt sind, daß ihre Bringung erhebliche Kosten verursacht. Der hohe Wassergehalt und die geringe Energiedichte von Biomasse sind für ihren Einsatz als Rohstoff von Nachteil. Die optimistische Beurteilung der vergangenen Jahre hat daher einer differenzierten Betrachtungsweise Platz gemacht. In vielen Ländern sind Programme zur Förderung der Forschung und Entwicklung in die Wege geleitet worden, welche die ökonomische Umwandlung von biogenen Rohstoffen in wirtschaftlich interessante Produkte bezwecken. Neben den Erzeugnissen der Forst- und Landwirtschaft (Holz, Stärke, Zucker) werden insbesonders auch die biogenen Abfallmaterialien aus allen Wirtschaftsbereichen, eingeschlossen Haushaltabfälle und Klärschlamm für eine sinnvolle Weiterverwendung in Betracht gezogen.

Neben den eigentlichen Schwerpunktprogrammen zur Herstellung von Äthanol als Treibstoffzusatz (USA, Brasilien u. a.) werden heute vielerorts F & E-Arbeiten gefördert, welche die Verwertung biogener Abfallstoffe zur Energiegewinnung – vor allem Methan – anstreben. Für die Herstellung von Chemikalien aus Biomasse sind die Anstrengungen noch nicht sehr weit gediehen. Die wichtigsten Vorschläge beziehen sich auf die Herstellung von Chemiegrundstoffen wie Acrylsäure (anaerober Prozeß des MIT), Äthylen (aus Äthanol) oder Lösungsmittel (Azeton-Butanol).

Der gegenwärtige Stand und die sich abzeichnenden Tendenzen werden im folgenden kurz angedeutet und mit neueren Untersuchungsergebnissen aus der Schweiz illustriert. Derartige Vergleiche sind insofern gerechtfertigt, weil einzelne Teilaspekte für andere Nationen mit hochentwickelter Landwirtschaft und Industrie eine ähnliche Gültigkeit aufweisen mögen.

Die Literatur über die Verfügbarkeit und mögliche Verwendungen von Biomasse ist heute kaum mehr zu überblicken. Aus der Vielfalt der Publikationen sollen daher hier nur vereinzelte Arbeiten zitiert werden [8–11, 14]. Für die umfassende Orientierung wurde daher auf Initiative der Internationalen Energieagentur (IEA) ein Literaturdienst mit Sitz in Dublin geschaffen, der alle einschlägigen Arbeiten und Dokumente lückenlos registriert [12].

2. Äthanol

Eigentliche Industrieproduktionen in erheblichem Ausmaß sind vor allem aus Brasilien [1] und USA [4, 5, 13] bekannt. Brasilien sollte gemäß den aufgestellten Plänen 1980 5 Mio m³ Äthanol aus Zuckerrohr produzieren. In beiden Ländern dienen Zucker (Zuckerrohr) bzw. Stärke (Mais, Getreide) als Rohstoffe. Die Technologie der Stärkeverzuckerung in früher nicht bekannten Ausmaßen ist in starker Entwicklung begriffen. Zur Senkung der Kosten haben die Forschungen auf dem Enzymgebiet in der Vergangenheit wesentlich beigetragen. Schwierigkeiten bereiten noch spezielle Rohmaterialien wie etwa Topinambur u. a. Nachteilig wirkt sich beim Zuckerrohr aus, daß für die Bagasse außer Verbrennen noch keine Verwertungsmöglichkeit besteht. Vorteilhaft wäre die enzymatische Hydrolyse des Zelluloseanteils, um die Äthanolausbeute des Rohmaterials zu steigern und durch analoge Verwertung von Lignin und Hemizellulose die Probleme der Rückstandsbeseitigung zu lösen.

In Europa wird die Gasoholherstellung aus Agrarprodukten trotz der häufig auftretenden Überschüsse nur zögernd in Angriff genommen. Durch geeignete Umstellungen in der Produktion ließen sich auch die Milchüberschüsse vermindern. Der Widerstand gegen die Umwandlung von Nahrungsmitteln in Brennstoff und die mangelnde Preisparität gegenüber fossilen Energieträgern haben die Einleitung der Umstellungen bisher verhindert, obschon aus neueren Studien hervorzugehen scheint, daß unter bestimmten Bedingungen bei der Verwertung von Zuckerrüben ein echter Energiegewinn möglich ist. Die Einführung der neuen Technologien zur Alkoholherstellung wäre vor allem in der Schaffung neuer Flexibilitäten in die Produktionsgestaltung der Landwirtschaft zu sehen. Nach einer kürzlich für die Schweiz durchgeführten Studie [3] ließe sich die Ackerfläche zur Energiegewinnung gemäß der nachstehenden Übersicht nur in beschränktem Maße ausdehnen (Friedenszeiten):

	ha
Maximal mögliche Anbaufläche für Acker- und Futterbau	278.000

Davon maximal mögliche Anbauflächen für

Zuckerrüben	42.000	
Kartoffeln	88.000	
Mais	84.000	
		214.000
Differenz		64.000

Nach Abzug jener Mengen, die für die Selbstversorgung benötigt werden, würden für die Äthanolgewinnung lediglich

25.000 ha für Zuckerrüben
64.000 ha für Kartoffeln
84.000 ha für Mais

zur Verfügung stehen.

In Notzeiten läßt sich die Ackerfläche kurzfristig auf 350.000 steigern, um die Selbstversorgung gewährleisten zu können. Auch wenn in den anderen Ländern Westeuropas die Verhältnisse anders liegen mögen – in der Schweiz sind 25% der Gesamtfläche unproduktiv –, läßt doch die Übersicht erahnen, daß diese Art von Biomasse keine Alternativenergiequelle zum substantiellen Ersatz von Basisenergie darstellt. Selbst in Ländern mit natürlichen oder gelenkt entstandenen Brachflächen wird Biomasse nicht zu einer Hauptenergiequelle werden. Hochwillkommen ist aber ihr Beitrag zur Verbesserung der technisch-wirtschaftlichen Flexibilitäten. Die Übersicht über die photosynthetische Gewinnung und den Verbrauch der Energie in der schweizerischen Landwirtschaft zeigt im übrigen die Randbedingungen für zusätzliche Energiegewinnung deutlich auf [6]. Auffällig ist der hohe Anteil an Fremdenergie, die für die landwirtschaftliche Produktion benötigt wird: 81,6 PJ Fremdenergie gegenüber 220 PJ aus der Photosynthese (Abb. 1).

Angesichts der rasch steigenden Kosten für die zugekaufte Fremdenergie entsteht hier für die Landwirtschaft ein echtes Problem. Beispielsweise beträgt der Aufwand aller Schweizer Betriebe für energieabhängige Roh- und Hilfsstoffe gegenwärtig rund 2 Mia sFr.

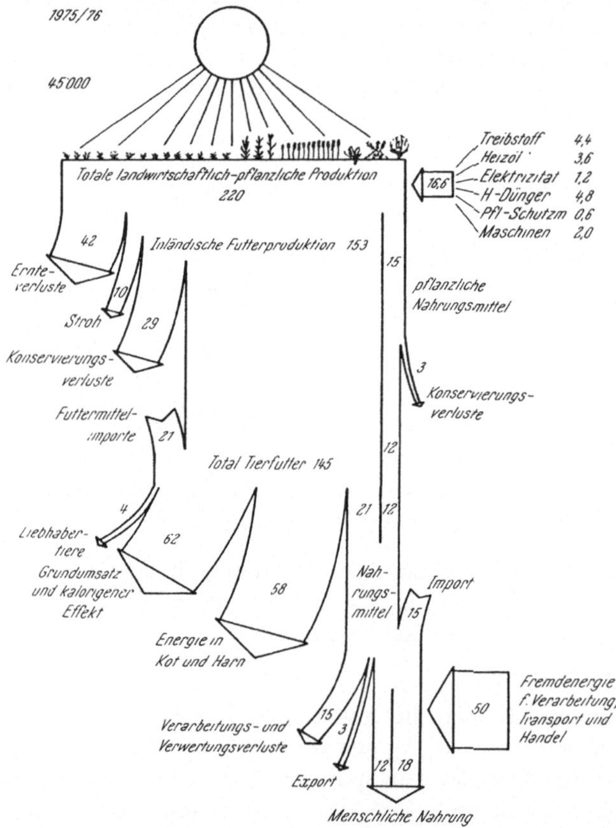

Abb. 1. Energiebilanz der schweizerischen Landwirtschaft für das Produktionsjahr 1975/76. Angaben in Petajoule (1 PJ = 10^{15} J) auf der Basis des Brennwertes. Für die menschliche Nahrung wurde die umsetzbare Energie eingesetzt. Nach R. Studer [6]

Obwohl das zuwachsende Holzpotential der Schweiz nach den heutigen Schätzungen etwa 50% über der gegenwärtigen Nutzung liegt, läßt sich diese ungenutzte Rohstoffquelle nicht ohne weiteres für alle wichtigen Verbrauchszwecke zugänglich machen.

Jedenfalls kommt die Herstellung von Gasohol aus Holz aus mancherlei Gründen, nicht zuletzt auch wegen einer fehlenden ökonomischen Technologie vorderhand noch nicht in Frage. Aus diesem Grunde bleibt im Moment nur die Wärmeerzeugung durch Verbrennen.

3. Biogas

Methanprozesse zur Energiegewinnung sind nur dort praktikabel, wo eine geeignete Beseitigung oder Weiterverwendung der Rückstände möglich sind. Nachteilig ist auch, daß in diesen Bioprozessen immer eine Mischung von CH_4 und CO_2 mit entsprechend herabgesetztem Brennwert entsteht.

Eine sinnvolle Integration der Prozesse in die übrigen Betriebsabläufe ist entscheidend für die Wirtschaftlichkeit. Auf den Landwirtschaftsbetrieben können die Rückstände als Dünger weiterverwendet werden. Für die Entsorgung in kommunalen oder industriellen Abwasserreinigungsanlagen sind die Verhältnisse komplizierter. Für große Anlagen fehlt häufig die benötigte Fläche Kulturland zum Direktaustrag, und die Rückstände müssen mit zusätzlichem Aufwand beseitigt werden. Bei der landwirtschaftlichen Verwendung ergeben sich außerdem Probleme der Hygienisierung und der Schwermetallanreicherung. Nach einer weitverbreiteten Meinung sollte Klärschlamm daher verbrannt und nicht als Dünger verwendet werden.

Eine neuere Studie [2] über die Möglichkeiten und Grenzen der Biogasproduktion in der schweizerischen Landwirtschaft zeigt, daß bei einem Abbau an organischer Substanz von 26% rund 10 PJ Gas produziert werden könnten, was 1,6% des Energieverbrauches des Landes entsprechen soll. Diese Zahl ist nicht unbestritten; die Ansichten differieren in diesem Punkte beträchtlich. Einzelbeispiele zeigen, daß bei optimaler Integration in die Betriebsabläufe des Bauernbetriebes beträchtliche Verbesserungen, ja Energieautarkie oder gar ,,Export" vom Betrieb möglich sind. Schwierigkeiten ergeben sich durch die jahreszeitlichen Schwankungen von Produktion und Bedarf (Abb. 2). Bei Verwendung des Gases zur Wärmeproduktion könnte etwa die Hälfte des ermittelten Energiepotentials genutzt werden, bei kombinierter Nutzung für Wärme und elektrischer Energie auf größeren Betrieben (> 30 Großvieheinheiten) etwas mehr (61%).

Aus der Studie wird aber auch ersichtlich, daß die optimale Nutzung in der Landwirtschaft noch lange nicht erreicht ist. Außer den Schwierigkeiten einer wirksamen Integration in den Energiehaushalt des Betriebes stehen einer effizienten Ausnützung auch die verbesserungsbedürftigen Technologien entgegen. Ungenügende Ausbeuten, Störungen in der Produktion und hohe Investitionskosten sind entscheidende Hindernisse zur allgemeinen Einführung des Biogasprozesses auf Landwirtschaftsbetrieben. Die Praxis der Biogaserzeugung ist in der Schweiz und anderwärts wie etwa in China [7] und Indien der systematischen Prozeßentwicklung auf wissenschaftlicher Ebene meist vorausgegangen, was nicht selten zu Rückschlägen und verwirrenden Ansichten dieser an sich schon lange bekannten Methode der Energiegewinnung geführt hat. Aus diesem Grunde werden nun in zahlreichen Län-

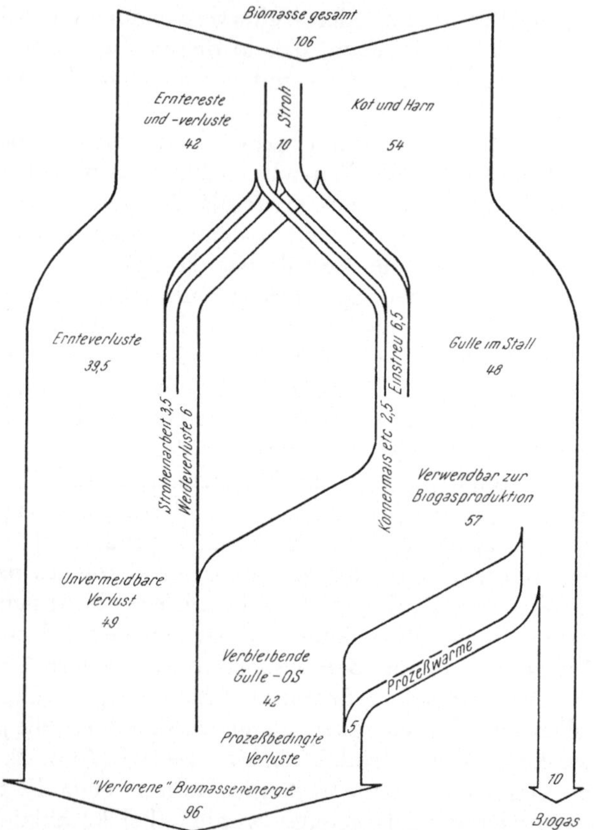

Abb. 2. Übersicht über Umfang und Herkunft des schweizerischen Biogaspotentials. Angaben in PJ pro Jahr nach R. Studer [14]

dern mit öffentlichen Mitteln F & E-Programme finanziert, die dazu beitragen sollen, die Situation entscheidend zu verbessern. Da und dort sind Fortschritte bereits sichtbar geworden, aber insgesamt bleibt noch viel Arbeit für Biologen und Ingenieure zu leisten, bis zweckentsprechende Technologien überall verfügbar sind.

Die mit der Unterstützung des Schweiz. Nationalfonds erarbeiteten Unterlagen [2, 3] können am Geschäftssitz, Wildhainweg 20, CH-3000 Bern, Schweiz, bezogen werden.

Energie aus Biomasse: Sichtbare Trends in Forschung und Industrie   211

Literatur

1. BMFT: Biotechnologie in Brasilien. National Academy of Sciences (1977). Methane Generation from Human, Animal and Agricultural Wastes. 1979.
2. FAT: Systemstudie Biogas. Schweiz. Nationalfonds, Nat. Forschungsprogramm 7B, 1980.
3. AGBA: Systemstudie über Abfallstoffe und Energie in landwirtschaftlichen Betrieben. Schweiz. Nationalfonds, Nat. Forschungsprogramm 7B, 1980.
4. US-Dept. of Energy: Mission Analysis for the Federal Fuels from Biomass I–VI. 1979.
5. US-Dept. of Energy: Sugar Crops as a Source of Fuel. 1978.
6. Studer, R.: Landwirtschaft und Energiepolitik. Vortrag, Informationstagung Forschungsanstalt Tänikon, 2. Mai 1980.
7. Liu Ke-Xin, Chen Guang Oran: Studies on the Biogas Fermentation of Chinese Rural Areas, UNITAR-Conf., 26. November bis 7. Dezember 1979.
8. Malik, K. A.: Process Biochem. *13*, 10 (1978).
9. Ghose, T. K.: Microbial Technology in the Provision of Energy and Chemicals from Renewable Resources. IUPAC 1978.
10. BMFT: Gärungsalkohol aus Agrarprodukten als Biokraftstoff. Dornierstudie. 1980.
11. BMFT: Biokonversion. 2. Statusseminar „Bioverfahrenstechnik": Biogas (Jülich, Mai), Äthanol (Oktober). 1979.
12. IEA.: Biomass Conversion Technical Information Service Dublin.
13. US-Dept. of Energy: New Term Potential of Wood as a Fuel. HCP/C-4101. 1979.
14. Studer, R.: Energieeinsatz und -ertrag in der Landwirtschaft. Vortrag Biogastagung in Tänikon. 8. bis 10. Mai 1979.

14*

Genetic Engineering

H. Schwab

Institut für Biotechnologie, Mikrobiologie und Abfalltechnologie,
Technische Universität Graz,
A-8010 Graz, Österreich

Mit 7 Abbildungen

Summary

The techniques of genetic engineering which have been developed within the last few years offer the possibility to construct organisms in the laboratory unknown to nature. For instance, the in vitro techniques which are briefly discussed here provide a great future for biotechnology.

On the one hand, these techniques open ways to obtain a variety of new products by means of biotechnological processes and on the other hand they provide promising prospects for breeding of highly productive industrial strains. An important problem in this connection is the application of these methods to industrially useful microorganisms.

As an example, the development of a possible system for in vitro genetic engineering with the "knallgas" bacterium *Alcaligenes eutrophus* H 16 is shown. This organism has not till now been genetically well examined.

Zusammenfassung

Die in den letzten Jahren entwickelten Methoden des Genetic Engineering bieten die Möglichkeit, im Labor Organismen zu konstruieren, die in der Natur nicht vorkommen. Vor allem die in vitro Techniken, die hier in kurzer Form diskutiert werden, zeigen für den Bereich der Biotechnologie große Zukunftsaussichten.

Sie eröffnen einerseits der biotechnologischen Produktion eine Palette an neuen Produkten, anderseits bieten sie vielversprechende Aussichten bei der Züchtung von industriellen Hochleistungsstämmen. Ein wesentliches Problem dabei ist, die Anwendung dieser Methoden auch bei industriell nutzbaren Mikroorganismenstämmen zu ermöglichen.

Als Beispiel dafür wird gezeigt, wie ein eventuell brauchbares System für in vitro Genetic Engineering beim Knallgasbakterium *Alcaligenes eutrophus* H 16, das genetisch wenig untersucht ist, entwickelt werden konnte.

Das Schlagwort „Genetic Engineering" hat in letzter Zeit nicht nur in der Fachwelt, sondern auch in breiten Kreisen der Öffentlichkeit großes Aufsehen erregt. Der Grund dafür ist, daß es dem Menschen gelungen ist, die Schranken der Natur im Bereich der elementarsten Funktionen des Lebens, das heißt im Bereich der Gene, zu durchbrechen.

Die Mechanismen der natürlichen Rekombination, wie sie bei der sexuellen Vermehrung von Lebewesen am höchsten entwickelt sind, erlauben einen Austausch und eine Neukombination von genetischer Information nur, wenn die entsprechenden Genabschnitte von sehr nahe verwandten Individuen stammen. Dies bedeutet, daß bei derartigen Vorgängen eine große Homologie zwischen den beteiligten DNS-Abschnitten gegeben sein muß.

Die in den letzten Jahren entwickelten Methoden der Genetik, die unter dem Begriff „Genetic Engineering" bekannt geworden sind, erlauben es jedoch, Erbinformation verschiedenster Organismen miteinander zu kombinieren. Dadurch ist es möglich geworden, im Labor Organismen zu konstruieren, die Kombinationen an genetischer Information und, daraus resultierend, Eigenschaften besitzen, die der Natur unbekannt sind.

In vitro Genetic Engineering

Am weitreichendsten sind jene Methoden, bei denen Gene oder Genabschnitte aus Organismenzellen isoliert oder vollständig im Labor synthetisiert werden und anschließend im Reagensglas mit einem geeigneten genetischen Element, einem Vektor, verbunden werden. Mit Hilfe der Funktionen des Vektoranteiles ist die Möglichkeit gegeben, die so geschaffenen Hybridmoleküle wieder in lebende Zellen zu transferieren und das fremde Erbmaterial stabil zu verankern. Um mit diesen Techniken neue Gene in einen Organismus einbauen zu können, ist die Verfügbarkeit folgender Teilschritte, wie dies auch aus Abb. 1 zu ersehen ist, notwendig:

Gewinnung von funktionstüchtigen Genabschnitten;
Verfügbarkeit geeigneter Vektoren für den zu manipulierenden Organismus;
in vitro Verbindung von DNS-Molekülen;
Transfer von in vitro vorliegender freier DNS in lebende Zellen des zu manipulierenden Organismus;
Expression der eingebauten Gene im neuen Wirtsorganismus;
Selektionsmöglichkeiten zur Erkennung und Isolierung von Klonen, die neues Genmaterial besitzen.

Die *Gewinnung von geeigneten Genabschnitten*, die die gewünschten Informationen, die in einen Organismus eingebaut werden sollen, besitzen, ist vielfach eine der wesentlichsten Hürden. Eine Möglichkeit, Genabschnitte zu gewinnen, ist die in Abb. 1 angedeutete Vorgangsweise. Dabei wird das gesamte Genom eines Spenderorganismus, der die gesuchten Gene besitzt, durch Anwendung von Scherkräften oder mit Hilfe Nukleinsäure-spaltender Enzyme in Bruchstücke zerlegt. Diese undefinierten Bruchstücke werden dann unspezifisch in Empfän-

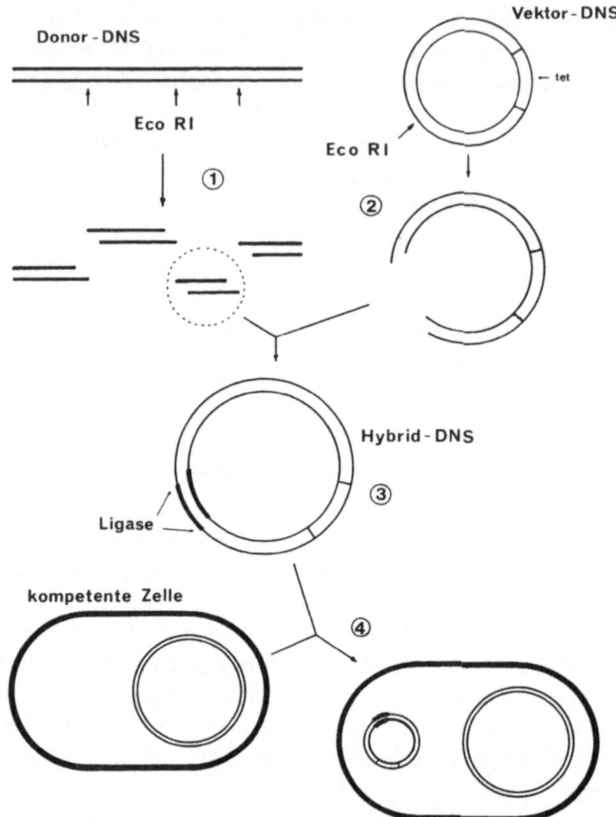

Abb. 1. Schematisch dargestellte Vorgangsweise für in vitro Genetic Engineering am Beispiel eines Schrotschußexperimentes

DNS eines Spenderorganismus (Donor-DNS) wird isoliert und mit Hilfe einer Restriktionsendonuklease des Typs II (EcoRI) in Bruchstücke zerlegt, wobei gleichzeitig kohäsive Einzelstrangenden entstehen (1). Vektormoleküle (Vektor-DNS) werden ebenfalls isoliert und mit demselben Restriktionsenzym, für das eine einzige Schnittstelle auf dem Vektor vorhanden ist, geschnitten. Dabei entstehen an der Schnittstelle dieselben Einzelstrangenden wie bei den Bruchstücken der Donor-DNS (2). Auf Grund der hohen Affinität der kohäsiven Einzelstrangenden können nach dem Zusammenbringen der beiden DNS-Arten Hybridmoleküle entstehen, die nach Behandlung mit DNS-Ligase kovalent ringförmige Moleküle ergeben, die aus dem Vektoranteil und einem Stück Donor-DNS bestehen (3). Diese Hybridmoleküle werden durch Transformation in kompetente Zellen des Empfängerstammes eingeschleust. Die auf dem Vektor lokalisierte Genmarke zur Ausbildung von Resistenz gegen Tetracyclin (tet) ermöglicht eine rasche Selektion der Transformanten (4)

gerzellen eingebaut. Im Anschluß daran müssen dann aus einer Vielzahl von Klonen, die DNS des Spenderorganismus tragen, durch geeignete Selektionsmethoden diejenigen herausgesucht werden, die die gewünschten Genabschnitte besitzen. Diese als „Schrotschußmethode" bezeichnete Vorgangsweise ist nicht nur sehr aufwendig hinsichtlich der Selektion, sondern bringt auch erhöhte Gefahren mit sich, indem völlig unbekannte Genkombinationen geschaffen werden. Da es jedoch in den seltensten Fällen möglich ist, spezifisch definierte Genabschnitte aus dem Genom eines Organismus zu isolieren, wie dies zum Beispiel bei der Isolierung des *lac*-Operons gelungen ist (Shapiro *et al.* 1969), stellt ein Schrotschußexperiment oft die einzige Methode der Wahl dar.

Wesentlich gezielter können Gene gewonnen werden, wenn es gelingt, die entsprechende Messenger-RNS zu isolieren oder wenigstens hoch anzureichern. Aus den m-RNS-Molekülen können dann in vitro mit Hilfe des Enzyms „Reverse Transkriptase" die entsprechenden komplementären DNS-Moleküle synthetisiert werden, die als Ausgangsmaterial zum Einbau in einen Empfängerorganismus dienen. Auf diese Weise ist es zum Beispiel gelungen, Genabschnitte in *Escherichia coli* zu klonieren, die die Information für Humaninterferon tragen (Nagata *et al.* 1980).

Die wohl spezifischeste Methode zur Gewinnung von Genen ist die in vitro Totalsynthese von DNS. Auf der Basis der bekannten Aminosäuresequenz eines Polypeptides, das heißt eines Genproduktes, ist es möglich, das entsprechende Gen in der genauen Sequenzfolge der den Aminosäuren entsprechenden Nukleotidtripletts im Reagensglas herzustellen. Auf diese Weise konnten bereits die Gene für Somatostatin und Humaninsulin synthetisiert und in *E. coli* eingebaut werden, wo sie volle Funktionsfähigkeit zeigten (Itakura 1979).

Die wesentlichen *Funktionen eines Vektors* bestehen darin, den Transport und vor allem die stabile Integration von Genen in neue Wirtszellen zu ermöglichen. Als Vektoren finden vor allem Plasmide und Genome von Viren und Bakteriophagen Verwendung. Diese lassen sich in der Regel auf einfache Art isolieren und besitzen die Fähigkeit, entweder als eigene Replikons in den Wirtszellen zu existieren oder auf spezifische Art in das chromosomale Genom des Wirtes integriert zu werden. In beiden Fällen werden diese genetischen Elemente daher repliziert und bei Zellteilungen an die Tochtergenerationen weitergegeben. Werden DNS-Abschnitte mit solchen genetischen Einheiten verbunden und mit diesen in eine Rezipientenzelle eingebaut, gelingt es, diese stabil im neuen Wirt zu erhalten. Die neu eingebaute Information wird bei Reduplikation auch an die Nachkommen weitergegeben. Als Anforderungen an einen Vektor können folgende Punkte festgelegt werden:

Stabiler Verbleib in den zu manipulierenden Zellen als eigenes Replikon oder durch spezifische Integration in das chromosomale Genom;

geeignete Einbaustellen für fremde DNS, wobei durch den Einbau die notwendigen Funktionen des Vektors erhalten bleiben müssen;

Vorhandensein von Genfunktionen auf dem Vektormolekül, die eine schnelle Selektion von Klonen ermöglichen, die das Vektormolekül besitzen;

Vorhandensein von Genfunktionen, die eine Expression der eingebauten Gene ermöglichen.

Die *in vitro Verschmelzung von DNS-Molekülen* bringt die geringsten Probleme mit sich, da die notwendigen biochemischen Reaktionen und die dazu benötigten Enzyme bereits relativ gut bekannt sind beziehungsweise ausreichend zur Verfügung stehen.

Die Vorgangsweise dabei ist vor allem dadurch gekennzeichnet, daß an den Enden der zu verbindenden DNS-Moleküle einzelsträngige Abschnitte geschaffen werden, die so beschaffen sind, daß die Basensequenz an der einen DNS-Art komplementär zu der an der zweiten DNS-Art ist. Dadurch ergibt sich, daß eine hohe Affinität zwischen

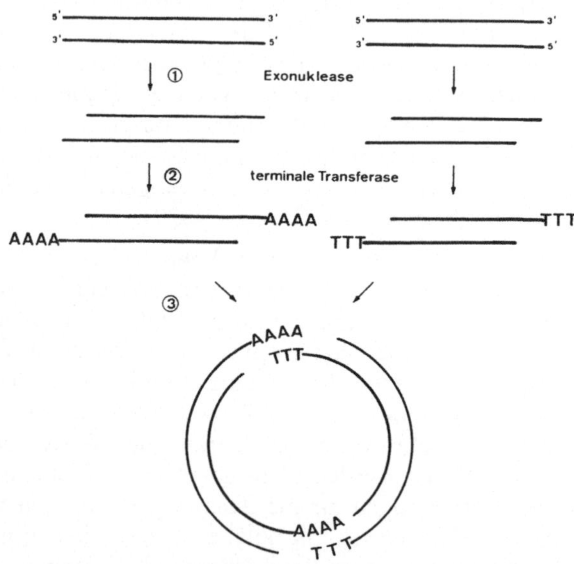

Abb. 2. Erzeugung von „kohäsiven Enden" bei DNS-Molekülen

1 Teilweiser Abbau der DNS vom 5'-Ende mit Hilfe von Lambda-Einzelstrang-Exonuklease. *2* Verlängerung der Einzelstrangenden am 3'-Ende mit Hilfe des Enzyms „terminale Transferase". Dabei werden an die eine DNS-Art nur z. B. Thyminnukleotide (T), an die zweite DNS-Art die dazu komplementären Adeninnukleotide (A) dazusynthetisiert. *3* Durch die auf diese Weise geschaffenen, zueinander komplementären Einzelstrangenden können die beiden DNS-Arten zu einem Hybridmolekül zusammengesetzt werden (nach Cohen 1975) den Enden der zu verbindenden DNS-Stücke gegeben ist und die Enden unter renaturierenden Bedingungen mit hoher Wahrscheinlichkeit zusammenfinden können, wie dies in Abb. 2 dargestellt ist.

Einen großen Vorteil bringt die Verwendung von Restriktionsendonukleasen, die doppelsträngige DNS nur an spezifischen Sequenzen schneiden. Restriktionsenzyme der Klasse II schneiden dabei in einem „versetzten" Schnitt, wobei auf Grund der Palindromstrukturen der Schnittsequenzen komplementäre Einzelstrangenden entstehen. Restriktionsendonukleasen der Klasse I ergeben gerade Schnitte und somit keine komplementären Einzelstrangstücke.

Die weiteren Schritte der in vitro Verbindung von DNS-Molekülen bestehen darin, daß die beiden DNS-Arten mit den geschaffenen komplementären Einzelstrangenden unter renaturierenden Bedingungen zusammengeführt werden. Durch Behandlung mit DNS-Ligase werden die DNS-Stücke kovalent zu einem einheitlichen Molekül verbunden (vgl. Abb. 1).

Der *Transfer* von frei in Lösung vorliegender DNS in lebende Zellen von Organismen ist der Natur auch ohne Zugriff durch den Menschen bekannt. Solche natürliche Transformationsmechanismen konnten aber lange Zeit hindurch nur bei einigen wenigen Bakterienarten wie Pneumococcen, *Haemophilus influenzae* oder *Bacillus subtilis* beobachtet werden (Thomasz 1970). Die molekularen Vorgänge des Transportes von hochmolekularen DNS-Molekülen durch Zellwand und Zellmembran sind noch ziemlich unklar, es wird aber im wesentlichen die in Abb. 3 dargestellte Modellvorstellung angenommen.

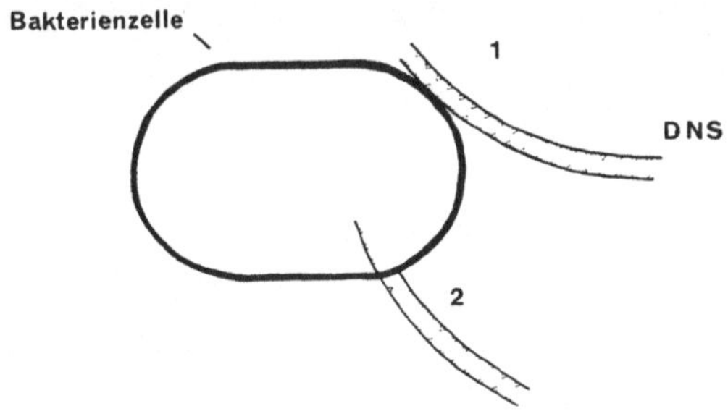

Abb. 3. Modell für die Aufnahme von DNS bei Pneumokokken (nach Klingmüller 1976)
1 Bindung der DNS an die Zelloberfläche unter Mitwirkung eines Kompetenzfaktors.
2 Transport der DNS in die Bakterienzelle unter Abbau eines Stranges

Bei vielen Organismenarten gelingt das Einschleusen von freier DNS in lebende Zellen nur, wenn die Zellen speziell vorbehandelt und geeignete Milieubedingungen für den Transfer geschaffen werden. Bei *E. coli* ist es gelungen, isolierte Plasmid-DNS nach Behandlung der

Zellen mit hohen Konzentrationen an Kalziumchlorid in diese zu transferieren (Cohen *et al.* 1972). Derzeit sind aber auch schon bei Pilzen (Schablik *et al.* 1977) und Hefen (Hinnen *et al.* 1978) sowie bei höheren Organismen (Cline *et al.* 1980) Möglichkeiten bekannt, DNS einzubauen. Meist müssen dabei durch Abbau der Zellwände erst Protoplasten geschaffen werden, um einen Transport von DNS in die Zellen möglich zu machen.

Eine direkte *Selektion* auf die durch die neu eingebauten Gene bewirkten zusätzlichen phänotypischen Eigenschaften erfordert eine vollständige Expression der fremden DNS im neuen Wirt und ist daher in vielen Fällen nicht durchführbar. Zielführender ist es meist, in einem ersten Schritt diejenigen Klone zu selektionieren, die nach dem Transfer ein Vektormolekül erhalten haben, was mit Hilfe geeigneter Genmarken auf dem Vektor, z. B. Resistenzen gegen Antibiotika (vgl. Abb. 1), leicht erreicht werden kann. Relativ leicht läßt sich auch die Selektion auf in den Vektor eingebaute DNS betreiben, wenn die Einbaustelle innerhalb eines Genes des Vektors liegt. Dabei wird auf Transformanten selektioniert, die zwar den Vektor enthalten, aber bei denen die entsprechende Genfunktion durch die eingebaute DNS gestört ist.

Die *Expression* fremder Gene in einem neuen Wirtsorganismus bringt meist große Schwierigkeiten mit sich, vor allem dann, wenn zwischen Spender- und Empfängerorganismus wenig Verwandtschaft besteht. Die Problemkreise sollen hier nur in Schlagworten angeführt werden:
Unterschiedlicher Aufbau des genetischen Materials bei Eukaryonten und Prokaryonten;
unterschiedliche Struktur und Funktionsweise von Kontrollelementen der Genexpression;
fehlende Informationen für posttranskriptionale und posttranslationale Modifikationen an den Genprodukten.

In einigen Fällen konnten bereits Lösungen gefunden werden, vor allem durch den Einsatz der in vitro Synthese von Genen und der enzymatischen Synthese von komplementärer DNS aus bereits im ursprünglichen Wirt richtig modifizierten m-RNS-Molekülen.

Genetic Engineering – Biotechnologie

Für theoretische Überlegungen bezüglich der Einsatzmöglichkeiten des in vitro Genetic Engineering zur Züchtung von Produktionsstämmen für biotechnologische Prozesse kann der Phantasie fast freier Lauf gelassen werden. Es ist jedoch sicherlich nicht angebracht, die Anwendung dieser Techniken für Probleme der Stammzüchtung als Allheilmittel zu betrachten. Die ersten Erfolge eines Einsatzes des Genetic Engineering in diesem Bereich zeigen jedoch vielversprechende Ergebnisse und weisen auf die damit gegebenen großen Möglichkeiten hin. So wird zum Beispiel die Produktion von Insulin, also die Produktion eines Polypeptides menschlichen Ursprungs, mit Mikroorganismen bald zur technischen Verwirklichung gelangen (Itakura 1979).

Die aus der derzeitigen Sicht möglichen Anwendungsbereiche des Genetic Engineering in der Biotechnologie können nach zwei Gesichtspunkten eingeteilt werden:

1. *Neue Produkte, die durch Genetic Engineering der biotechnologischen Produktion zugänglich sind:*

a) Erzeugung von Proteinen höherer Organismen mit Mikroorganismen (z. B. Hormone, Interferon, Blutproteine).

b) Erzeugung von ungefährlicheren Impfstoffen, indem definierte immunstimulierende Proteinkomponenten nach Klonierung der entsprechenden Gene in nichtpathogenen Mikroorganismen produziert werden.

c) Ersatz herkömmlicher chemischer Prozesse zur Produktion von Industrie- und Spezialchemikalien durch energiesparende und umweltschonende Bioprozesse (Cape *et al.* 1980).

2. *Produktivitätsoptimierung durch Züchtung von Hochleistungsstämmen:*

a) Höhere Ausbeute an spezifischen Proteinen (z. B. Enzyme) durch Amplifikation der entsprechenden Strukturgene. Indem diese Gene in mehreren Kopien in der Zelle vorliegen und damit für diese mehrere Orte der Genexpression existieren, ist auch eine erhöhte Bildung der Genprodukte, das heißt der entsprechenden Proteine, gegeben.

b) Veränderung von Regulationseffekten durch Verbindung von Genen mit neuen Kontrolleinheiten der Genexpression, wodurch beispielsweise negative Feed-back-Mechanismen ausgeschaltet werden können.

c) Einbau von Genen, die einem Organismus neue Stoffwechselwege verfügbar machen. Dadurch könnten zum Beispiel billigere und leichter verfügbare Substrate eingesetzt werden, die vom ursprünglichen Produzenten nicht verwertet werden konnten.

Eine große Schwierigkeit hinsichtlich eines breiten Einsatzes der Techniken des Genetic Engineering zur Züchtung industrieller Produktionsstämme ist, daß die bisherigen praktischen Ergebnisse fast ausschließlich mit dem Bakterium *Escherichia coli* erzielt wurden. Für diesen Organismus, dem genetisch am besten untersuchten „Haustierchen der Molekularbiologen", sind bereits eine Vielfalt an brauchbaren Vektorsystemen sowie eine Reihe von Mutanten als Wirtszellen für den Einbau fremder Gene verfügbar.

Für die Biotechnologie ist es jedoch von größtem Interesse, die enormen Möglichkeiten des Genetic Engineering auch für Mikroorganismen, die derzeit in industriellen Prozessen verwendet werden, zugänglich zu machen.

Die Gewinnung von geeigneten Genen beziehungsweise Genabschnitten durch Isolierung aus dem vorhandenen Angebot der Natur oder durch Synthese im Reagenzglas sowie deren in vitro Verschmelzung mit geeigneten Vektoren stellen eher biochemische Probleme dar, die kaum von der Organismenart, das heißt von der Herkunft der DNS, abhängig sind. Die bei den Arbeiten mit *E. coli* dafür entwickelten Methoden sind daher im wesentlichen auch übertragbar auf das Arbeiten mit anderen Organismenarten.

Eine notwendige Voraussetzung für einen breiten Einsatz des in vitro Genetic Engineering stellt die Lösung zweier Problemkreise dar, die durch die spezifischen Eigenheiten der zu manipulierenden Organismenarten geprägt sind:

1. Es muß ein geeigneter Vektor für den jeweiligen Organismus verfügbar sein.
2. Es ist notwendig, ein System verfügbar zu haben, um den Transfer isolierter, frei in Lösung vorliegender DNS in lebende Zellen des entsprechenden Organismus durchführen zu können.

Für einige biotechnologisch interessante Mikroorganismen wie *Bacillus subtilis*, Hefen und Streptomyceten konnten bereits Systeme für den Einbau fremder Gene entwickelt werden.

Entwicklung eines Systems für Genetic Engineering bei *Alcaligenes eutrophus H16*

In einem Beispiel aus eigener Arbeit soll dargelegt werden, wie es gelungen ist, ein mögliches System für in vitro Genetic Engineering bei dem genetisch wenig untersuchten Knallgasbakterium *Alcaligenes eutrophus* H16 zu entwickeln. Es konnten sowohl ein möglicher brauchbarer Vektor als auch Bedingungen für den Einbau isolierter Plasmid-DNS gefunden werden.

Vektor für Alcaligenes eutrophus H16

Als erstes wurde versucht, eventuell vorhandene arteigene Plasmide als mögliche Vektoren bei diesem Bakterium aufzufinden. Es konnte aber bei Verwendung der gängigen Methoden der Isolierung von Plasmid-DNS aus Bakterienzellen keinerlei Evidenz für das Vorhandensein von extrachromosomaler DNS gefunden werden. Es wurde daher in der weiteren Arbeit versucht, ein bereits bekanntes Plasmid auf diesen Organismus zu übertragen. Da über den Transfer von in vitro vorliegender DNS in Zellen von *A. eutrophus H16*, das heißt über Transformation, nichts bekannt war, wurde zuerst versucht, durch in vivo Transfer ein Plasmid von einem anderen Bakterium auf diesen Organismus zu übertragen. Bei der Auswahl eines möglichen geeigneten Plasmids wurden folgende Kriterien herangezogen:

1. Das Plasmid muß genetische Information für in-vivo-Transfer besitzen und im Donorstamm zur Expression bringen können.
2. Der Wirtsbereich des Plasmids soll möglichst breit sein, damit eine hohe Wahrscheinlichkeit eines stabilen Einbaus in *A. eutrophus* H16 besteht.
3. Auf dem Plasmid soll genetische Information lokalisiert sein, die eine gute Selektion auf Klone von *A. eutrophus* H16, denen das Plasmid übertragen werden konnte, ermöglicht.
4. Das Plasmid soll als Vektor für „Genetic Engineering" geeignet sein.

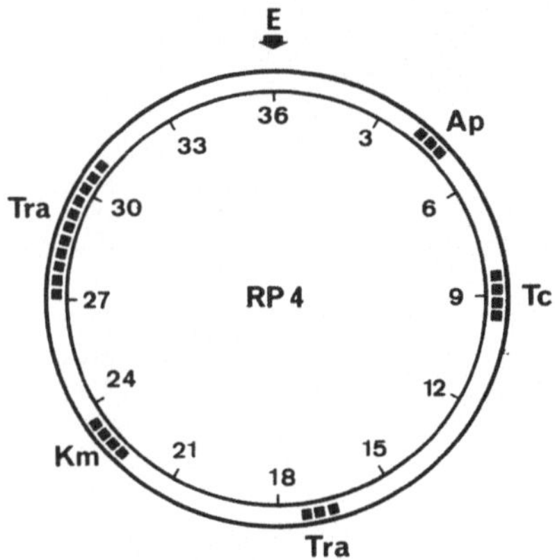

Abb. 4. Vereinfachte Genkarte des Plasmids RP4 (Daten aus Barth und Grinter 1977) Die Zahlen an der Innenseite des die Ringstruktur des Plasmids darstellenden Kreises geben die Abstände in Megadalton an, wobei als Bezugspunkt die Schnittstelle für EcoRI festgelegt wurde (siehe Pfeil). Bezeichnung der Genorte: *Ap* Ampicillinresistenz, *Tc* Tetracyclinresistenz, *Km* Kanamycinresistenz, *Tra* Plasmidtransfer, *E* Schnittstelle für Eco-RI-Restriktionsendonuklease

Auf Grund dieser Kriterien wurde das ursprünglich aus *Pseudomonas aeruginosa* stammende, einen breiten Wirtsbereich aufweisende Plasmid RP4 (Datta und Hedges 1972) ausgewählt. Wie aus der vereinfachten Genkarte in Abb. 4 ersichtlich ist, besitzt dieses Plasmid neben den Genen für in vivo Transfer eine einzige Schnittstelle für die Restriktionsendonuklease EcoRI. Die Information zur Ausbildung von

Resistenz gegen das Antibiotikum Tetracyclin ermöglicht eine leichte Selektion auf Transferanten, da der Wildtyp von *A. eutrophus* H 16 gegen höhere Konzentrationen dieses Antibiotikums sensibel ist. In Transferexperimenten in Flüssigkultur ist es gelungen, dieses Plasmid von *Escherichia coli* auf *A. eutrophus* H 16 zu übertragen und einen Stamm von *A. eutrophus* zu erhalten, der ein Plasmid besitzt.

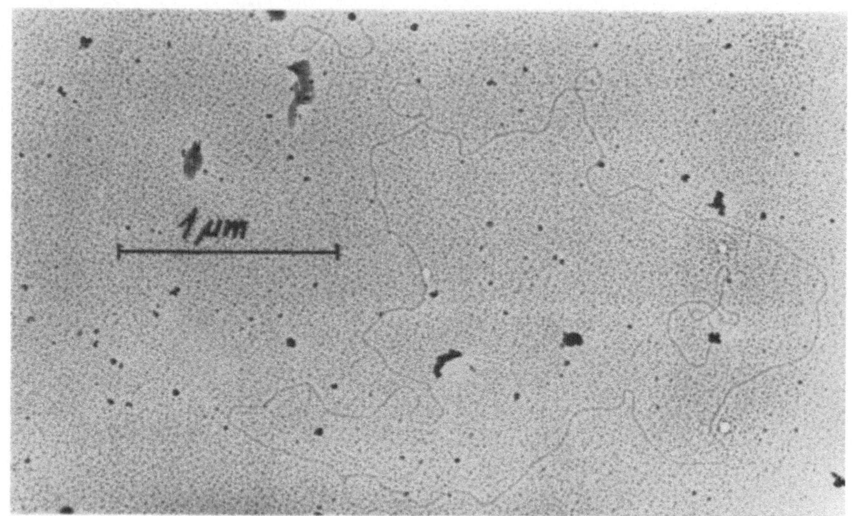

Abb. 5. Elektronenoptische Darstellung des Plasmids pHS4

Die OC-Form des Plasmids wurde durch Röntgenbestrahlung (500 rad) gewonnen. Spreitung der DNS mit Cytochrom c in Gegenwart von Formamid. Kontrastierung mit Uranylazetat, Beschattung unter Rotation mit Platin nach der Sputtertechnik. Elektronenmikroskop: Typ EM 300, Fa. Philips. Beschleunigungsspannung = 60 Kilovolt. Die Konturlänge wurde mit 10,3 Mikrometer ermittelt. Das kleine Plasmidmolekül stellt das Plasmid pMB9 dar, das als interner Standard zur Größenbestimmung verwendet wurde (Konturlänge = 1,7 Mikrometer). Die Aufnahme wurde am Zentrum für Elektronenmikroskopie Graz unter Mitwirkung von Frau Dr. E. Ingolic gemacht

Das Plasmid konnte aus diesem Stamm isoliert werden, und eine Charakterisierung ergab, daß dieses Plasmid, das mit „pHS4" bezeichnet wurde, nur mehr einen Teil des ursprünglichen RP4-Plasmid-Moleküls darstellt. Eine elektronenmikroskopische Größenbestimmung ergab, daß das in Abb. 5 dargestellte Plasmid pHS4 ein Molekulargewicht von 21 Megadalton aufweist, das ursprüngliche Plasmid RP4 jedoch ein Molekulargewicht von 36 Megadalton besitzt. Genetische Untersuchungen ergaben, daß Genfunktionen für den Transfer und für die Resistenzausbildung gegen Kanamycin fehlen. Es konnte jedoch festgestellt werden, daß die einzige Schnittstelle für EcoRI auf pHS4 noch vorhanden ist (Schwab 1980). Das Plasmid pHS4 könnte daher ein brauchbarer Vektor für in vitro Genetic Engineering bei *A. eutrophus* H 16 sein, wobei der Verlust der genetischen Information für den in-vivo-Transfer aus Sicherheitsgründen noch einen Vorteil darstellt.

Transformation bei Alcaligenes eutrophus H 16

Wie in Abb. 3 bereits dargelegt wurde, werden für Transformationsvorgänge bei Bakterien zwei Schritte postuliert. Es wurde daher

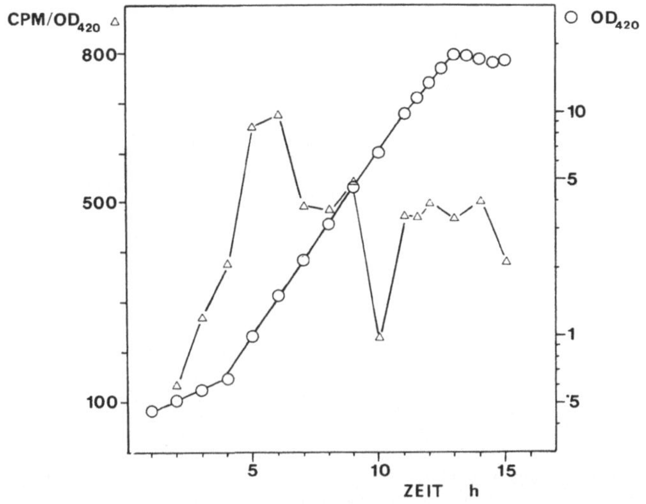

Abb. 6. Bindung von radioaktiv markierter Plasmid-DNS an Zellen von *Alcaligenes eutrophus* H 16 aus verschiedenen Wachstumsstadien einer diskontinuierlichen Kultur

Die Zellen wurden in einem Laborfermenter des Typs Biostat V (Firma B. Braun, Melsungen, BRD) im Mineralmedium mit Fruktose als limitierendem Substrat unter aeroben Bedingungen gezüchtet. Arbeitsvolumen = 4 Liter, pH = 7,0, Temperatur = 30 °C, Rührerdrehzahl = 400 upm, Belüftung = 120 l . h^{-1}. Zur Bestimmung der Bindungsfähigkeit von DNS an die Zellen wurden Proben aus dem Fermenter mit ^{3}H-markierter DNS des Plasmides pMB9 inkubiert, über ein Membranfilter abfiltriert und nach dem Waschen die verbliebene Radioaktivität bestimmt. *CPM* Impulse pro Minute, *OD* optische Dichte der Kultur bei 420 nm (Photometer Typ 12 M, Fa. Beckman)

zuerst versucht, im Verlauf des Wachstums von Populationen von *A. eutrophus* H 16 Stadien zu ermitteln, in denen eine verstärkte Bindung von DNS an die Zellen stattfindet. Durch Bindungsstudien mit radioaktiv markierter Plasmid-DNS konnte festgestellt werden, daß vor allem in frühen exponentiellen Wachstumsphasen eine verstärkte Bindung zu beobachten ist, wie dies in Abb. 6 zu ersehen ist.

Der zweite Fragenkomplex ergab sich daraus, daß Bedingungen gefunden werden mußten, die den Transport von DNS in das Innere von kompetenten Zellen von *A. eutrophus* H 16 ermöglichen. Bisherige Untersuchungen bei Bakterien ergaben, daß vor allem zweiwertige Kationen großen Einfluß auf den Transport von Plasmid-DNS durch Zellmembrane zeigen (Mercer und Loutit 1979). Transformationsversuche bei *A. eutrophus* H 16 ergaben, daß vor allem in Gegenwart von Mg^{++}-Ionen mit dem Plasmid pHS4 Transformation, wenn auch mit geringen Frequenzen, erreicht werden kann, wie aus Abb. 7 ersichtlich ist. Bei Versuchen mit aus *E. coli* isolierter DNS des Plasmids RP4 konnten keine Transformanten gefunden werden, was vermutlich auf Restriktion der artfremden DNS zurückzuführen ist.

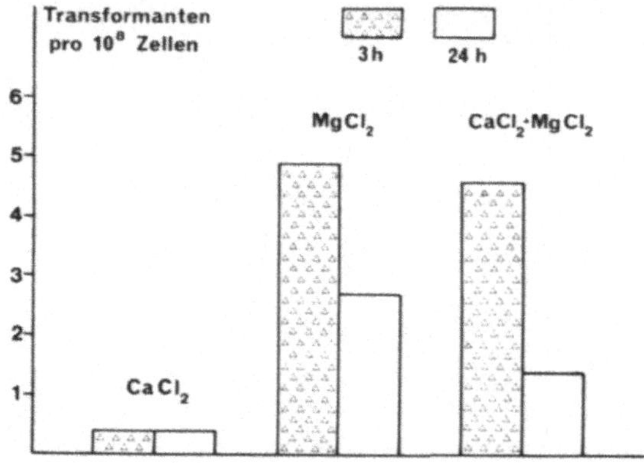

Abb. 7. Frequenzen der Transformation von *A.eutrophus* HS 123 mit DNS des Plasmids pHS4

Zur Transformation wurden Zellen aus 3 Stunden alten Kulturen (gemusterte Balken) und aus zirka 24 Stunden alten Kulturen (leere Balken) verwendet. Ansatz 1: Zellen mit 0,1 M CaCl₂ behandelt, Ansatz 2: Zellen mit 10 mM MgCl₂ behandelt, Ansatz 3: Zellen mit 0,1 M CaCl₂ + 10 mM MgCl₂ behandelt

Die Eigenschaften des Plasmids pHS4 und die Möglichkeit, dieses Plasmid vom isolierten Zustand wieder in lebende Zellen von *A. eutrophus* H 16 einzubringen, sollen daher die prinzipiellen Voraussetzungen schaffen, fremde Gene in dieses Bakterium einbauen zu können, was auch das Ziel weiterführender Arbeiten sein soll.

Abschließende Bemerkungen

Das Beispiel der Produktion von Insulin mit Hilfe von Bakterien zeigt, daß durch die Anwendung des Genetic Engineering völlig neue Wege für die Biotechnologie erschlossen werden können. Das Wort „Genetic Engineering" beinhaltet auch den Hinweis auf die Strategie, die zu einem raschen Beschreiten dieser Wege führen könnte, nämlich die innige Verbindung der Ergebnisse der Erforschung der molekularen Zusammenhänge biologischer Vorgänge mit den Erkenntnissen der Ingenieurwissenschaften. Die Fragestellung, ob ein Organismus mit Hilfe der Genetik für einen industriellen Prozeß maßgeschneidert werden soll oder umgekehrt der Prozeß auf einen konstruierten Organismus, darf nicht zu einer Polarisierung, sondern muß zu einer guten Wechselbeziehung führen.

Die zweite Anmerkung soll der Tatsache gelten, daß es notwendig ist, im Zusammenhang mit Genetic Engineering über eventuelle Risiken zu sprechen. Es ist sicher richtig, daß die Schaffung von Genkombinationen, die die Natur nicht kennt, Gefahren mit sich bringen kann, und es ist daher auch notwendig, entsprechende Sicherheitsmaßnahmen zu treffen. Die Gefahren sind jedoch weniger durch die Forschung selbst oder durch eine sinnvolle Anwendung ihrer Ergebnisse gegeben, als vielmehr in der Möglichkeit eines Mißbrauches. Es muß daher die Aufgabe der Wissenschaft sein, die Ergebnisse ihrer Forschung nicht wertfrei zu betrachten, sondern dafür zu sorgen, daß diese der friedvollen Weiterentwicklung der Menschheit dienen.

Literatur

Arber, W.: Restrictionsendonucleasen. Angew. Chem. *90*, 79–85 (1978).

Barth, P. T., Grinter, N. J.: A Tn 7 insertion map of RP4 DNA. In: Insertion Elements, Plasmids and Episomes (Bukhari. A. I., Shapiro, J. A., Adhya, S. L., Hrsg.), Cold Spring Harbour Laboratory. 1977.

Cape, R. E., Amon, W. F., Neidleman, S. I.: The future of biotechnology and the role of genetic engineering. Biotechn. Lett. *2*, 199–204 (1980).

Cline, M. J., Stang, H., Mercola, K., Morse, L., Ruprecht, R., Browne, J., Salser, W.: Gene transfer in intact animals. Nature *284*, 422–425 (1980).

Cohen, S. N., Chang, A. C. Y., Hsu, L.: Nonchromosomal antibiotic resistance in bacteria: Genetic transformation of Escherichia coli by R-factor DNA. Proc. Natl. Acad. Sci. U.S.A. *69*, 2110–2114 (1972).

Cohen, S. N.: The manipulation of genes. Scient. American *228*, 18–27 (1975).

Datta, N., Hedges, R. W.: Host range of R-factors. J. Gen. Microbiol. *70*, 453–460 (1972).

Hinnen, A., Hicks, J. B., Fink, G. R.: Transformation of yeast. Proc. Natl. Acad. Sci. U.S.A *75*, 1929–1933 (1978).

Itakura, K.: Synthetische DNA und Verfahren zu ihrer Herstellung. Offenlegungsschrift Nr. 2838051. Deutsches Patentamt, BRD, 1979.

Klingmüller, W.: Genmanipulation und Gentherapie. Berlin-Heidelberg-New York: Springer. 1976.

Mercer, A. A., Loutit, J. S.: Transformation and transfection of Pseudomonas aeruginosa: Effects of metal ions. J. Bacteriol. *140*, 37–42 (1979).

Nagata, S., Taira, H., Hall, A., Johnsrud, L., Streuli, M., Ecsödi, J., Boll, W., Cantell, K., Weissmann, C.: Synthesis in E. coli of a polypeptide with human leukocyte interferon activity. Nature *284*, 316–320 (1980).

Schablik, M., Szabolcs, M., Kiss, A., Aradi, J., Zsindely, A., Szábo, G.: Conditions of transformation by DNA of Neurospora crassa. Acta biol. Acad. Sci. hung. *28*, 273–279 (1977).

Schwab, H.: Transfer von Plasmid-DNS in das Bakterium Alcaligenes eutrophus H 16. Dissertation, Techn. Universität Graz, Österreich, 1980.

Shapiro, J., MacHattie, L., Eron, L., Ihler, G., Ippen, K., Beckwith, J.: Isolation of pure lac operon DNA. Nature *224*, 768–774 (1969).

Thomasz, A.: Some aspects of the competent state in genetic transformation. Ann. Rev. Genet. *3*, 217–232 (1970).

Übertragung der genetischen Information für Stickstoff-bindung aus *E. coli* auf Bodenbakterien aus der Rhizo-sphäre von Gräsern mit Hilfe von Plasmiden*

W. Klingmüller und A. Kleeberger

Lehrstuhl für Genetik, Universität Bayreuth,
D-8580 Bayreuth, Bundesrepublik Deutschland

Mit 5 Abbildungen

Summary

Cells of the non nitrogen fixing, drug sensitive enterobacterium, *Enterobacter cloacae*, which had been isolated from the rhizosphere of *Festuca heterophylla*, were mated to *Escherichia coli* harboring plasmid pRD1. This plasmid carries the nitrogen fixation genes (nif$^+$) as well as three drug resistance markers. After mating, triple resistant Enterobacter lines were selected. These were screened for plasmid content, acetylene reduction and stability of the transferred markers.

Primary transferants contained plasmid pRD1. 43 out of 48 were acetylene reducing and therefore contained the nif gene group. Triple resistance was stable after many generations in liquid minimal media, but the number of nif$^+$ cells decreased. In complete medium, both the triple resistance and nif$^+$ phenotypes decreased, the rate of change depending on the isolate. The most stable isolate, M 14, was chosen and checked further. Cultures taken after 8–14 transfers into minimal media contained cells with different genotypes, which on analysis had different plasmid sizes from the original pRD1. In addition cells without free plasmids were present. Progeny of the latter cells, in addition to being triple resistant, were the best acetylene reducers. It is concluded, that in these cells plasmid pRD1 with all relevant genes had become integrated into the recipients' chromosome.

Seedlings of *Festuca heterophylla* were inoculated with the latter bacteria, planted into pots with sterile volcanic ash and watered with nutrient solution of low nitrogen content. Sampling after five weeks and 12 weeks showed that the inoculated bacteria were preserved, as demonstrated by their triple resistance and their capability to reduce acetylene.

Zusammenfassung

Zellen eines nicht stickstoffixierenden, antibiotikasensiblen *Enterobacter cloacae*, die aus der Rhizosphäre von *Festuca heterophylla* stammten, wurden mit *Escherichia coli*-Zellen gemischt, die das Plasmid pRD1 enthielten. Dieses Plasmid trägt die Gene für Stick-stoffixierung (nif$^+$) sowie drei Marken für Antibiotikaresistenz. Aus solchen Ansätzen

---

* Mit Unterstützung der Deutschen Forschungsgemeinschaft.

15*

konnten tripelresistente Enterobacterlinien selektioniert werden. Diese wurden hinsichtlich Plasmidgehalt, Azetylenreduktion und Stabilität der transferierten Marken geprüft.
    Primäre Transferanten enthielten das Plasmid pRD1. 43 von 48 reduzierten Azetylen,
d. h. enthielten die nif-Gene. Die Tripelresistenz war über viele Generationen in flüssigem Minimalmedium stabil, während der relative Anteil der nif⁺-Zellen hier abnahm. In
Vollmedium nahm auch die Tripelresistenz ab, jedoch unterschiedlich rasch für verschiedene Isolate.
    Das stabilste Isolat, M 14, wurde weiter analysiert. Jene Kulturen des Isolats, die
nach 8–14maliger Passagierung in Minimalmedium gewonnen worden waren, enthielten
Zellen mit unterschiedlichem Genotyp. Einige hatten noch Plasmide, diese waren aber
kleiner als das Spenderplasmid. Andere hatten keine freien Plasmide mehr. Die letzteren
waren aber noch tripelresistent und reduzierten auch Azetylen noch in starkem Maße. Es
wird geschlossen, daß diese Zellen das Spenderplasmid mit allen relevanten Genen fest ins
Chromosom integriert tragen.
    Keimlinge von *Festuca heterophylla* wurden mit solchen Bakterien beimpft, in Töpfe
mit sterilem Bimsmaterial eingepflanzt und mit N-armer Nährsalzlösung gegossen. Pro-
benentnahmen nach bis zu 12 Wochen zeigten, daß die eingeimpften Bakterien im Wur-
zelbereich des Grases erhalten bleiben. Sowohl die Tripelresistenz als auch die Fähigkeit
zur Azetylenreduktion sind nach diesem Zeitraum noch vorhanden.

Einleitung

    Bodenbakterien haben in einem Symposium über Fermentation ei-
gentlich nur dann etwas zu suchen, wenn sie in Fermentern in Kultur
genommen werden. Obwohl dies nicht unsere Absicht ist, dürften unsere Untersuchungen wegen der benutzten Methoden und der damit erzielten Ergebnisse hier doch von Interesse sein. Im vorangehenden Beitrag von Schwab wurde bereits dargelegt, wie man unter Verwendung
von Plasmiden den Genbestand von Bakterien in gezielter Weise verändern kann. Wir verändern unsere Bodenbakterien ebenfalls gezielt, mit
Hilfe von Plasmiden. Als Markierungen dienen uns dabei Antibiotika-
resistenzen sowie die Gengruppe für die bakterielle Stickstoffixierung.
Letzteres gibt unseren Versuchen eine besondere Faszination.
    Die bearbeiteten Bakterien sind solche aus der Rhizosphäre von
Gräsern. Die Information für die Stickstoffbindung soll auf diese Bakterien übertragen werden. Sie selbst sind „Nichtfixierer". Im Hinter-
grund steht der Gedanke, mit entsprechend manipulierten Bakterien in
die Rhizosphäre von Gräsern oder Getreide einzugreifen und so das
Wachstum der Pflanzen unter Stickstoffmangelbedingungen zu fördern
(Klingmüller 1979a, Klingmüller und Kleeberger 1979, Kleeberger und
Klingmüller 1980).

Material und Methoden

    Zur Verfügung standen verschiedene Bakterienisolate aus der Rhi-
zosphäre von Gräsern. Sie waren am Institut für Pflanzenernährung der
Universität Stuttgart-Hohenheim von A. Glatzle (Glatzle und Martin,
1979, 1981) gewonnen und von uns nach verschiedenen Gesichtspunk-

ten getestet worden. Als für unsere Absichten wahrscheinlich am besten geeignet wurde Isolat MF 10 von *Festuca heterophylla* ausgewählt. Es erwies sich taxonomisch als *Enterobacter cloacae*. Das Isolat ist nichtfixierend (nif⁻), raschwüchsig, gramnegativ und fakultativ anaerob. Letzteres ist für Versuche zur Stickstoffbindung wichtig. Das Isolat ist außerdem sensibel gegen Carbenicillin, Kanamycin und Tetracyclin sowie prototroph. Diese Eigenschaften dienten uns für die Selektion der gesuchten Transferanten. Als Spender wurde ein *E. coli*-Stamm mit Tryptophanbedürftigkeit und dem Plasmid pRD1 benutzt. Das Plasmid pRD1 ist ein größeres, zusammengesetztes Plasmid mit einem Abschnitt, der als Resistenzfaktor RP4 aus *Pseudomonas* stammt. Er enthält Gene für Resistenz gegen Carbenicillin, Kanamycin und Tetracyclin und verleiht dem Plasmid pRD1 einen besonders weiten Wirtsbereich. Außerdem hat das Plasmid einen größeren DNS-Abschnitt aus dem Chromosom von *Klebsiella*. Die wichtigsten hiedurch beigesteuerten Gengruppen sind die nif-Region mit den Genen für die Stickstoffbindung sowie die his-Region.

Empfängerzellen und Spenderzellen werden gemischt und gemeinsam auf Tryptophan-supplementierten Minimalplatten über Nacht bebrütet. Während dieser Zeit hat das Plasmid Gelegenheit, aus den Spenderzellen auf Empfängerzellen überzugehen. Anschließend wird die Mischung auf Minimalplatten ohne Tryptophan, jedoch mit den genannten drei Antibiotika ausplattiert. Auf diesen Selektivplatten können die Empfänger nicht wachsen, da sie gegen die Antibiotika sensibel sind, der Spender kann nicht wachsen, da er auxotroph ist. Es können jedoch Empfängerzellen, die das Plasmid und damit die Tripelresistenz vom Spender übernommen haben, wachsen und Kolonien bilden. Solche Kolonien wurden in größerer Zahl erhalten, die Transferrate liegt bei 10^{-7} pro Empfängerzelle.

Diese „primären Transferanten" wurden nun durch Ausstriche gereinigt und einer Reihe von Tests unterworfen. Zum Beispiel wurde geprüft, ob sie Plasmide besitzen, insbesondere das übertragene Plasmid pRD1; ob sie außer der Tripelresistenz auch die nif-Gene des Spenders haben und exprimieren; ob solche Transferanten auch bei Weitervermehrung unter nicht selektiven Bedingungen die betreffenden Gene stabil behalten; und schließlich, ob Rückimpfungen in die Rhizosphäre des betreffenden Grases zur Etablierung der Bakterien dort führen. Dementsprechend gliedert sich der folgende Ergebnisteil.

Ergebnisse

1. Plasmidgehalt primärer Transferanten

Die Zellen wurden selektiv vermehrt, aufgeschlossen und Extrakte als grob geklärte Lysate in Agarosegele eingebracht. Anschließend

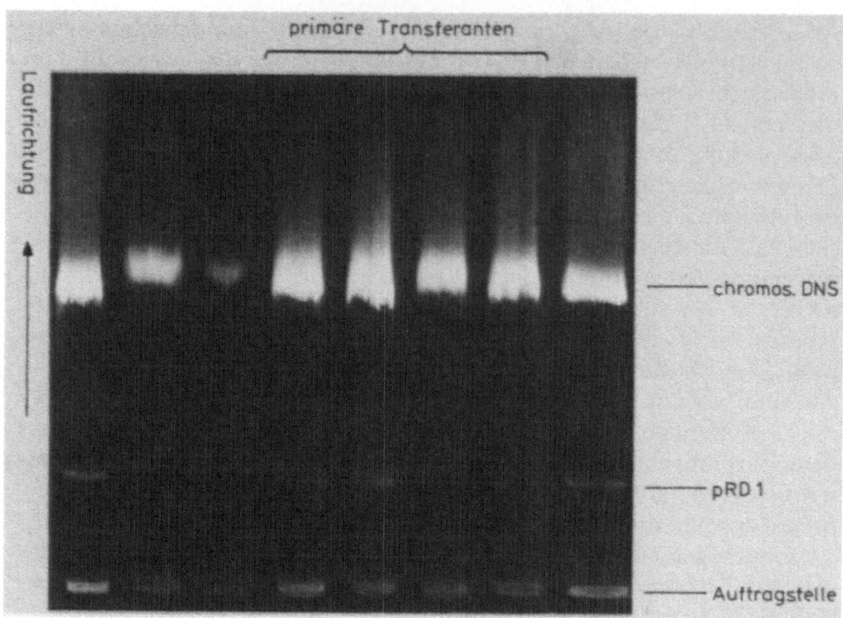

Abb. 1. Nachweis von Plasmid pRD 1 in primären Transferanten von Isolat MF 10 durch Agarosegelelektrophorese geklärter Lysate. Links Spender, daran anschließend zweimal Empfänger, dann vier verschiedene primäre Transferanten und nochmals der Spender. Die chromosomale DNS ist überall zu erkennen, das Plasmid pRD 1 (100 Md) nur im Spender und in allen Transferanten. Spender und Transferanten wurden unter selektiven Bedingungen herangezogen

wurde die DNS elektrophoretisch aufgetrennt. Abb. 1 zeigt das Ergebnis für vier verschiedene primäre Isolate. Die betreffenden Lysate wurden besonders gekennzeichnet. Die restlichen sind Referenzlysate. In allen vier hier interessierenden Lysaten findet sich, mehr oder weniger deutlich sichtbar, eine Plasmidbande. Nach Vergleich mit den Referenzen enthält sie das Plasmid pRD 1.

2. Stickstoffbindung primärer Transferanten

Die Frage, ob die primären Transferanten, wenn sie schon das vollständige Plasmid pRD 1 besitzen, auch die auf ihm enthaltenen nif-Gene exprimieren, wurde im Azetylenreduktionstest geprüft. Das Enzym Nitrogenase, das für die Bindung von Luftstickstoff verantwortlich ist, kann außer Stickstoff auch Azetylen reduzieren, und zwar zu Äthylen. Dies kann im Gaschromatographen sichtbar gemacht werden.

In Abb. 2 sind als Beispiel Aufzeichnungen für den Spender, für den Empfänger und für eine der primären Transferanten gegeben. Man erkennt für den Spender das Azetylen- und ein Äthylensignal, beim Empfänger nur das Azetylensignal und bei der Transferante ein kleines Azetylen- und ein sehr großes Äthylensignal. Die Transferante ist also in sehr ausgeprägtem Maße nif$^+$. Von 48 auf diese Weise geprüften primären Transferanten erwiesen sich 43 als nif$^+$.

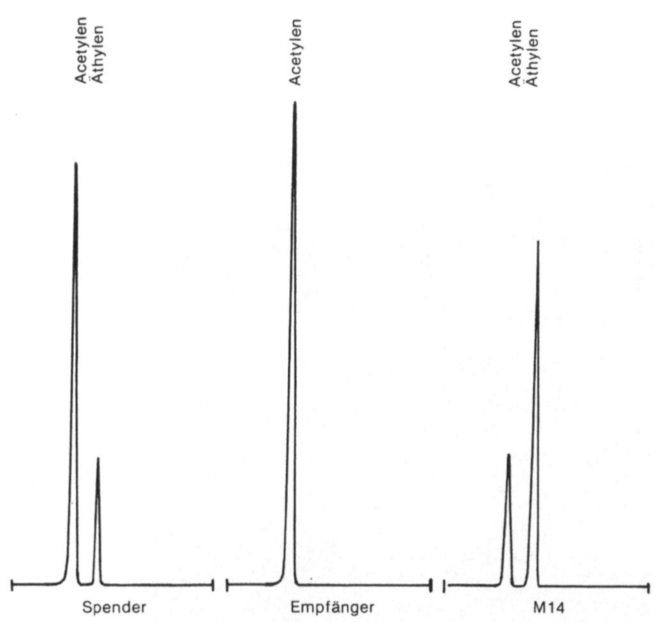

Abb. 2. Nitrogenaseaktivität der primären Transferante M 14 im Vergleich zum Spenderstamm *E. coli* (pRD 1) und zum Empfängerstamm MF 10. 24stündige Inkubation der Zellen in stickstoffreiem Medium mit Azetylen. Dieses wurde der Gasphase im Verhältnis 1:4 zugesetzt. Gesamtkeimzahl zirka 4×10^9 pro Ansatz

3. Stabilität der übertragenen Gene

Bei Weitervermehrung primärer Transferanten über viele Passagen unter selektiven Bedingungen war die Tripelresistenz und die nif$^+$-Eigenschaft stabil (Klingmüller 1979b). Bei Passagierung unter nicht selektiven Bedingungen ergaben sich unterschiedliche Resultate. Die Passagierung erfolgte mit jeweils 24 Stunden und einem Verdünnungsfaktor von $1:10^7$ über bis zu 21 Passagen in flüssigem Medium. Wurde hiefür Minimalmedium gewählt, so blieb die Tripelresistenz durchwegs erhalten, der zahlenmäßige Anteil von nif$^+$-Zellen in den Populationen nahm jedoch ab. In Vollmedium ging auch die Tripelresistenz im Verlauf der Passagierungen zurück. Dabei zeigten fünf verschiedene geprüfte Isolate unterschiedlich raschen Verlust der Tripelresistenz. Das, relativ betrachtet, stabilste Isolat war M 14. Es wurde für die weiter unten zu besprechenden Rückimpfungsversuche herangezogen.

4. Plasmidgehalt sekundärer Transferanten

Transferanten, die mehrfach unter nicht selektiven Bedingungen passagiert worden waren und dennoch die Tripelresistenz behalten hat-

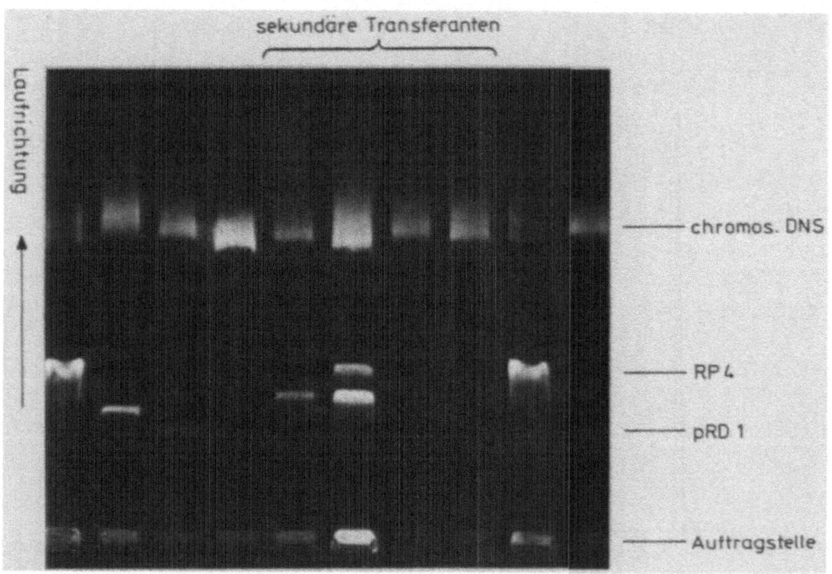

Abb. 3. Plasmidgehalt sekundärer Transferanten. Wie Abb. 1, aber links Stamm mit Plasmid RP 4 (38 Md), daran anschließend Stamm mit Plasmid pMF 6 (88 Md), Spender, Empfänger, vier verschiedene Isolate der sekundären Transferante M 14, Stamm mit Plasmid RP 4 und Spender

ten, wurden als „sekundäre Transferanten" bezeichnet. Wir haben uns die Frage gestellt, ob solche sekundären Transferanten noch das ursprüngliche Plasmid pRD 1 enthalten. M 14 wurde aus einem Passagierungsversuch in Minimalmedium auf Selektivplatten plattiert. Vier der so erhaltenen Kolonien wurden isoliert, selektiv vermehrt, die Zellen aufgeschlossen und ihre DNS in Agarosegelen elektrophoretisch aufgetrennt. Abb. 3 zeigt das Ergebnis: Die vier interessierenden Lysate sind wiederum besonders gekennzeichnet. Links und rechts dazu verschiedene Referenzlysate. Man erkennt, daß die vier Proben nicht einheitlich sind. Zwei enthalten deutlich Plasmide, zwei sind völlig plasmidfrei. Die

Plasmide haben eine raschere Wanderungsgeschwindigkeit als das Plasmid pRD 1 in den Referenzlysaten, sie sind also kleiner als dieses. In der einen Probe sind sogar zwei verschiedene Plasmide zu erkennen, von denen das kleinere der Wanderungsgeschwindigkeit nach etwa dem Plasmid pRP 4, also nur dem einen Teil des Spenderplasmids entspricht. Es zeichnet sich demnach in den sekundären Transferanten eine Zerfallsreihe des Plasmids pRD 1 über diskrete Zwischenstufen bis hin zum Plasmid pRP 4 ab. Diese Zerfallsreihe deutet auf eine in charakteristischer Weise schneidende Nuklease in *Enterobacter cloacae* hin.

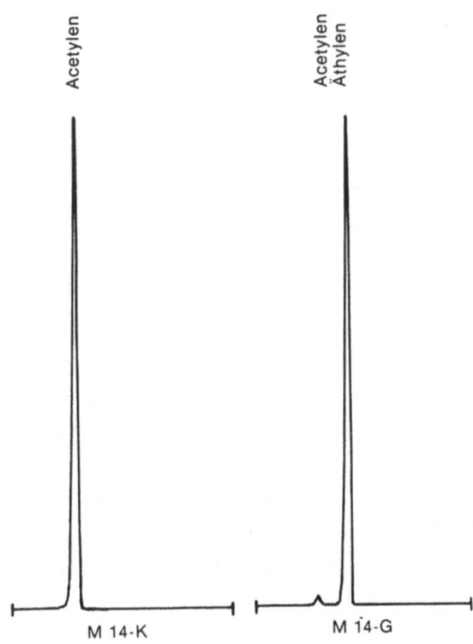

Abb. 4. Nitrogenaseaktivität einer sekundären Transferante mit verkleinertem Plasmid (M 14-K) im Vergleich zu einer sekundären Transferante ohne freies Plasmid (M 14-G). Sonst wie Abb. 2

5. Stickstoffbindung sekundärer Transferanten

Interessant sind auch jene zwei Proben, die völlig plasmidfrei erscheinen. Es läßt sich nämlich zeigen, daß gerade diese Transferanten noch Azetylen reduzieren, die plasmidhaltigen aber nicht. Dies ist in Abb. 4 belegt.

Die Umsetzung von Azetylen zu Äthylen war bei der hier geprüften plasmidfreien Transferante so stark, daß das applizierte Azetylen im Zeitpunkt der chromatographischen Auftrennung kaum mehr nachgewiesen werden konnte. Wir vermuten, daß in diesen Transferanten das gesamte, oder doch nahezu das gesamte, Plasmid pRD 1 mit den Resistenzgenen und der Gengruppe für die Stickstoffbindung in das Chromosom des Empfängerbakteriums integriert wurde, mit dem Chromosom repliziert wird, und daß die betreffenden Gene von hier aus wirken. Eine solche Integration des Plasmids pRD1 in das Empfängerchromosom könnte dafür verantwortlich sein, daß die stickstoffbindenden Sekundärtransferanten deutlich stabiler als die Primärtransferanten sind. Sie behielten sowohl Tripelresistenz als auch Nitrogenaseaktivität über 15–18 Passagen bzw. etwa 500 Generationen auf festem Vollmedium. Ferner ließ sich durch geeignete Phagen die Bildung von Pilusstrukturen auf der Bakterienoberfläche nachweisen. Die betreffenden Gene sind Bestandteil des Plasmids pRD1 (Kleeberger und Klingmüller 1980). Die Vermutung, daß eine Integration vorliegt, wird zur Zeit durch DNS-DNS-Hybridisierungsversuche geprüft.

6. Rückimpfungen in die Rhizosphäre

Mit einem tripelresistenten, azetylenreduzierenden Abkömmling der sekundären Transferante M14 haben wir nun Versuche zur Beimpfung der Rhizosphäre des zugehörigen Grases begonnen. Es sei einschränkend bemerkt, daß diese Versuche zunächst nur den Charakter von Vorversuchen haben konnten, mit denen die Methodik des weiteren Vorgehens ausgelotet werden sollte. Es interessierte vor allem, ob die beigeimpften Bakterien sich in Konkurrenz mit den vorhandenen Wildformen behaupten und ob die eingepflanzten Gene erhalten bleiben würden.

Samen von *Festuca heterophylla* wurden angekeimt und mit einer Suspension der genannten Transferante getränkt. Sie wurden dann in Töpfe mit autoklaviertem Bimskies eingesetzt. Die Töpfe wurden mit Knop-Nährlösung versehen, deren Stickstoffgehalt, um einen leichten Selektionsdruck auszuüben, auf ein Fünftel reduziert war. Es wuchsen Graspflanzen heran. Nach 5 Wochen und nach 3 Monaten wurden aus der unmittelbaren Nähe der Wurzeln Proben entnommen und auf Platten mit Nähragar ausgestrichen. Die Platten enthielten einmal Antibiotika und einmal nicht. Es entstanden Kolonien. Abb. 5 gibt eine Übersichtsaufnahme dazu.

Auf den Platten ohne Antibiotika wachsen sämtliche in der Umgebung der Wurzeln vorhandenen Bakterien, darunter Wildformen, die durch die nicht sterilisierten Grassamen in das System gelangten, ferner als große, weiße, gleichmäßige Kolonien kenntlich die von uns ursprünglich beigefügten Bakterien. Daß es sich um diese handelt, zeigt ihre Tripelresistenz auf den Platten mit Antibiotika. Die ursprünglich beigefügten Bakterien sind also 5 Wochen nach Versuchsansatz noch nachweisbar. Dasselbe gilt nach 3 Monaten. Um zu prüfen, ob sie zu diesem Zeitpunkt auch noch Stickstoff binden, wurden 40 Kolonien von Selektivplatten isoliert, vermehrt und dem Azetylenreduktionstest unterworfen. Alle erwiesen sich als nif[+]. Unsere Versuche richten sich nun darauf, die Bedingungen in dem Versuchssystem so zu variieren, daß ein Effekt der Beimpfung auf das Pflanzenwachstum deutlich wird.

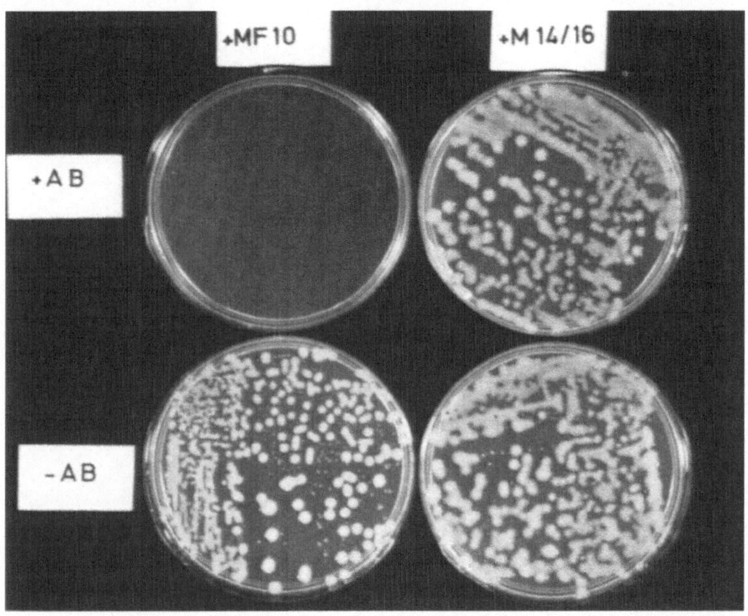

Abb. 5. Bakterienausstriche aus Topfversuchen: Probenentnahme nach 5 Wochen, plattiert mit (+ AB) bzw. ohne Antibiotika (− AB). MF 10: Grassamen als Kontrolle mit Empfängerbakterien beimpft. M 14/16: Grassamen mit sekundärer, stickstoffixierender Transferante beimpft

Anschließend und vor einer etwaigen Erprobung der Bakterien im Freiland müßte das bisher verwendete Plasmid noch zur Befriedigung von Sicherheitsbedürfnissen genetisch verändert werden. Hierher gehören Versuche zur Eliminierung der Resistenzgene oder der Transferregion. Solche Versuche laufen.

Literatur

Glatzle, A., Martin, P.: Protokoll Koordinierungsbesprechung zum Schwerpunkt „Nährstoffdynamik im Kontaktraum Pflanze/Boden (Rhizosphäre)", Stuttgart-Hohenheim, S. 52−55. 1979.
Glatzle, A., Martin, P.: In: Associative N_2-Fixation (Vose, P., Ruschel, A. eds.). Boca Raton, Fla.: CRC Press, Inc. 1981.
Kleeberger, A., Klingmüller, W.: Molec. gen. Genet. *180*, 621−627 (1980).

Klingmüller, W.: Naturwissenschaften *66*, 182–189 (1979a).
Klingmüller, W.: Biolog. Stickstoff-Fixierung, Expertengespräch Kernforschungsanlage Jülich, S. 39–58. 1979b.
Klingmüller, W., Kleeberger, A.: Protokoll Koordinierungsbesprechung zum Schwerpunkt „Nährstoffdynamik im Kontaktraum Pflanze/Boden (Rhizosphäre)", Stuttgart-Hohenheim, S. 56–60. 1979.

Charakteristika von BHK-21-Zellkulturen in Suspension und auf Mikrocarriern

F. Czelleng, K. Zsitvay, Zs. Egyházi und L. Farkas

Phylaxia Veterinary Biologicals and Feedstuffs Ltd.,
H-1143 Budapest, Ungarn

Mit 8 Abbildungen

Summary

Three heteroploid cell strains: BHK-B, BHK-H and BHK-AC9, derived from the parent strain BHK-21 were employed to determine the suitability of each strain for animal virus vaccine production. The three cell strains were cultivated in either monolayer, microcarrier or submerged culture systems. The replication of two vaccine strains of foot and mouth virus as well as that of a rabies virus strain was investigated in conjunction with the various cell strains and with various input multiplicities.

Zusammenfassung

Drei heteroploide Zellstämme, BHK-B, BHK-H und BHK-AC9, die jeweils vom Stamm BHK-21 abstammten, wurden dahingehend untersucht, inwieweit diese Stämme für die tierische Vakzineherstellung geeignet sind. Die drei Zelltypen wurden entweder als einschichtiger Zellrasen, als Microcarrier oder als Submerskultur herangezogen. Die Replikation zweier für die Vakzineherstellung verwendeter Virusstämme der Maul- und Klauenseuche sowie die Replikation eines Tollwutvirus wurden in Zusammenhang mit den drei Zellarten, und zwar mit verschiedenen „input multiplicities", untersucht.

Die Verwendung von primären, diploiden sowie heteroploiden Zellen für die Herstellung von Gewebekulturen ist eine aktuelle Arbeitsmethode sowohl bei der Virusforschung als auch bei der Produktion von viralen Vakzinen. Gegenwärtig wird jede der vorher erwähnten Arten von Zellen als Gewebekulturen für die industrielle Produktion von Virusvakzinen verwendet.

Primäre und diploide Zelltypen benötigen für ihre normale Vermehrung eine Haftfläche, während Zellen des heteroploiden Typs auch in Submerskultur gezüchtet werden können (Tab. 1). Einige der zu berücksichtigenden Aspekte für die industrielle Produktion von Virusvakzinen unter Verwendung von Gewebekulturen sind:

1. Die Wahl von Zellkulturen mit entsprechender Empfindlichkeit, die entweder primär, diploid oder heteroploid sein können.

Tabelle 1. *Kulturmethode für verschiedene Zelltypen*

Kulturmethode	Zelltyp		
	Wachstum nur auf Haftfläche		
	Primär	Diploid	Heteroploid
1. Multipler Prozeß Einschichtiger Zellrasen	+	+	+
2. Einzelprozeß Microcarrierkultur	+	+	+
Submerskultur	−	−	+

2. Die Wahl der Züchtungsmethode, entweder in „einschichtigen Zellrasen", sogenannte „Monolayer Culture" oder Submerskultur.

Bei der Wahl der Zelltypen bzw. der Art der Züchtung müßten einige ihrer spezifischen Eigenschaften näher betrachtet werden.

1. Zellkulturen des primären Typs setzen voraus, daß eine große Menge von tierischen Organen für Substratzwecke zur Verfügung gestellt werden können. Diese Voraussetzung kann oft trotz der Bereitstellung der finanziellen Mittel zur Deckung der hohen Kosten nicht erfüllt werden. Daher werden gegenwärtig meist diploide und heteroploide Zellkulturen eingesetzt.

2. Beide Arten von Zellkulturen müssen eine Anzahl von Voraussetzungen erfüllen. Erstens muß gewährleistet sein, daß bei der späteren Verwendung des zu gewinnenden Vakzines eine zufriedenstellende Schutzwirkung erreicht werden kann, und zweitens, daß eine standardisierte Qualität bzw. gleichbleibende Eigenschaften der Substratzellen garantiert werden können.

Trotz alledem sind diese Voraussetzungen bei Zellkulturen keineswegs standardisiert worden; es gibt trotz der vielen Ergebnisse von Untersuchungen und Beobachtungen auf diesem Gebiet keine Einheitlichkeit. Im Fall der diploiden Zellkulturen für die Produktion von humanen Vakzinen ist die Stabilität des Karyozytentyps eine der wichtigsten Voraussetzungen [1, 2].

Für die Herstellung von tierischen Vakzinen sind in erster Linie heteroploide Zellkulturen verwendet worden. Nach den Ergebnissen von Kraemer im Jahr 1972 [3] unterscheiden sich die heteroploiden Zellkulturen nicht in der Art von den diploiden Zellkulturen, wie früher angenommen wurde, obwohl die Chromosomenzahlen innerhalb weiter Grenzen variieren. Die Veränderung der gemessenen DNS-Gehalte der Zellen übersteigt jedoch nicht das Ausmaß, das für diploide Zellen charakteristisch ist. Bei der Feststellung des Substratbedarfes dieser Zellarten mußten aber tumorauslösende bzw. onkogene Faktoren stark berücksichtigt werden [4].

Unter den verschiedenen Methoden der Zellkultivierung sind solche Prozeßsysteme kaum ausreichend effektiv, bei denen die Zellkulturen in Hunderten bis Tausenden von kleineren Glasgefäßen vorgenommen werden müssen. Auch gibt es bei dieser Art der Prozeßführung bei Gewebekulturen kaum eine potentielle Weiterentwicklung. Es ist jedoch ersichtlich, daß den sogenannten ,,multiplen" Prozeßsystemen wie Microcarrier- oder Submerskultur als Methode für die Gewebekultur der Vorzug gegeben werden sollte. Die wichtigsten Vorteile eines ,,multiplen" Prozeßsystems sind folgende:

Die Züchtungsbedingungen sind leichter zu kontrollieren;

die Möglichkeiten einer Maßstabsvergrößerung sind weit überlegen und

es wird eine wirtschaftlichere Produktion ermöglicht.

Ergebnisse

Ziel der vorliegenden Arbeit war es, diejenige Zellkultur zu untersuchen, die sich für die Produktion von Maul- und Klauenseucheviren bzw. Tollwutviren anbietet. Weiterhin sollten die vorerwähnten Viren für die Vakzineherstellung gewonnen werden.

Substratzellkulturen

In Tab. 2 sind die experimentell verwendeten Zellkulturen, die von den beiden Virenarten infiziert werden können, angegeben. Der heteroploide Stamm BHK-21, infizierbar durch beide Arten von Viren, wurde für die ,,Substratzellkultur" gewählt. Zellen des BHK-21-Stammes wurden von verschiedenen Laboratorien herangeholt. Dieser

Tabelle 2. *Zelltyp infizierbar durch Maul- und Klauenseuche- sowie Tollwutviren*

	Maul- und Klauenseuchevirus (MKS-Virus)	Tollwutvirus
Primär	Schweinenieren Kälbernieren	Schweinenieren Hamsternieren
Diploid	–	WI-38
Heteroploid	BHK-21/13/ IB-RS-2 IFFA-3 PK-1 MVPK Hm Lu	BHK-21/13/

Tabelle 3. *Eigenschaften von BHK-21-Zellen von verschiedenen Quellen*

Bezeichnung		Quelle	Morphologie	Wachstum		Erhöhte Empfindlichkeit	
				Einschicht. Zellrasen	Submers-kultur	MKS-Virus	Tollwutvirus
1	BHK-A	OKI-1976 Hungary	fibroblastisch	+	−		
2	B	OKI-1977 Hungary	polygonal	+	−	+	+
3	C	USSR, Vladimir	fibroblastisch	+	−		
4	D	USSR, Vladimir	polygonalsphärisch	+	+		
5	E	France	fibroblastisch	+	−		
6	G	Flow Lab., Engl.	fibroblastisch	+	−		
7	H	Lindholm, Denm.	polygonalsphärisch	+	+	+	
8	AC9	Pirbright, Engl.	poygonalsphärisch	+	+	+	

Stamm ist sehr intensiv untersucht worden, vor allem hinsichtlich Morphologie, Karyotyp, Vermehrungsfähigkeit, Stoffwechseleigenschaften, Enzymaktivität und Infektionsempfindlichkeit gegenüber Viren [5].

Experimentelle Ergebnisse vergleichender Untersuchungen dieser Art werden in dieser Arbeit zusammengefaßt. In Tab. 3 sind die morphologischen Eigenschaften, die Oberflächenabhängigkeit der Vermehrung und Empfindlichkeit gegenüber Viren zusammengestellt. Auf Grund der ersten Versuchsergebnisse haben wir uns bei allen weiteren Untersuchungen auf drei Zelltypen des Stammes BHK-21 beschränkt,

Tabelle 4. *Kulturmethoden für drei ausgewählte Abkömmlinge des Stammes BHK-21*

Kulturmethode	BHK-21-Zellarten bzw. -Stämme		
	BHK-B	BHK-H	BHK-AC9
1. Multipler Prozeß	+	−	−
− einschichtiger Zellrasen			
2. Einzelprozeß			
− Microcarrier	+	±	±
− Submerskultur	−	+	+

und zwar auf BHK-B, BHK-H und BHK-AC9. Zellen des Stammes BHK-B können nur auf einschichtigem Zellrasen vermehrt werden. Dieser Stamm weist jedoch eine erheblich größere Empfindlichkeit gegenüber Maul- und Klauenseucheviren und Tollwutviren auf. Die Stämme BHK-H und BHK-AC9 wachsen jedoch sowohl submers als auch in einschichtigem Zellrasen und sind lediglich durch Maul- und Klauenseucheviren infizierbar. Das Wachstum dieser drei Stämme wurde unter verschiedenen Bedingungen (Tab. 4) untersucht; die Ergebnisse des Wachstums sind in Abb. 1 und 2 wiedergegeben. Die graphische Darstellung der zeitlichen Zunahme der Zellzahl weist eine charakteristische sigmoide Form auf [6]. Eine Analyse der Verzögerungsphase, der exponentiellen Wachstumsphase und der stationären Phase erlaubt die folgenden Aussagen:

1. Die Verdoppelungszeit der Zellzahl, gemessen in der exponentiellen Wachstumsphase, betrug bei einschichtigem Zellrasen 26 Stunden, bei Wachstum auf Microcarriern 20 Stunden und bei Submerskultur nur 16 Stunden.

2. Die Zellzahl − erreichbar je Oberflächeneinheit − und die Vermehrungsrate ist bei Microcarriersystemen höher als bei einschichtigem Zellrasen und erreicht fast die entsprechenden Werte für Submerskulturbedingungen.

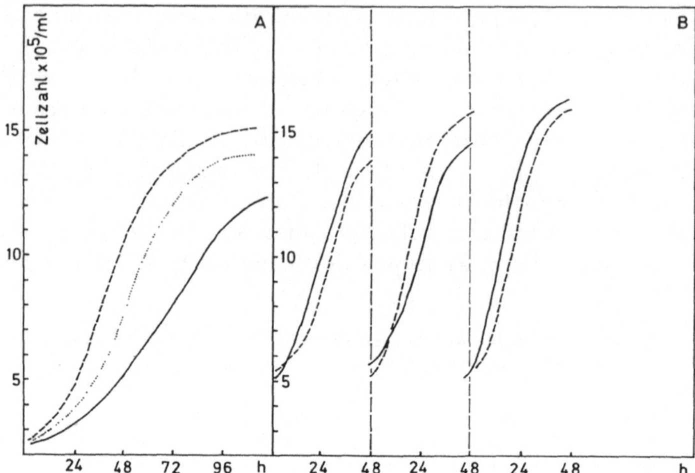

Abb. 1. *A* Wachstum von BHK-B-Zellen in einschichtigen Zellrasen- und in Micro-carrierkulturen. Zellwachstum auf: Cytodex 1 - - -; Sephadex A 50 . . .; einschichtiger Zellrasen in Roux-Flaschen ———. Ausgangszellkonzentration: 2,5 . 10⁵/ml bzw. 1,5 . 10⁵/cm². Microcarrierkonzentration: 2 mg/ml. *B* Wachstum von BHK-H- und BHK-AC9-Zellen in Submerskultur. Stamm BHK-H ———; Stamm BHK-AC9 –.–.–

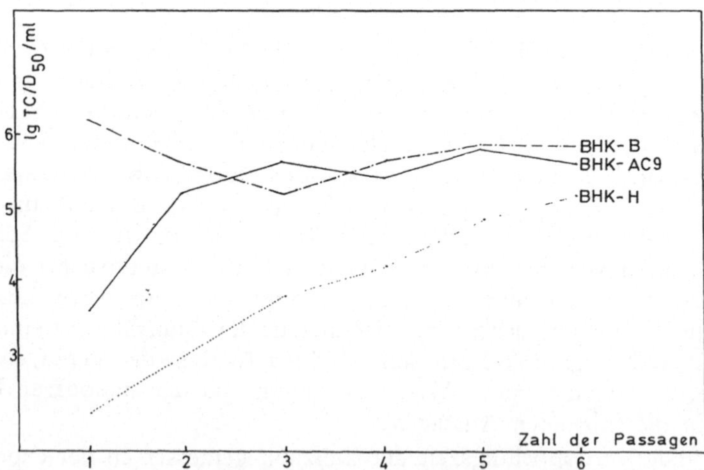

Abb. 2. Infektionsempfindlichkeit verschiedener Arten von BHK-21-Zellen gegenüber Maul- und Klauenseuchevirus, Stamm O₁ BFS 1860

3. Sowohl die Verzögerungsphase als auch die stationäre Phase des Wachstums sind typisch für Submerskulturen von Zellen. Die kurze Verzögerungsphase, wie sie aus den Wachstumskurven dieser semikontinuierlichen Kulturen ersichtlich ist, ergibt, daß auf der einen Seite

Zellen, die zum Zeitpunkt des Überganges von der Verzögerungs- in die Wachstumsphase entnommen wurden, als Inokulum sehr gut geeignet sind, während auf der anderen Seite eine Ausgangskonzentration von $5 \cdot 10^5$ Zellen/ml als Inokulum ebenso geeignet ist.

4. Die Wachstumskinetik der Zelltypen BHK-H und BHK-AC9 ist nahezu gleich. Zellkulturen – sowohl solche, die auf Microcarriern als auch submers gezüchtet waren – wurden im Laborfermenter (Biostat S, Fa. B. Braun, Melsungen) mit Arbeitsvolumina zwischen 1 und

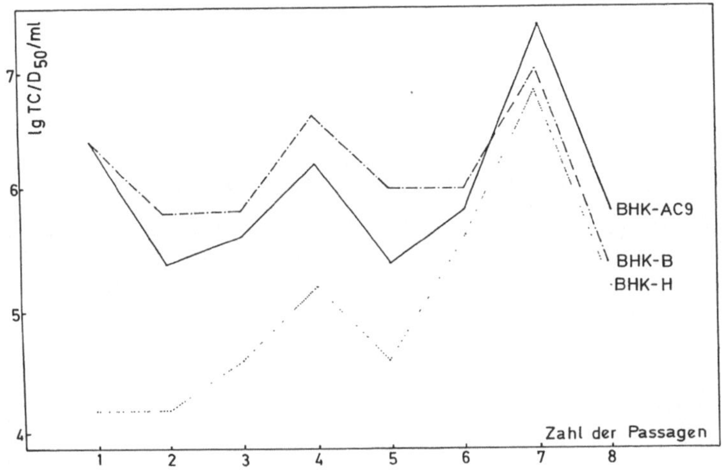

Abb. 3. Infektionsempfindlichkeit verschiedener Arten von BHK-21-Zellen gegenüber Maul- und Klauenseuchevirus Stamm O_1 Lausanne

8 Liter gezüchtet. Für beide Arten der Züchtung wurden folgende Kulturbedingungen eingehalten: 1. Temperatur: 36 °C; 2. pH-Wert wurde jeweils zwischen 7,2–7,4 mittels CO_2-Zugabe konstant gehalten; 3. Rührgeschwindigkeit: bei Microcarriern 50, in Submerskultur 150 upm; 4. gelöste O_2-Konzentration: 30–60% Sättigung; 5. Redoxpotential: 70–100 mV.

Die Fermenteranlage war mit einem Meß- und Regelsystem für gelösten Sauerstoff sowie für beidseitige pH-Korrektur ausgestattet. Im letzteren Fall, d. h. für die pH-Konstanthaltung, wurde die Zugabe von flüssigem Korrekturmittel durch die Möglichkeit, gasförmiges CO_2 als pH-Korrekturmittel zu verwenden, ergänzt.

Produktion von Maul- und Klauenseucheviren (MKS-Viren)

Die Eigenschaften der Vermehrung von zwei Arten von MKS-Viren des O-Typs, O_1-Lausanne und O_1BFS 1860, die für die Vakzineher-

16*

          F. Czelleng, K. Zsitvay, Zs. Egyházi und L. Farkas:

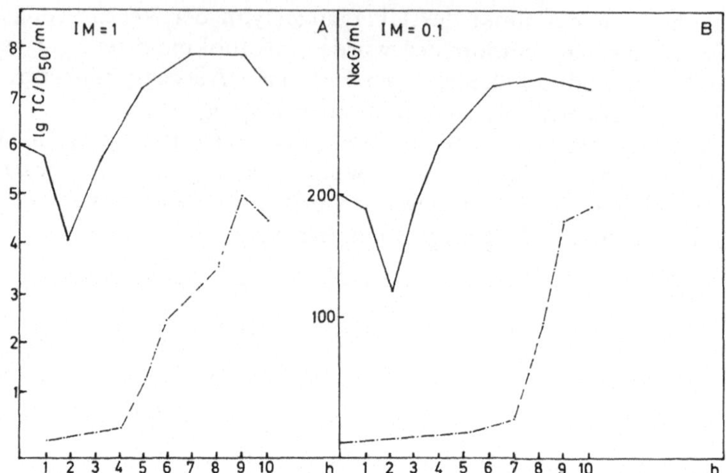

Abb. 4. Replikation von MKS-Virus Typ O, Stamm O_1 Lausanne, auf BHK-H-Zellen einer einschichtigen Rasenkultur. Replikation wurde eingeleitet mit einer „input multiplicity" *(IM)* von 1,0 *(A)* und 0,1 *(B)*; Infektiösität = = =; Komplementfixierungsaktivität –.–.–.

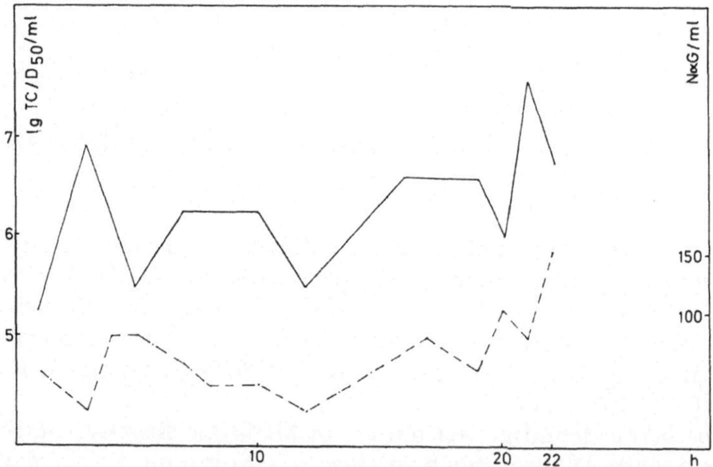

Abb. 5. Adaptierung von MKA-Viren Typ O, Stamm O_1 Lausanne auf BHK-H-Zellen von einer Submerskultur. Infektiösität ——, Komplementfixierungsaktivität –.–.–.

stellung eingesetzt werden, wurden mit drei verschiedenen Stämmen von BHK-21-Zellen untersucht. Die Daten hinsichtlich der Infektionsempfindlichkeit der verschiedenen Stämme sind in Abb. 3 und 4 dargestellt. Die Stämme BHK-B und BHK-AC9 weisen auch eine hohe

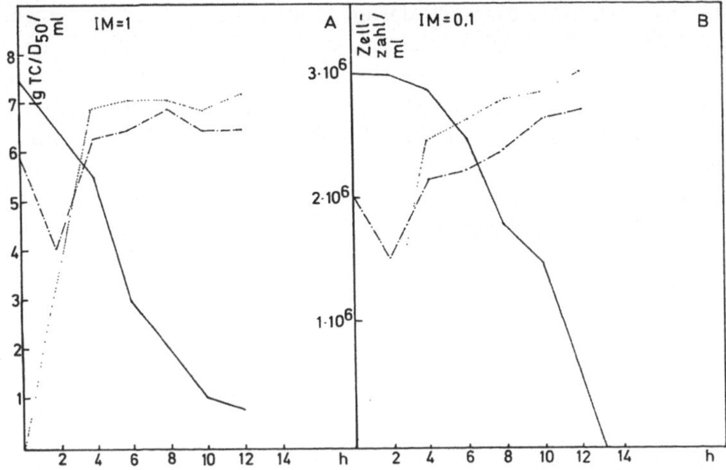

Abb. 6. Replikation von MSK-Viren Typ O, Stamm O_1 Lausanne auf BHK-H-Zellen von einer Submerskultur. Replikation wurde eingeleitet mit einer „input multiplicity" *(IM)* von 1,0 *(A)* und O,1 *(B)*. Intrazelluläre bzw. extrazelluläre Infektiösität und Lebendzellzahl sind dargestellt

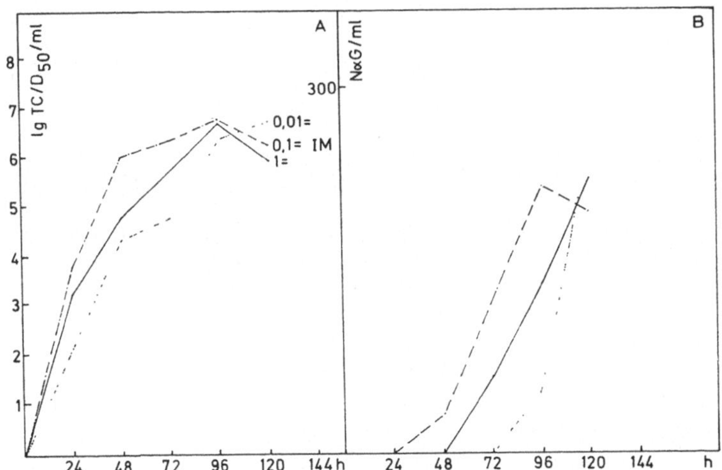

Abb. 7. Replikation von Tollwutvirus, Stamm Vnukovo 32 auf BHK-B-Zellen von einer einschichtigen Rasenkultur. Replikation wurde mit einer „input multiplicity" *(IM)* von 1,0, 0,1 und 0,001 eingeleitet. Infektiösität *(A)*, Komplementfixierungsaktivität *(B)*

Empfindlichkeit gegenüber adaptierten O_1-Viren auf. Die anfängliche geringe Empfindlichkeit des Stammes BHK-H erreicht nach einer Anzahl adaptiver Passagen das gleiche Niveau wie die vorher erwähnten Stämme.

Die Kinetik der extrazellulären Replikation des O_1-Lausanne-Stammes, der auf BHK-H-Zellen von einer einschichtigen Zellrasenkultur adaptiert war, und zwar mit einer „input multiplicity" von 1,0 bzw. 0,1, ist in Abb. 9 dargestellt. Eine Herabsetzung der „input multiplicity" dehnt in proportionaler Weise die Virusreplikation aus, wie aus der Kurve entnommen werden kann. Die Komplementfixierungsaktivität erreicht jedoch einen maximalen Wert erst 1–3 Stunden später als die eigentliche Infektiosität. Letztendlich wird jedoch jeweils ein Niveau erreicht, das es erlaubt, die geernteten Viren für die Vakzineherstellung zu verwenden.

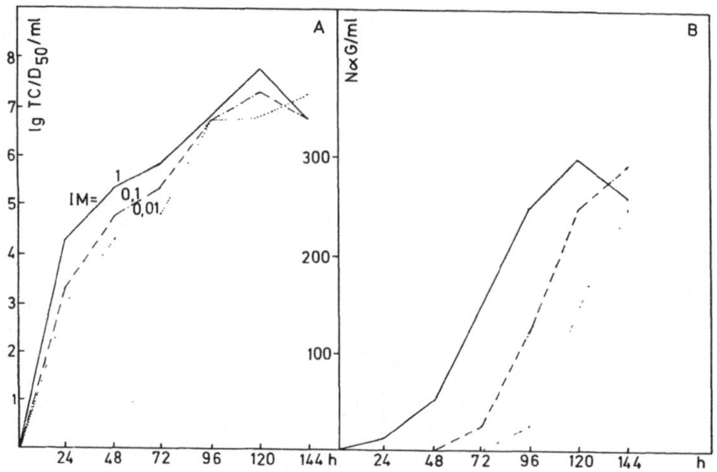

Abb. 8. Replikation von Tollwutvirus, Stamm Vnukovo 32 auf BHK-B-Zellen von einer Microcarrierkultur. Replikation wurde mit einer „input multiplicity" *(IM)* von 1,0, 0,1 und 0,01 eingeleitet. Infektiösität *(A)*, Komplementfixierungsaktivität *(B)*

Der O_1-Lausanne-Virusstamm, adaptiert auf einschichtige Zellrasenkulturen, sollte auch geeignet sein, Viren im benötigten Titer auf submers gezüchtete Zellen desselben BHK-21-Stammes zu geben.

Die Ergebnisse einer adaptierten Passage im vorher erwähnten Sinn sind in Abb. 5 wiedergegeben. Außer der bemerkenswerten Änderung der Infektionstiter konnte eine langsame Zunahme der Komplement- und Fixierungsaktivität beobachtet werden.

Die Kinetik der Replikation des Virusstammes, der in dieser Weise, d. h. bei 1,0 und 0,1 „input multiplicity" adaptiert ist, ist in Abb. 6 dargestellt. Sowohl die extra- als auch die intrazelluläre Infektiösität erreicht ein Maximum, wenn die Lebendzellzahl unter 20% der Ausgangszellzahl abfällt.

Produktion von Tollwutviren

Die Eigenschaften der Replikation des ,,Vnukovo-32"-Stammes des Tollwutvirus wurden mittels einschichtigen Zellrasens und mit Microcarrierkulturen des Zellstammes BHK-B untersucht. Die Arbeiten wurden mit jeweils 1,0 bzw. 0,1 und 0,01 ,,input multiplicity" durchgeführt. Die Ergebnisse dieser Versuche sind in Abb. 7 und 8 zusammengefaßt.

Es wurde festgestellt, daß 1. die unterschiedlichen ,,input multiplicities" keinen wesentlichen Einfluß auf die Kinetik der Replikation haben; 2. die Infektiösität vor Ablauf von 72 Stunden kein Maximum erreicht; dies wird erst zwischen 96 und 120 Stunden erreicht. 3. Die Komplementfixierungsaktivität erreicht zwischen 72 und 120 Stunden ein Maximum. Die so erhaltenen Viren sind für die Vakzineherstellung geeignet. Für diese Untersuchungen wurden sowohl für die Microcarrier- als auch für die Submerskultur folgende physikalische Parameter eingehalten: 1. Temperatur 37 °C, 2. pH-Wert 7,2–7,3, während 3. die Rührgeschwindigkeit wie für die Zellvermehrung eingestellt wurde.

Literatur

1. Jacobs, I. P.: Develop. biol. Standard. *37,* 155–156 (1977).
2. Moorhead, P. S.: Develop. biol. Standard. *37,* 157–161 (1977).
3. Dupraw, E. J.: In: Advances in Cell and Molecular Biology, Vol. 2, S. 47–108. New York-London: Academic Press. 1972.
4. Nardelli, L., Panina, G. F.: Develop. biol. Standard. *35,* 9–25 (1977).
5. Czelleng, F., Perényi, T., Egyhazi, Z. S., Farkas, L., Erdélyi, S., Zsitvay, K.: Bull. Off. Int. Epi. *91,* 79–99 (1979).
6. Ghose, T. K., Fiechter, A., Blakebrogh, N.: Adv. Biochem. Eng. *7,* 85 (1977).

Sachverzeichnis